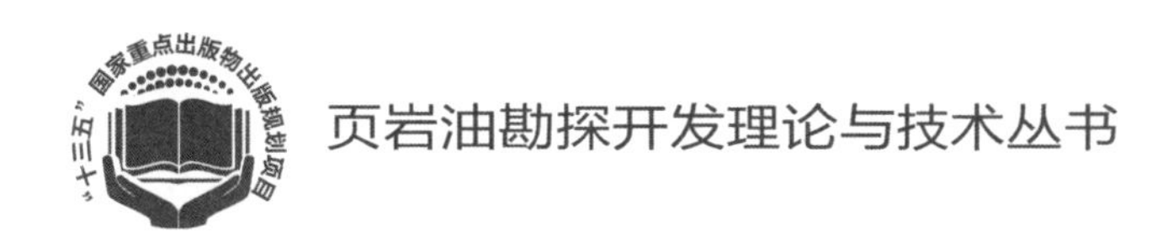

页岩油

储集、赋存与可流动性核磁共振一体化表征

张鹏飞　卢双舫　◎　等著

石油工業出版社

内容提要

本书在分析页岩储集物性、页岩油赋存机理及可流动性领域研究现状和核磁共振技术优势的基础上，从页岩实验分析及岩石学特征、储集物性表征、可流动性评价等方面，建立了页岩储集物性核磁共振评价技术体系，创建了页岩氢核组分核磁共振识别图版、页岩吸附—游离量评价技术和 T_2 谱定量评价模型，明确了页岩吸附油微观赋存特征和变化规律、可流动量及影响因素，建立了页岩油渗流定量评价模型。

本书可供从事页岩油勘探开发的科研人员、管理人员，大专院校相关专业师生参考使用。

图书在版编目（CIP）数据

页岩油储集、赋存与可流动性核磁共振一体化表征 / 张鹏飞等著．—北京：石油工业出版社，2021.3

（页岩油勘探开发理论与技术丛书）

ISBN 978-7-5183-3999-0

Ⅰ．①页… Ⅱ．①张… Ⅲ．①油页岩 – 核磁共振 – 一体化 – 研究 Ⅳ．① P618.12

中国版本图书馆 CIP 数据核字（2020）第 080445 号

出版发行：石油工业出版社

（北京安定门外安华里 2 区 1 号　100011）

网　址：www.petropub.com

编辑部：（010）64523736　　图书营销中心：（010）64523633

经　　销：全国新华书店

印　　刷：北京中石油彩色印刷有限责任公司

2021 年 3 月第 1 版　2021 年 3 月第 1 次印刷

787 × 1092 毫米　开本：1/16　印张：12.25

字数：270 千字

定价：120.00 元

（如出现印装质量问题，我社图书营销中心负责调换）

《页岩油勘探开发理论与技术丛书》
编委会

序　一

FOREWORD

我国经济快速稳定发展，经济实力显著增长，已成为世界第二大经济体。与此同时，我国也成为世界第二大原油消费国，第三大天然气消费国，最大的石油和天然气进口国。2019年，我国石油和天然气对外依存度分别攀升到71%和43%。过高的对外依存度，将导致我国社会经济对国际市场、地缘政治变化的敏感度大大增加，因此，必须大力提升国内油气勘探开发力度，保证国内生产发挥“压舱石”的作用。

我国剩余常规油气资源品质整体变差，低渗透、致密、稠油和海洋深水等油气资源占比约80%，勘探对象呈现复杂化趋势，隐蔽性增强，无效或低效产能增加。我国非常规油气资源尤其是页岩油气资源潜力大，处于勘探开发起步阶段。21世纪以来，借助页岩气成熟技术和成功经验，以北美地区为代表的页岩油勘探开发呈现良好发展态势。我国页岩油地质资源丰富，探明率极低，陆相盆地广泛发育湖相泥页岩层系，鄂尔多斯盆地长7段、松辽盆地青一段、准噶尔盆地芦草沟组、渤海湾盆地沙河街组、三塘湖盆地二叠系、柴达木盆地古近系等重点层系，已成为我国页岩油勘探开发的重要领域，具有分布范围广、有机质丰度高、厚度大等特点。页岩油有望成为我国陆上最值得期待的战略接替资源之一，在我国率先实现陆相“页岩油革命”。

与页岩气商业化开发的重大突破相比，页岩油的勘探开发虽然取得了重要进展，但效果远远不如预期。可以说，页岩油的有效勘探开发面临众多特有的、有待攻克的理论和技术难题，涵盖从石油地质、地球物理到钻完井、压裂、渗流等各个方面。瞄准这些难题，中国石油大学（华东）的一批学者在国家、行业和石油企业的支持下超前谋划，围绕页岩油等重大战略性资源进行超前理论和技术的探索，形成了一系列创新性的研究成果。为了能更好地推广相关成果，促进我国页岩油工业的发展，由卢双舫、薛海涛、印兴耀、倪红坚、冯其红等一批教授联合撰写了《页岩油勘探开发理论与技术丛书》（以下简称《丛书》）。《丛书》入选“‘十三五’国家重点出版物出版规划项目”，并获得“国家出版基金项目”资助。《丛书》包括五个分册，内容涵盖了页岩油地质、地球物理勘探、核磁共振、页岩油钻完井技术与页岩油开发技术等内容。

掩卷沉思，深感创新艰难。中国石油工业，从寻找背斜油气藏，到岩性地层油气藏，再到页岩油气藏等非常规油气藏，一步步走来，既归功于石油勘探开发技术的创新和发展，更重要的是石油勘探开发科技工作者勇于摒弃源储分离的传统思维，打破构造高点是油气最佳聚集区的认识局限，改变寻找局部独立圈闭的观念，颠覆封盖层不能作为储层等传统认知。非常规油气理念、理论和技术的创新，有可能使东部常规老油区实现产量逆转式增长，实现国内油气资源和技术的战略接续。

作为页岩油研究方面的第一套系统著作，《丛书》注重最新科研成果与工程实践的结合，体现了产学研相结合的理念。《丛书》是探路者，它的出版将对我国正在艰苦探索中的页岩油研究和产业发展起到积极推动作用。《丛书》是广大页岩油研究人员交流的平台，希望越来越多的专家、学者能够投入页岩油研究，早日实现“页岩油革命”，为国家能源安全贡献力量。

中国科学院院士 

2020 年 12 月

序　二

FOREWORD

人才是第一资源，创新是第一动力，科技是第一生产力。科技创新就是要支撑当前、引领未来、推动跨越。世界石油工业正在进行一次从常规油气到非常规油气的科技创新和跨越。我国石油工业发展到今天，常规油气资源勘探程度越来越高，品质越来越差，非常规油气资源的有效动用就更需要科技创新与人才培养。

从资源潜力来看，页岩油是未来我国石油工业可持续发展的战略方向和重要选择。近年来，国家和各大石油公司都非常重视页岩油资源的勘探和开发，在大港、新疆等探区取得了阶段性进展。然而，如何客观评价页岩油资源潜力、提高资源动用成效，是目前页岩油研究面临的重大问题。究其原因，在于我国湖相页岩储层与页岩油的特殊性。页岩的致密性、页岩油的强吸附性及高黏度制约了液态烃在页岩中的流动；湖相页岩中较高的黏土矿物含量影响了压裂效果。由于液体的压缩—膨胀系数小于气体，页岩油采出的驱动力不足且难以补充。因此，需要研究页岩油资源评价与有效动用的新理论、新技术体系，包括页岩成储机理与分级评价方法，页岩油赋存机理与可流动性评价，页岩油富集、分布规律与页岩油资源潜力评价技术，页岩非均质性地球物理响应机理及地质“甜点”、工程“甜点”评价和预测技术，页岩破岩机理与优快钻井技术，页岩致裂机理与有效复杂缝网体积压裂改造技术，以及多尺度复杂缝网耦合渗流机理及评价技术等。面对这些理论、技术体系，既要从地质理论和地球物理技术上着力，也要从优快钻井、完井、压裂、渗流和高效开发的理论及配套技术研发上突破。

中国石油大学（华东）卢双舫、薛海涛、印兴耀、倪红坚、冯其红等学者及其团队，发挥石油高校学科门类齐全及基础研究的优势，成功申请了国家自然科学重点基金、面上基金、“973”专项等支持，从地质、地球物理、钻井、渗流等方面进行了求是创新的不懈探索，加大基础研究力度，逐步形成了一系列立于学科前沿的研究成果。与此同时，积极主动与相关油气田企业合作，将理论研究成果与油田生产实践相结合，推动油田生产试验，接受实践的检验。在完整梳理、总结前期有关研究成果和勘探开发认识的基础上，团队编写了《页岩油勘探开发理论与技术丛书》，对于厘清思路、识别误区、明确下一步攻关方向具有重要实际意义。《丛书》由石油工业出版社成功申报“‘十三五’国家重点出版物出版规划项目”，并获得“国家出版基金项目”资助。

《丛书》是国内第一套有关页岩油勘探开发理论与技术的丛书，是页岩油领域产学研成果的结晶。它的出版，有助于中国的油气科技工作者了解页岩油地质、地球物理、钻完井、开发等方面的最新成果。

中国陆相页岩油资源潜力巨大，《丛书》的出版，对我国陆相“页岩油革命”具有重要意义。

中国科学院院士 胡才博

2020年12月

丛书前言

PREFACE TO SERIES

油气作为经济的血液和命脉，保障基本供给不仅事关经济、社会的发展和繁荣，也事关国家的安全。2019 年我国油气对进口的依赖度已经分别高达 71% 和 43%，成为世界最大的油气进口国，也远超石油安全的警戒线，形势极为严峻。

依靠陆相生油理论的创新和实践，我国在东部发现和探明了大庆、胜利等一批陆相（大）油田。这让我国一度甩掉了贫油的帽子，并曾经成为石油净出口国。但随着油气勘探开发的深入，陆相盆地可供常规油气勘探的领域越来越少。虽然后来我国中西部海相油气的勘探和开发也取得了重要突破和进展，但与中东、俄罗斯、北美等富油气国（地区）相比，我国的油气地质条件禀赋，尤其是海相地层的油气富集、赋存条件相差甚远。因此，尽管从大庆油田发现以来经过了 60 多年的高强度勘探，我国的人均石油储量（包括致密油气储量）也仅为世界的 5.1%，人均天然气储量仅为世界的 11.5%。事实上我国仍然位于贫油之列。这表明，我国依靠常规油气和致密油气增加储量的潜力有限，至多只能勉强补充老油田产量的递减，很难有增产的空间。

借鉴北美地区经验和技术，我国在海相页岩气的勘探开发上取得了重要突破，发现和探明了涪陵、长宁、威远、昭通等一批商业性的页岩大气田。但从客观地质条件来看，我国海相页岩气的赋存、富集条件也远远不如北美地区，因而我国海相页岩气资源潜力不及美国，最乐观的预测产量也不能满足经济发展对能源的需求。我国海相地层年代老、埋藏深、成熟度高、构造变动强的特点也决定了基本不具有美国那样的海相页岩油富集条件。

我国石油工业几十年勘探开发积累的资料和成果表明，作为东部陆相常规油气烃源岩的泥页岩中蕴含着巨大的残留油量，如第三轮全国油气资源评价结果，我国陆相地层总生油量为 6×10^{12}t，常规油气资源量为 1287×10^{8}t，仅占总生油量的 2%，除了损耗、散失及分散的无效资源外，相当部分已经生成的油气仍然滞留在烃源岩层系内成为页岩油。页岩油在我国东部湖相（如松辽、渤海湾、江汉、泌阳等陆相湖盆）厚层泥页岩层系及其中的砂岩薄夹层中普遍、大量赋存。

可以说，陆相页岩油资源潜力巨大，是缓解我国油气突出供需矛盾、实现石油工业可持续发展的重要选项，有可能成为石油工业的下一个“革命者”，并在大港、新疆、辽河、南阳、江汉、吐哈等油区勘探开发取得了一定的进展或突破。但总体上看，目前的成效与其潜力相比还有巨大的差距。究其原因，在于我国湖相页岩的特殊性所带来的前所未有的理论、技术的挑战和难题。这些难题，涵盖从地质、地球物理到钻完井、压裂、渗流等各个方面。瞄准这些难题，中国石油大学（华东）的一批学者在国家、行业和石油企业的支持下，先后申请了从国家自然科学重点基金、面上基金、“973”前期专项到省部级、油田企业等一批项目的支持，进行了不懈探索，逐步形成了一系列有所创新的研究成果。为了能更好地推广相关成果，促进我国页岩油工业的发展，在石油工业出版社的推动下，由卢双舫、薛海涛联合印兴耀、倪红坚、冯其红等教授，于 2016 年成功申报“‘十三五’国家重点出版物出版规划项目”《页岩油勘探开发理论与技术丛书》。此后，在各分册作者的共同努力下，于 2018 年下半年完成了各分册初稿的撰写，经郝芳、邹才能两位院士推荐，于 2019 年初获得“国家出版基金项目”资助。

本套丛书分为五个分册：

第一部《页岩油形成条件、赋存机理与富集分布》，由卢双舫教授、薛海涛教授组织撰写。通过对典型页岩油实例的解剖，结合微观实验、机理分析和数值模拟等研究手段，比较系统、深入地剖析了页岩油的形成条件、赋存机理、富集分布规律、可流动性、可采性及资源潜力，建立了 3 项分级 / 分类标准（页岩油资源潜力分级评价标准、泥页岩相分类标准、页岩油储层成储下限及分级评价标准）和 5 项评价技术（不同岩相页岩数字岩心构建技术，页岩有机非均质性 / 含油性评价技术，页岩无机非均质性 / 脆性评价技术，页岩油游离量 / 可动量评价技术及页岩物性、可动性和工程“甜点”综合评价技术），并进行了实际应用。

第二部《页岩油气地球物理预测理论与方法》，由印兴耀教授撰写。创建了适用于我国页岩油气地质地球物理特征的地震岩石物理模型，量化了微观物性及物质组成对页岩油气地质及工程“甜点”宏观岩石物理响应的影响，创新了地质及工程“甜点”岩石物理敏感参数评价方法，明确了页岩油气地质及工程“甜点”地球物理响应模式，形成了页岩 TOC 值及含油气性叠前地震反演预测技术，建立了页岩油气脆性及地应力等可压裂性地球物理评价体系，为页岩油气高效勘探开发提供了地球物理技术支撑。

第三部《页岩油储集、赋存与可流动性核磁共振一体化表征》，由卢双舫教授、张鹏飞博士组织撰写。通过对页岩油储层及赋存流体核磁共振响应的深入、系统剖析，建立了页岩储集物性核磁共振评价技术体系，系统分析了核磁共振技术在页岩孔隙系统、孔隙结构及孔隙度和渗透率评价中的应用，创建了页岩油赋存机理核磁共振评价方法，明确了页岩吸附油微观赋存特征（平均吸附相密度和吸附层厚度）及变化规律，建立了页岩吸附—游离油 T_2 谱定量评价模型，同时创建了页岩油可流动性实验评价方法，揭示了页岩油可流动量及流动规律，形成了页岩油储集渗流核磁共振一体化评价技术体系，为页岩油地质特征剖析提供了理论和技术支撑。

第四部《页岩油钻完井技术与应用》，由倪红坚教授、宋维强讲师组织撰写。钻完井是页岩油开发中不可或缺的环节。页岩油的赋存特征决定了页岩油藏钻完井技术有其特殊性。目前，水平井钻井结合水力压裂是实现页岩油藏商业化开发的主要技术手段。基于国内外页岩油钻完井的探索实践，在分析归纳页岩油藏钻完井理论研究和技术攻关难点的基础上，系统介绍了页岩油钻完井的基本工艺流程，着重总结并展望了在提速提效、优化设计、储层保护、资源开发效率等领域研发的页岩油钻完井新技术、新方法和新装备。

第五部《页岩油流动机理与开发技术》，由冯其红教授、王森副教授撰写。结合作者多年在页岩油流动机理与高效开发方面取得的科研成果，系统阐述了页岩油的赋存状态和流动机理，深入研究了页岩油藏的体积压裂裂缝扩展规律、常用油藏工程方法、数值模拟和生产优化方法，介绍了页岩油的提高采收率方法和典型的油田开发实例，为我国页岩油高效开发提供了重要的理论依据和方法指导。

作为国内页岩油勘探开发方面的第一套系列著作，《丛书》注重最新科研成果与工程实践的结合，体现产学研相结合的理念。虽然作者试图突出《丛书》的系统性、科学性、创新性和实用性，但作为油气工业的难点、热点和正在日新月异飞速发展的领域，很多实验、理论、技术和观点都还在形成、发展当中，有些还有待验证、修正和完善。同时，作者都是科研和教学一线辛勤奋战的专家和骨干，所利用的多是艰难挤出的零碎时间，难以有整块的时间用于书稿的撰写和修改，这不仅影响了书稿的进度，同时也容易挂一漏万、顾此失彼。加上受作者所涉猎、擅长领域和水平的局限，难免有疏漏、不当之处，敬请专家、读者不吝指正。

希望《丛书》的出版能够抛砖引玉，引起更多专家、学者对这一领域的关注和更多更新重要成果的出版，对我国正在艰苦探索中的页岩油研究和产业发展起到积极推动作用。

最后，要特别感谢中国石油大学（华东）校长郝芳院士和中国石油集团首席专家、中国石油勘探开发研究院副院长邹才能院士为《丛书》作序！感谢石油工业出版社为《丛书》策划、编辑、出版所付出的辛劳和作出的贡献。

丛书编委会

前 言

PREFACE

泥页岩中蕴含着极其丰富的石油资源，但是其可流动性却受到广泛质疑，这是制约页岩油有效开发的瓶颈所在。页岩油的可流动性与页岩储层孔喉缝、物质组成及油—岩相互作用密切相关，即与页岩的储集特性和石油在页岩中的赋存机理密切相关。页岩储集特性、页岩油赋存机理及可流动性是页岩油地质研究的关键内容，同时三者之间又是相互关联、有机联系的，如微小孔喉中的流体基本以不可动的吸附态形式存在，而孔径越大，以可动的游离态赋存的比例就越高。页岩微纳米级的孔喉缝及赋存流体的复杂性限制了常规储层表征及评价方法的应用。虽然近年来快速发展和应用的许多高端技术可以分别对页岩油的储集、赋存及可流动性三方面进行表征，但不同技术有各自的适应性，如低温 N_2 吸附技术仅能有效表征微小的孔喉，而压汞技术适合于表征较大的孔缝，许多高分辨率的成像技术（如场发射电镜、纳米 CT 等）都面临难以调和的分辨率与样品代表性之间的矛盾，尤其是无法有效揭示三方面的有机关联。而核磁共振技术在表征储层及其赋存流体方面具有独特优势，储层不同孔喉缝中的不同流体具有不同的核磁共振响应特征，能够提供丰富的储集物性及赋存流体信息，为统一表征页岩上述三方面的特征并建立三者之间的有机联系提供了有效的技术手段。

正因为如此，本团队将核磁共振技术在页岩油中的研发和应用作为一个重要的探索方向，并先后申请到了国家自然科学基金“页岩的成储机理及页岩油的可动性研究” 和面上基金“利用改进的核磁共振技术探索页岩油可动性的关键问题”的资助。在张鹏飞以学科第一的成绩获得硕博连读免试保研资格进入团队后，将这一领域作为他的博士论文方向。在此期间，张鹏飞刻苦用功，几乎放弃了所有的节假日，研读了大量的文献，同团队十多名博士、硕士生一起进行了大量的实验测试分析，在此基础上，潜心进行了卓有成效的探索性研究。同时，团队内的青年教师薛海涛、李吉君、王民、肖佃师、黄文彪、李文浩、王伟明、陈方文等在技术路线设计、研究内容梳理等方面做出了重要贡献，尤其是李俊乾在实验方案拟定、实验实施、改进、完善及成果的总结、提升方面给予张鹏飞有力的支撑，使这一方向的研究取得了较为丰硕的成果。至2019年7月毕业时，张鹏飞博士以第一作者发表论文9篇，其中SCI论文7篇（2篇入选ESI全球高被引论文）、EI论文2篇；另有1篇EI论文待刊，2篇SCI论文在审；还发表其他作者论文7篇；先后3次赴美国、印度尼西亚参加国际会议并报告论文，多次在国内学术会议上获优秀青年论文奖；在博士论文的盲审及答辩中，获得全优评价。

本书即是由张鹏飞在博士论文和团队重点基金结题报告的基础上，按照书稿的要求重新整理完成，由卢双舫审定。作为团队国家自然科学基金和面上基金核磁共振部分成果的系统总结，本书也是团队有关师生集体劳动的成果。中国石油大学（北京）肖立志教授对本书进行了认真审阅，并提出了宝贵的修改建议，在此表示感谢。

全书共包括六章，第一章主要分析了页岩储集物性、页岩油赋存机理及可流动性领域的研究现状和核磁共振技术的优势及应用潜力。

第二章首先介绍了核磁共振基本原理、弛豫机制和T_1、T_2、T_1—T_2测试脉冲序列。在此基础上系统分析了样品预处理、测试参数及探针试剂对页岩核磁共振结果的影响，建立了核磁共振测试页岩样品预处理（洗油、干燥及饱和流体）方法，标定了最佳测试参数（等待时间、回波间隔、叠加次数、回波个数等），优选了探针试剂，并建立了页岩储集物性核磁共振测试方法，即“饱和油去干样基底”方法，为页岩储集物性及流体赋存核磁共振测试奠定了基础。

第三章主要介绍了研究所采用的实验方法、流程和页岩的地质、地球化学特征，重点分析了页岩有机质、无机矿物组成和岩石构造特征，建立了基于有机质含量、岩石构造及无机矿物组成的页岩岩相划分方案，为页岩储集物性及流体赋存控制因素分析及有利岩相优选提供支撑。

第四章详细介绍了核磁共振技术在页岩储集物性表征中的应用。在常规储层表征方法分析的基础上，重点探讨了核磁共振技术在页岩孔隙系统（大孔、中孔和微小孔）划分、孔隙结构（孔径分布、孔隙连通性、储层分级及非均质性）表征及孔隙度和渗透率定量评价中的应用，建立了页岩储集物性核磁共振评价技术体系，为页岩储集物性表征提供了新的方法和标准。

第五章重点讨论了页岩储层不同氢核组分弛豫特征、页岩吸附—游离（束缚和可动）

油定量评价技术及不同状态页岩油相互转换规律，创建了页岩氢核组分核磁共振识别图版、页岩吸附—游离量评价技术和 T_2 谱定量评价模型，明确了页岩吸附油微观赋存特征（平均吸附相密度和吸附层厚度）和变化规律，建立了页岩油赋存模式，丰富了页岩油赋存特征研究方法。

第六章探讨了页岩油可流动性及流动规律，明确了页岩油可流动量及影响因素，讨论了有效应力效应和边界层效应对页岩油渗流的控制作用，创建了页岩油渗流定量评价模型。

希望本书的出版能够推动核磁共振技术在石油地学中应用研究的深入和学界对页岩油储集、赋存、流动性认识的深化，助力页岩油“甜点”的筛选及有效勘探开发。但鉴于所涉及领域的前沿性和快速发展性，同时受著者的经验、时间、水平所限，不当之处，敬请专家、读者斧正！

目　录

CONTENTS

第一章 绪　论

页岩油指赋存于富有机质、纳米级孔径为主的页岩地层中的石油聚集，页岩既是烃源岩，又是储集岩，为典型自生自储型石油聚集[1]。页岩油以其分布范围广、资源量巨大等特性，可能成为中国未来重要油气接替能源，对于缓解能源危机、促进国民经济可持续发展具有重要意义。中国页岩油主要赋存于湖相页岩中，广泛分布于渤海湾盆地沙河街组、鄂尔多斯盆地延长组、南襄盆地核桃园组、松辽盆地白垩系、三塘湖盆地二叠系等层系[2]。近年来，针对页岩油开展的钻探和试验成效显著，初步估算中国页岩油技术可采资源量为 30×10^8～60×10^8t[1]。然而，湖相页岩以其多尺度孔裂隙系统、孔隙类型复杂多样、纳米级孔隙发育、物质组成复杂及非均质性强等特点，致使页岩油资源尚未有效勘探开发，页岩油勘探开发依然任重道远[3]。

页岩中石油的可动性及可动量是制约页岩油发展的首要问题，而其与页岩孔隙、喉道、裂缝、物质组成及油—岩相互作用密切相关，即与页岩的储集特性和石油在页岩中的赋存规律密切相关。因此，页岩中石油的赋存规律和可动性研究可能从机理上揭示目前中国页岩油勘探开发所面临的困局，是亟需进一步深入研究的关键科学问题。页岩储集特性即为页岩孔喉缝大小、分布、连通性及其与矿物和有机质组成的匹配关系。页岩储集空间大小及赋存位置与页岩油赋存状态及可动性密切相关，因此页岩储集特性是页岩油地质研究应首要解决的问题。而石油在页岩中的赋存状态，不同赋存状态（吸附、游离）所占的比例、赋存孔径及相互转换条件，即页岩油赋存规律，与页岩油可流动性密切相关。游离态石油容易流动，而吸附态石油以类固态吸附于有机质、矿物颗粒表面难以流动。而这又与油分子大小、油赋存储集空间大小、流—固相互作用及其结合能密切相关。石油在页岩中的赋存规律事关丰富的页岩油资源能否被有效勘探开发，是页岩油地质研究需解决的又一关键科学问题。泥页岩中蕴含着极其丰富的石油资源，但其可流动性却受到广泛质疑，是该领域目前最为薄弱的研究环节。页岩油的可动量、流动机制（规律）及流动速率等问题研究可从机理上揭示中国湖相页岩中赋存的极其丰富的页岩油资源能否有效动用，是页岩油地质研究需要解决的最重要的科学问题。页岩储集特性、页岩油赋机理及可流动性是页岩油地质研究的核心内容，同时三者之间又是相互关联、有机联系的。

核磁共振技术在表征储层及赋存流体方面具备独特优势，其测量信号不受岩石骨架及岩样形状影响，并对储层中不同流体具有不同的核磁共振响应，能够提供丰富的储层物性及赋存流体信息，且可深入物体内部探测而不破坏样品，测量过程迅速、准确、分辨率高。核磁共振技术可揭示丰富的储层物性信息，为有效的流体赋存及可动性研究手段，为页岩的储集特性、页岩油赋存规律及可流动性研究提供了契机。核磁共振是目前能够统一表征页岩储集特性、页岩油赋存规律及可流动性 3 个关键问题，并建立三者有机联系的有效实验技术。本书立足于页岩油勘探开发面临的实际科学问题，探索建立页岩油储集、赋存与可流动性核磁共振一体化表征技术，拟为湖相页岩油勘探开发提供理论与技术支持

一、页岩储集物性研究现状与发展趋势

（一）页岩物质组成及赋存储集空间

页岩储集特性是页岩油地质研究的基础，包括页岩孔隙、喉道、裂缝的大小、分布、连通性等孔隙结构信息和孔隙、喉道、裂缝与页岩各组分的匹配关系等。针对页岩物质组成，综合应用 X 射线衍射（XRD）和有机地球化学等技术，可精确定量评价页岩无机矿物及有机质组成特征。无机矿物及有机质是页岩储集空间赋存场所，不同矿物组分及有机质赋存储集空间类型、大小及分布特征不同，而这又与页岩油赋存特征密切相关。

基于高分辨率扫描电镜成像，页岩储集空间可分为有机孔隙、无机孔隙和裂缝 3 类[4]。其中有机孔隙主要是有机质生烃残留孔隙，包括干酪根生烃残留孔隙和原油裂解生气残留孔隙等，其发育程度受页岩有机质组成、丰度和成熟度控制[5]；无机孔隙包括粒间孔、溶蚀孔、粒内孔、晶间孔等[6, 7]；裂缝包括矿物收缩缝、层理缝等[8]。不同演化阶段、不同物质组成页岩储集空间类型不同，低成熟度页岩以无机孔隙为主，有机孔隙不发育[9]，而高成熟度页岩无机孔隙相对减少，有机孔隙贡献增加，裂缝含量增加[4, 8, 10]。针对页岩不同组分赋存储集空间，可将其分为有机质粒内孔、黏土矿物粒内孔、脆性矿物粒内孔、粒间孔及黄铁矿晶间孔等[6, 10]。然而，近年来国内外关于页岩储集空间类型研究多是针对高成熟度含气页岩，对成熟度较低的含油页岩（即页岩油储层）研究较少，目前尚未有效揭示页岩油储层储集空间类型分布。此外，与高成熟度含气页岩不同，含油页岩无机孔隙发育，构成了页岩油的主要赋存空间，且含量较高、类型多样无机矿物直接制约着孔隙的发育和分布。因此，探究页岩有机质和无机矿物分布及其赋存储集空间特征是今后页岩储集空间类型研究的发展方向。

（二）页岩孔隙结构

北美地区页岩气大规模成功勘探开发使得地质工作者开始重新审视一直被作为烃源岩的致密低孔、超低渗透页岩孔隙结构特征。一系列高分辨率测试分析技术被用来揭示页岩孔隙、喉道、裂缝的类型、大小、分布及连通性，总体上可分为辐射成像法和流体注入法[11]。其中辐射成像法又称为间接法，包括高分辨率氩离子剖光—场发射扫描电

镜（FE-SEM）[4, 10, 12]、聚焦离子束—扫描电镜（FIB-SEM）[7]、宽粒子束—扫描电镜（BIB-SEM）[13-15]、微/纳米 CT[16, 17]、小角中子散射（SANS）[11]等。流体注入法亦称为直接法，如高压压汞（MICP）[18]、气体吸附（CO_2 和 N_2）[19-21]、低场核磁共振（NMR）[22-24]等。

针对页岩储集空间大小国内外学者做了大量卓有成效的研究，业已认识到页岩中发育大量孔隙，从纳米级孔隙到微米级甚至更大的大孔均有发育，但纳米级孔隙是页岩的主要储集空间[14, 18, 25, 26]。然而，不同探测技术原理、分辨率不同，所揭示的页岩孔径范围亦不相同[11]。气体吸附（CO_2 和 N_2）结合高压压汞拼接方法被广泛用于揭示页岩储集空间全孔径分布[27-29]，但是该方法为多技术拼接的间接全孔径表征方法，同时气体吸附与高压压汞反映储集空间类型不同，难以有效、精确反映页岩全孔径分布特征。

高分辨率扫描电镜成像可清晰、直观地显示页岩储集空间特征，是分析页岩储集空间大小最直接手段。然而，目前扫描电镜成像被广泛用于页岩储集空间定性识别和形态描述，仅少部分将其用于孔隙结构定量（半定量）表征[10, 26, 38]，忽略了扫描电镜图像蕴含的大量定量信息，且扫描电镜图像提取的岩石等物体的面孔率、孔隙大小、孔径分布等孔隙结构信息与常规实验方法氦气孔隙度、高压压汞和气体吸附等一致性较差[13, 14, 31]。目前尚无有效的页岩扫描电镜孔隙结构定量表征方法。

低场核磁共振技术可有效揭示纳米级至微米级范围内储层孔隙大小分布特征，能够定量分析孔隙度、渗透率、孔径分布等储集特性，在常规储层及致密砂岩储层中得到了广泛应用[32, 33]。然而，与常规储层及致密砂岩储层相比，页岩具有低孔隙度、极低渗透率、纳米级孔隙发育，富含有机质和黏土矿物等特点，使得页岩核磁共振测试信噪较低[34]。此外，纳米级孔隙流体弛豫快，弛豫时间短，可能低于仪器检测下限而无法检测。同时，页岩中存在大量有机质，其弛豫时间与纳米级孔隙流体相似，难以有效区分。然而，目前页岩核磁共振测试较多采用常规储层测试方法和参数[35]。页岩核磁共振测试几乎均以蒸馏水（或盐水）为探针试剂饱和样品，而页岩富含黏土矿物遇水易发生水化膨胀，导致页岩孔隙结构发生变化[36, 37]。此外，常规储层测试参数尤其是回波间隔（T_E=0.3ms）较大，可能导致弛豫时间较短的纳米级孔隙流体信号无法有效检测。

在孔径表征方面，近年来随着页岩油气研究的深入，核磁共振技术越来越多地被用于页岩孔径分布研究，如 Rylander 等[38]通过扫描电镜孔隙大小与核磁共振横向弛豫时间 T_2 对比，标定了核磁共振孔径分布；Saidian[39]分析对比了 T_2 谱分布与高压压汞、氮气吸附反映的孔径分布相关性，认为泥页岩 T_2 谱分布与氮气吸附反映的孔径分布具有更好的相似性。然而，页岩核磁共振孔径分布表征主要存在两个难点，即如何选取合适的 T_2 孔径转换模型（即孔径转换模型）和如何选取合适且精确的页岩孔径分布（即标定孔径分布）。针对孔径转换模型已有较多研究，主要可分为两类：一类是基于球形或者柱状孔假设的线性模型[24, 32, 37, 38]，一类是反映复杂孔隙结构的幂指数模型[43, 51]。上述两类模型均假设孔隙表面弛豫强度为常数，但纳米级孔隙中流体表面弛豫率可能不再是常数，而是随孔隙大小变化而变化[41]。如何选取标定孔径分布作为 T_2 谱孔径转换依据是页岩核磁共振孔径表征另一难点。目前常规孔径分布测试技术仅能精确揭示页岩部分孔径分布[11]，难以与反映页岩全孔径分布的 T_2 谱有效、精确匹配。

总的来看，目前页岩孔隙结构表征存在以下难点：（1）定量、精确的页岩扫描电镜微观孔隙结构评价方法；（2）适合页岩的核磁共振测试方法和孔隙结构定量评价技术体系；（3）多种方法结合的页岩全孔径（喉）结构表征技术体系。低场核磁共振技术具有同时揭示页岩多种储集物性的优势，因此以核磁共振技术为核心，综合多种技术方法，建立页岩储集物性评价技术体系将是今后的发展方向。

二、页岩油赋存规律研究现状与发展趋势

页岩油赋存规律，即石油在页岩中的赋存状态及相应的流—固作用机理，不同赋存状态所占的比例、赋存孔径及相互转换条件。在流—固作用机理方面，分子动力学模拟揭示，液态烃类在有机质（石墨烯）和矿物狭缝内主要以范德华力、静电力与孔壁相互作用、结合，从而以吸附态吸附于狭缝壁面处，以游离态赋存于狭缝孔隙中央；吸附态烃类在孔隙壁面处发生多层吸附，每个吸附层厚度约为 0.48nm，多个吸附层构成“类固层”，其密度约为游离态烷烃密度的 1.9～2.7 倍，并且吸附层的个数受裂缝宽度和流体组分影响[42]。然而，分子动力学仅能模拟几纳米至十几纳米范围内简单矿物或者有机质（石墨烯）表面的液态烃类赋存特征，难以有效揭示物质组成复杂、孔径分布范围广泛且流体组成多样的页岩油的赋存特征。此外，分子力学和分子动力学模拟结果还需要接受相关实验的校正和检验。

页岩油通常具有吸附（互溶）、游离和溶解三种赋存状态，主要以吸附或游离状态赋存，仅含少量溶解态。吸附态石油附着于矿物颗粒及有机质表面，或与有机质呈互溶态，游离态石油主要赋存于矿物基质孔隙和裂缝中，而只有游离态石油才是天然弹性能量开采方式下页岩油产能的主要贡献者[43-46]。但是，吸附态与游离态石油可能并没有明显的区别或界限，而且页岩油组分复杂，页岩油分子之间还存在着相互作用，如何定量表征页岩油吸附和游离量还缺乏有效的研究[61]。

现今页岩吸附 / 游离油实验定量评价方法主要可分为 3 大类：分段热解法[45]、溶剂分步萃取法[46]和吸附滞留实验法[48, 49]。分段热解法是通过设置合理的热释阶梯温度实现对页岩体系中不同赋存状态的页岩油进行定量表征的技术[45]。溶剂分步萃取法主要采用不同极性溶剂分别对块样和碎样进行萃取，获取游离 / 吸附态页岩油含量[46]。分段热解法和溶剂分步萃取法均假设游离态页岩油主要为赋存于裂缝或大孔隙内的小分子、弱极性烃或非烃化合物，而吸附态页岩油主要为赋存于微孔或干酪根内的大分子、极性烃或非烃化合物。然而，不同分子量、不同极性化合物在页岩中均存在吸附和游离两种状态，页岩加热或萃取时吸附态和游离态页岩油均可能被排出，难以有效区分排出油在页岩内的赋存状态。此外，二者均采用粉末样品，破坏页岩原始孔隙结构，难以有效揭示页岩原始孔裂隙系统石油赋存特征。吸附滞留实验法是通过计量单矿物、干酪根或页岩充分吸附烃类（原油）后质量差异或抽提产物量定量评价页岩不同组分（无机矿物和

有机质）吸附油量[48, 49]。然而，页岩油吸附油量不仅与页岩无机矿物及有机质组成有关，亦与页岩孔隙结构密切相关，页岩孔隙越小吸附油比例越高，游离油比例越低[47]。

因此，如何精确表征页岩原始孔隙结构中不同状态石油的含量、赋存孔径及转换规律等问题是目前页岩油赋存规律研究中面临的主要难题。迄今为止，国内外鲜有应用核磁共振技术表征页岩油赋存状态的相关报道。然而，根据核磁共振原理可知，纵向弛豫时间（T_1）、横向弛豫时间（T_2）与流体密度、黏度等参数密切相关。孔隙内或自由状态的游离态流体 T_1 与 T_2 相似，均呈现单峰分布，而类固态或固态氢核 T_1 与 T_2 则存在明显差异，T_2 呈现较小的单峰分布，而 T_1 则变化范围较大，T_1 大小反映流体可流动性，T_1 越大流体流动性越差[64]。分子动力学模拟结果表明页岩孔隙内吸附态石油呈现“类固态”与游离态石油在黏度、密度等方面存在显著差异，导致二者可能具有不同的核磁共振响应特征，为页岩油赋存状态核磁共振表征提供了契机。因此，基于核磁共振技术无损、快速的优势，将其应用于表征页岩原始孔隙结构中石油的赋存特征，可能是今后一重要的发展方向。

三、页岩油可流动性研究现状与发展趋势

页岩油可流动性是页岩油地质研究的难点，包括页岩油可流动量及可动比例，以及石油在页岩中的流动规律、流动速率等，是该领域目前最为薄弱的研究环节。页岩中石油按其赋存状态主要分为吸附态和游离态，按照可流动性游离油又可分为束缚油和可动油，其中可动油是目前最可生产的页岩油。在表征储层流体可流动性方面，核磁共振技术具有无可比拟的优势，核磁共振技术结合离心分析不仅可精确定量表征储层赋存流体可流动量，亦可通过离心前后 T_2 谱测试分析准确揭示不同尺度孔隙流体可流动性，定量评价不同尺度孔隙流体可流动量。

页岩油流动规律是流体渗流、赋存状态、多孔介质变形与压力场、温度场耦合作用的结果。页岩中纳米级孔喉发育，固—液作用复杂，一些在常规宏观—介观尺度流体中可以忽略的因素（如滑移、表面力和静电力）逐渐开始在渗流中占据主导地位，从而导致许多比较特殊的微纳米级尺度流动现象。流体微观渗流受到孔隙流体压力、孔裂隙系统、储层温度等因素影响[51, 52]。在页岩油渗流过程中，孔裂隙系统、流体赋存特征随着孔隙流体压力的变化而变化，表现为动态渗流过程，可能引起一系列诱导流体渗流变化的地质效应，如有效应力、边界层效应等[53-57]。孔隙流体压力降低，将导致有效应力增加，同时边界层厚度受孔隙流体压力强烈影响，可能导致有效渗流通道急剧减小，流体渗流受到有效应力和边界层效应共同控制，视渗透率降低，渗流规律更为复杂[58, 59]。总体上，有效应力引起储层孔隙结构变化，影响页岩储层固有渗透性，而边界层效应是流体与储层孔隙壁面相互作用的结果，不仅与流体动力学有关，还与储层孔隙结构、储层温度等因素有关。有效应力和边界层效应是引起页岩油渗流过程变化的重要原因。分子动力学理论和 LBM（格子 Boltzmann）方法是描述页岩油微观赋存和渗流特征的有效方法，但其数值模拟结果仍需实验验证。

核磁共振技术是目前能够有效建立储集空间大小与流体特性的有机联系的有效实验表征手段，其实时、动态监测的特性可有效揭示页岩油渗流过程中流体赋存状态、储集空间大小与流体渗流的关系。基于核磁共振实时、动态监测的优势，探索页岩油渗流实验室物理模拟方法，并与分子动力学理论和 LBM（格子 Boltzmann）方法相结合，解耦分析有效应力、边界层效应对页岩油渗流的控制作用，揭示页岩油渗流规律及其地质控制机理是一重要发展方向。本书将重点探索页岩油渗流实验室物理模拟方法，初步揭示页岩油渗流规律及其影响因素。

第二章

核磁共振基本原理及方法

核磁共振（Nuclear Magnetic Resonance，NMR）技术具有迅速、准确、高分辨率等优点，可深入探测物体内部特征而不破坏样品，已在表征多孔介质，尤其是油气储层物性表征方面得到了广泛应用，并成为一种重要的储层分析手段。在油气勘探领域，低场核磁共振技术首先被应用于地质测井岩石物理分析和实验室岩心鉴定，目前已被广泛应用于油气储层特性分析，用于表征储层孔隙度、渗透率、可动流体及孔径分布等，并且在常规砂岩、碳酸盐岩储层、非常规致密砂岩储层及煤储层的实践研究中取得了丰硕成果[60-65]。

随着页岩油气的迅速发展，对页岩储层及赋存流体特性评价和研究技术提出了新的要求，常规储层评价技术和方法难以满足页岩精细评价要求。核磁共振技术具有快速和无损检测的优势，同时可有效反映储层物性的“原位性”和“完整性”，可有效弥补常规测试方法和技术的不足。近年来，虽有部分学者采用核磁共振技术研究页岩孔隙结构、润湿性等特性[23, 24]，但多采用常规储层的研究和测试方法，尚无有效、精确的页岩核磁共振研究方法。本章将通过对低场核磁共振弛豫基本原理分析，建立页岩核磁共振测试方法。

第一节 核磁共振基本原理

一、核磁共振分析物理基础

核磁共振是在具有磁矩和角动量原子核系统中发生的一种现象，是原子核对磁场的响应。原子核质子数和中子数中有一个或两个为奇数时，如氢核（^{1}H）、碳核（^{13}C）、氙核（^{129}Xe）等，原子核会产生一个净磁矩和角动量（或自旋），就可进行核磁共振测试。然而，地层中发现的多数原子核与外部磁场作用产生的核磁共振信号非常小，难以有效检测。而地层水和烃中富含的氢原子核具有较大的磁矩，且与磁场作用可产生较强的核磁共振信号。因此，低场核磁共振测井和岩石物理研究均是以氢原子核响应为基础。

氢原子核仅有一个质子，其自旋形成电流环，产生磁矩，磁矩两极对准自旋轴方向，与核自旋轴方向一致。当无外部磁场时，众多氢核自旋轴随机取向、杂乱无章，总体显示为无磁性（图 2–1a）。当质子置于外加静磁场时，磁场会在质子磁矩上产生力矩，使得质子围绕静磁场方向进动，进动频率为拉莫尔频率 f（图 2–1b）。同时，在静磁场作用下质子由逐渐随机取向到定向排列完成极化（图 2–1c）。在极化过程中一些高能态的质子通过向周围分子释放能量，跃迁到低能态，导致自旋轴平行于静磁场 $\boldsymbol{B}_0$ 的自旋比反向的多，形成磁化矢量 $\boldsymbol{M}_0$，为核磁共振提供测量信号（图 2–1d）。

核磁共振测试需要施加一个与静磁场方向垂直且频率等于拉莫尔频率的交变磁场 $\boldsymbol{B}_1$ 将磁化矢量 $\boldsymbol{M}_0$ 扳转到与静磁场垂直的横向 xy 平面上。根据量子力学理论，处于低能态的质子可吸收由交变磁场 $\boldsymbol{B}_1$ 提供的能量跃迁到高能态，同时交变磁场 $\boldsymbol{B}_1$ 亦会使得质子之间产生同相进动（图 2–1e）。由交变磁场引起的质子能级跃迁和同相进动称为核磁共振。

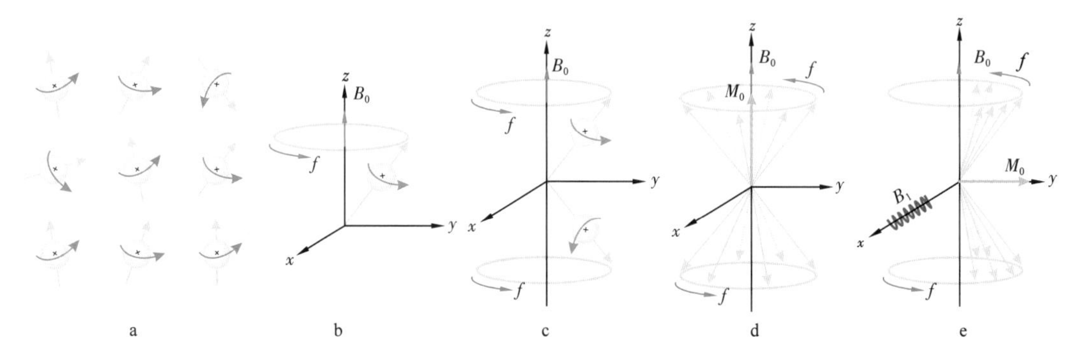

图 2–1　原子核的磁性（a）、进动（b）、极化（c）、能级分裂（d）及射频场作用（e）示意图

二、核磁共振弛豫机制

（一）核磁共振弛豫机制

核磁共振测试时 $\boldsymbol{B}_1$ 为 90° 脉冲，将宏观磁化矢量扳转 90° 到 xy 平面上沿 y 轴方向并使得质子在 xy 平面上同相进动。$\boldsymbol{B}_1$ 关闭后，由于各个质子所处静磁场的差异，使得质子群开始以不同的拉莫尔频率进动，散相失去同相性。质子在 xy 平面散相的过程中，相对磁化矢量在 z 轴方向纵向分量逐渐恢复，而 xy 平面横向分量则逐渐减小。磁化矢量纵向分量恢复过程称为纵向弛豫，是通过自旋与晶格能量交换实现的，因此纵向弛豫又称为自旋—晶格弛豫，是系统自身能量变化过程。磁化矢量横向分量逐渐消失过程称为横向弛豫，是由自旋系统内部能量交换引起的，因此横向弛豫也被称为自旋—自旋弛豫。

岩石孔隙流体存在三种不同的弛豫机制：自由弛豫、表面弛豫和扩散弛豫。自由弛豫和表面弛豫对 T_1 和 T_2 均有影响，而扩散弛豫仅对 T_2 有影响，因此 T_2 总是不大于 T_1：

$$\frac{1}{T_1}=\frac{1}{T_{1b}}+\frac{1}{T_{1s}}=\frac{1}{T_{1b}}+\rho_1\frac{S}{V} \tag{2-1}$$

$$\frac{1}{T_2}=\frac{1}{T_{2b}}+\frac{1}{T_{2s}}+\frac{1}{T_{2D}}=\frac{1}{T_{2b}}+\rho_2\frac{S}{V}+\frac{D\left(G\gamma T_E\right)^2}{12} \tag{2-2}$$

式中，T_{1b} 和 T_{2b} 分别为纵向和横向自由弛豫，是流体固有的弛豫特性；T_{1s} 和 T_{2s} 分别为纵向和横向表面弛豫，是流体与孔隙表面相互作用引起；T_{2D} 为扩散弛豫，是自旋粒子由于自旋扩散偏离原来位置而表现出的弛豫特性；ρ_1 和 ρ_2 分别为纵向和横向表面弛豫率；D 为流体自由扩散系数；γ 为旋磁比；T_E 测试回波间隔；S 和 V 分别表示孔隙表面积和孔体积。

研究表明，对于孔隙流体 T_1 和 T_2 具有固定的刻度关系，而横向弛豫速率快，检测时间短，且可提供与 T_1 弛豫相同的岩石物理信息，因此横向弛豫通常被应用于岩石物理核磁共振测试。

与孔隙流体弛豫机制不同，（类）固态氢核 T_2 极小，通常小于 0.1ms，其表面弛豫时间通常与质子可动性相关[87]。（类）固态氢核弛豫机理通常由 BPP 模型表述[88]，与 T_1 和 T_2 弛豫相关时间（τ）偶极相互作用可由下式表示：

$$\frac{1}{T_1}=2C\left[\frac{2\tau}{1+\left(\omega\tau\right)^2}+\frac{8\tau}{1+\left(2\omega\tau\right)^2}\right] \tag{2-3}$$

$$\frac{1}{T_2}=C\left[6\tau+\frac{10\tau}{1+\left(\omega\tau\right)^2}+\frac{4\tau}{1+\left(2\omega\tau\right)^2}\right] \tag{2-4}$$

式中，ω 为拉莫尔频率；C 为常数。

当质子不可动时，τ 极大，且 $\omega\tau\gg1$，使得 T_1 和 T_2 比值 T_1/T_2 远大于 1，并且与拉莫尔频率密切相关。因此，（类）固态氢核通常具有较小的 T_2 和较大 T_1/T_2，与孔隙自由流体具有显著差异。

（二）核磁共振弛豫时间测试方法

T_1 为纵向磁化矢量由零逐渐恢复到 $\boldsymbol{M}_0$ 所需的时间，通常采用反转恢复脉冲序列测量。反转恢复脉冲（IR）序列由一个 180° 反转脉冲和一系列不同恢复时间的 90° 脉冲构成（图 2-2）。180° 反转脉冲将磁化矢量从正 z 轴方向扳转 180° 到负 z 轴方向。180° 脉冲结束后，磁化矢量开始以 $1/T_1$ 的弛豫速率向正 z 轴方向恢复，恢复过程可用下式表示：

$$M(t)=M_0\left(1-2e^{-t/T_1}\right) \tag{2-5}$$

然而，磁化矢量向正 z 轴方向恢复过程中无横向分量，因此无法检测磁化矢量恢复过程。一系列 90° 脉冲可将磁化矢量由 z 轴方向扳转到 xy 接收线圈平面，获取测量信号。90° 脉冲结束后将产生一个自由衰减信号（FID），FID 衰减序列的初始强度即为 180° 脉冲激励后磁化矢量在正 z 轴方向的增量。根据恢复时间及其对应的 FID 强度建立的恢复时间变化曲线，由式（2-5）可拟合即可获取 T_1（图 2-2）。

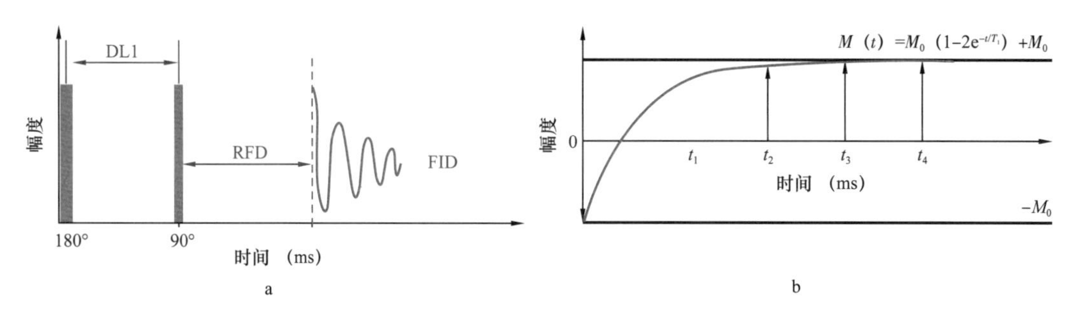

图 2-2 IR 反转恢复脉冲时序（a）及信号幅度变化（b）示意图

T_2 为横向磁化矢量逐渐衰减到零所需的时间，而横向磁化矢量衰减是由质子的散相引起的。质子散相主要是由两个因素引起的：静磁场的非均匀性、分子间的作用和自旋扩散。静磁场的非均匀性引起的散相可通过施加 180° 脉冲扳转恢复。180° 扳转脉冲使得具有高拉莫尔频率的质子自旋相位相对落后，而具有低拉莫尔频率的质子自旋相位相对领先。因此，经过时间 τ 后，所有质子相位重聚，产生一个接收线圈可探测的自旋回波信号。

单个自旋回波信号迅速衰减，施加 180° 脉冲可使前一个脉冲发生的散相重聚而产生回波。因此，重复施加一系列 180° 扳转脉冲，可不断重聚磁化矢量，从而产生一系列自旋回波。自旋回波在两个 180° 脉冲间形成，自旋回波之间的时间间隔，即 180° 脉冲间隔称为回波间隔（echo time，T_E），自旋回波的个数称为回波个数（NECH）。因此，T_2 测试脉冲序列有一个 90° 脉冲和一系列 180° 扳转脉冲构成，称为 CPMG 脉冲序列（图 2–3）。然而，由于分子间的作用和自旋扩散引起的散相不能扳转恢复，180° 脉冲不能使得散相的质子完全重聚。因此，CPMG 自旋回波信号幅度总是衰减的，连续回波幅度大小随时间常数 T_2 指数衰减，根据连续回波幅度衰减即可获得 T_2。

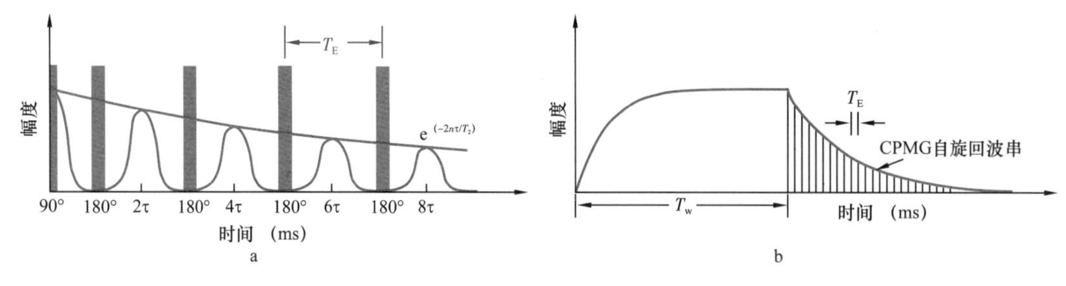

图 2–3 CPMG 序列脉冲时序（a）及信号幅度变化（b）示意图

T_1—T_2 二维核磁共振技术是将纵向弛豫与横向弛豫相结合表征储层流体特性的有效手段。T_1—T_2 二维核磁共振脉冲检测序列为一维 T_1 IR 脉冲序列和 T_2 CPMG 脉冲序列结合，称为 IR–CPMG 脉冲序列。IR–CPMG 脉冲序列首先施加 180° 扳转脉冲和 90° 读数脉冲完成 T_1 测试，然后在 90° 脉冲后施加一系列 180° 扳转脉冲完成 T_2 测试（图 2–4）。通过对不同 IR–CPMG 脉冲序列二维反演，即可获取得 T_1—T_2 二维分布。

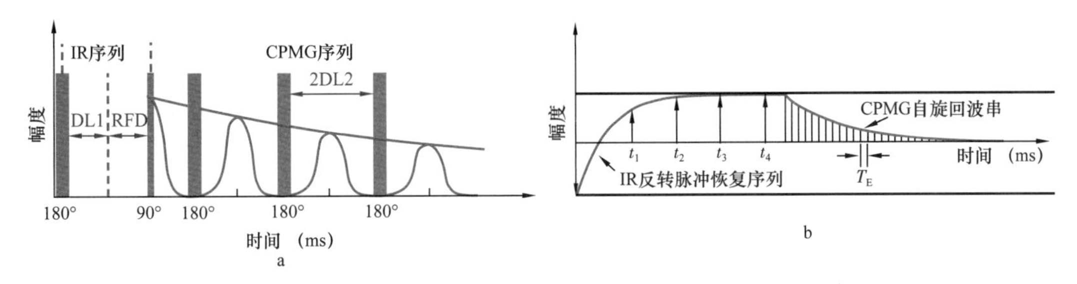

图 2-4　IR-CPMG 序列脉冲时序（a）及信号幅度变化（b）示意图

第二节　页岩核磁共振测试方法

精确的核磁共振测试方法是页岩储集特性表征的基础，页岩核磁共振测试结果的准确性与样品预处理、测试参数及探针试剂等因素密切相关。与常规储层及致密砂岩储层相比，页岩孔隙流体类型及润湿性多样，纳米级孔隙发育，物质组分复杂，而这些特征对样品预处理提出了新的要求。然而，目前页岩测试较少考虑样品预处理，如制样、洗油、烘干及饱和等对核磁共振测试结果影响，仅是将页岩样品烘干后饱和水处理[22, 23]。核磁共振测试参数（等待时间 T_W、T_E、NECH 和叠加次数 NS 等）直接影响核磁共振测试孔隙度、孔径分布等储层特性的准确性和可靠性，不同岩性或不同研究目的需要不同的测试参数[22, 68, 69]。然而，目前尚无形成统一的页岩核磁共振测试参数[22, 69]。此外，探针试剂选取也是核磁共振测试的关键环节，通常以水或油（包括烷烃、煤油等）为探针试剂[23]。在砂岩储层测试中，水主要作为探针试剂，然而页岩中水与黏土矿物的水化反应可能会对测试结果产生重要影响[36, 37]。因此，应探究样品预处理、测试参数及探针试剂对页岩核磁共振测试结果影响，以建立精确的页岩核磁共振测试方法。

一、样品预处理

有效的样品预处理是精确页岩核磁共振测试的前提，页岩样品的制备、洗油、烘干及饱和等均影响页岩测试结果。页岩样品制备采用金刚砂线切割机在无水条件下钻取，直径约为 25mm，这是为了防止页岩与水发生水化反应破坏原始孔隙结构。核磁共振原理表明只有样品饱和润湿流体时测试得到的 T_2 谱方可表征孔径分布，而页岩样品尤其是含油页岩孔隙富含水、油、气等多相流体，将对核磁共振测试产生重要影响。因此，页岩饱和流体前需除去其原始孔隙流体。采用二氯甲烷和丙酮混合液（体积比为 3∶1）在 90℃、0.3MPa 下将页岩样品洗油 72 小时以充分除去孔隙残余油。洗油前后页岩热解参数 S_1 显示，洗油后页岩 S_1 明显小于洗油前样品，均分布在小于 0.3mg/g 范围内，平均值仅为 0.1156mg/g（图 2-5），表明采用该方法洗油基本可将页岩孔隙残余油除去。

页岩洗油后置于真空干燥箱，110℃抽真空（压力小于 −0.1MPa）并干燥 24 小时，充分除去孔隙残余流体，并置于干燥器内冷却至室温。然后，采用真空加压饱和装置，抽真空 24 小时（压力小于 -0.1MPa），加压 10MPa 饱和正十二烷（nC_{12}），并且每间隔 24 小时取出样品称取页岩质量，以探究样品合适饱和时间。结果显示，页岩饱和 24 小时后样品质量基本不变（图 2-6）。因此，抽真空（压力小于 -0.1MPa）24 小时，加压 10MPa 饱和 24 小时可使 nC_{12} 完全饱和页岩孔隙。

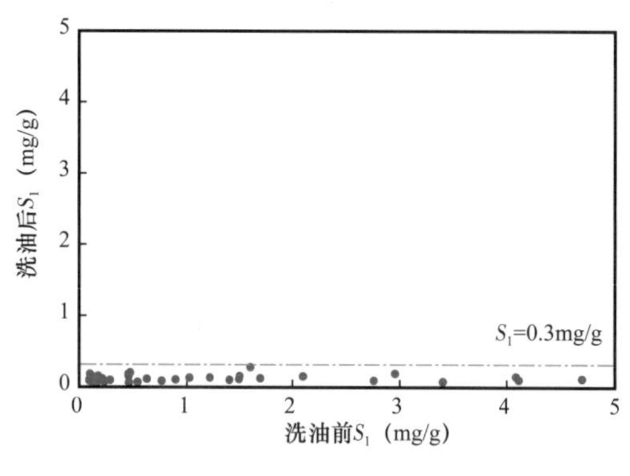

图 2-5　页岩样品洗油前后含油量 S_1 分布

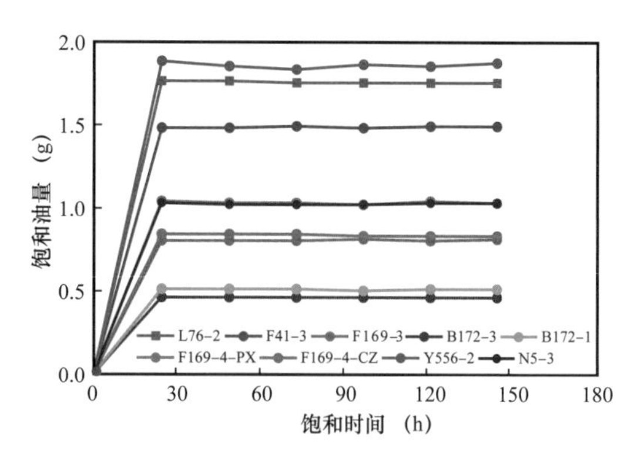

图 2-6　页岩样品饱和油质量变化

二、核磁共振测试参数

（一）实验方案

核磁共振测试由苏州钮迈分析仪器股份有限公司生产的 MesoMR23-060H-I 型核磁共振分析与成像仪完成。仪器采用铷铁永磁体，磁场强度 0.52T，共振频率 21.36MHz。配备 25mm、45mm、60mm 和 70mm 检测线圈各一个，页岩核磁共振测试主要采用 25mm 检测线圈完成。当采用 25mm 检测线圈时，仪器最小检测回波间隔为 0.07ms，最大回波个数为 18000 个。

核磁共振测试参数分为系统参数和脉冲序列参数，其中系统参数仅与仪器硬件有关，通常不会因序列变化而改变，而脉冲序列参数与序列选择、测试样品类型和研究目的相关，为测试分析时输入参数。脉冲序列参数包括接收机带宽（SW）、射频延时（RFD）、前置放大增益（PRG）、等待时间、回波间隔、叠加次数和回波个数等。其中 RFD 是通过延迟 90° 脉冲施加时间控制第一个采样点的采样时间，对 CPMG 测试峰点采集无影响，通常设定为仪器最小值 0.002ms。T_E 决定核磁共振检测精度，其值越小越有利于采集纳米孔隙流体信号，因此页岩核磁共振测试 T_E 均设定为仪器最小检测回波间隔 0.07ms。

核磁共振测试选取页岩样品 5 块，均取自渤海湾盆地东营凹陷，其中 LX884-1 样品和 Y556-2 样品用于探究 SW 和 PRG 对页岩测试影响，F41-1 样品、L76-2 样品和 H88-2 样品用于标定最佳 T_W、NS 和 NECH。核磁共振测试前，采用页岩样品预处理方法获取干燥及饱和油（n-C_{12}）页岩样品，依次优选 SW、PRG、T_W、NS 和 NECH。（1）SW：

测试LX884-1样品和Y556-2样品不同SW（125kHz、200kHz、250kHz、333kHz和500kHz）T_2谱分布，分析T_2谱信号幅度变化优选SW；（2）PRG：采用最佳SW依次测试干燥和饱和油样品不同PRG（0，1，2，3）T_2谱分布，优选合适PRG；（3）T_W：采用优选的SW和PRG，恒定NS（64）和NECH（18000），依次测试饱和油样品不同T_W（100ms、500ms、1000ms、1500ms、200ms、2500ms和3000ms）T_2谱分布，分析不同T_W的T_2谱信号幅度变化，优选TW；（4）NS和NECH：采用与T_W相同方法，分别测试不同NS（4，8，16，32，64，128）和NECH（1000，2000，4000，6000，8000，10000，12000）饱和油样品T_2谱分布，优选最佳NS和NECH。最后，采用优选测试参数分别测试分析饱和油和水页岩T_2谱分布，分析探针试剂对页岩核磁共振测试的影响。

（二）SW和PRG

SW是信号采集时，接收机接收信号频率范围，同时也是信号采样频率。当SW较小时可能丢掉样品部分快弛豫信号，但当SW较大时可能会采集到过多的噪声信号，由于系统自动降噪作用导致信号幅度降低。纳米级孔隙发育的页岩测试应选择较大的SW，提高采样频率有效检测纳米级孔隙流体快弛豫信号。不同SW页岩T_2谱显示，当SW=125kHz时T_2谱幅度最高，其次为SW=250kHz，在SW小于200kHz时，随着SW增加，信号幅度降低，而在SW大于250kHz时，随着SW增加，信号幅度迅速降低（图2-7）。因此，选取SW=250kHz为最佳页岩测试接收机带宽，既可有效检测页岩纳米级孔隙快弛豫信号，又可获得较高信号幅度。

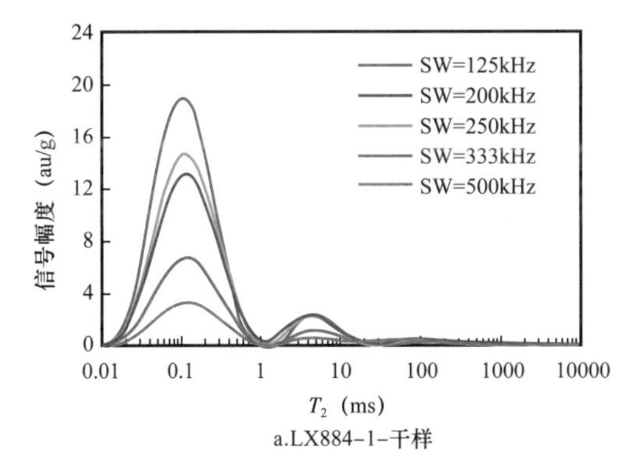

a.LX884-1-干样

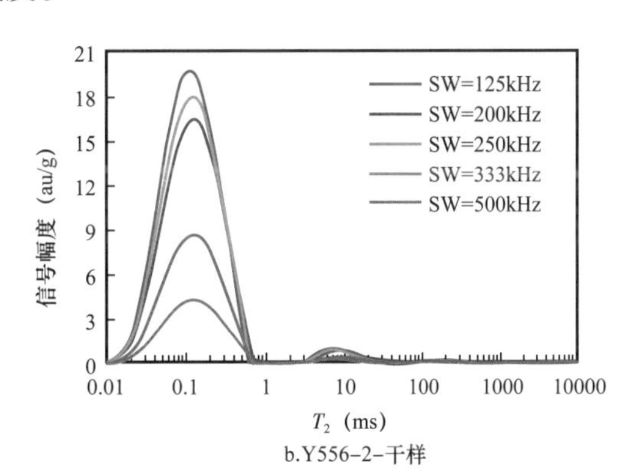

b.Y556-2-干样

图2-7　不同接收机带宽（SW）页岩T_2谱

PRG前置放大增益用于放大仪器检测样品信号幅度，以提高信噪比，但当PRG过大时可能导致信号失真。洗油干燥页岩样品测试时，样品信号幅度较低，PRG越大T_2谱信号幅度越高，越有利于提高信噪比（图2-8a）。然而，饱和油页岩样品测试时，样品孔隙富含流体具有较强的核磁共振信号幅度，PRG过大时（如PRG=3）使得CPMG衰减谱增益过大，导致反演T_2谱失真（图2-8b）。此外，不同PRG的T_2谱形态相似，仅是信号幅度差异（图2-8）。因此，为了保持不同状态页岩样品核磁共振测试一致性，选取PRG=1作为最佳参数。

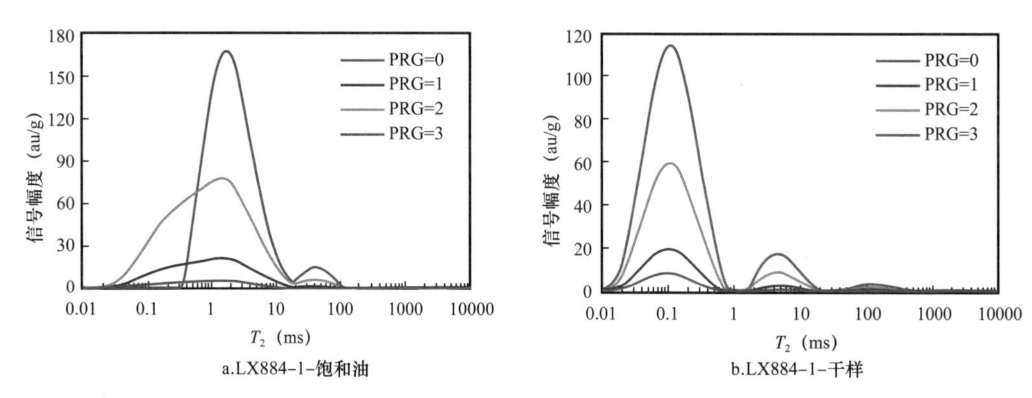

图 2-8　不同前置放大增益（PRG）页岩 T_2 谱

（三）T_W、NS 和 NECH

等待时间为重复采样等待时间，是两个连续脉冲序列的时间间隔，即磁场中氢核质子重新恢复到极化状态所需要的时间。较小等待时间的磁场中质子不能完全恢复到初始极化状态，导致孔隙流体弛豫信号不能被完全极化，信号幅度降低[70]。因此，T_W 应足够长，以确保孔隙流体质子恢复到完全极化状态，通常 T_W 应大于孔隙流体 3 倍 T_1[91]。饱和油页岩不同 T_W 的 T_2 谱分布如图 2-9 所示，T_W 由 100ms 增加到 3000ms 核磁共振 T_2 谱分

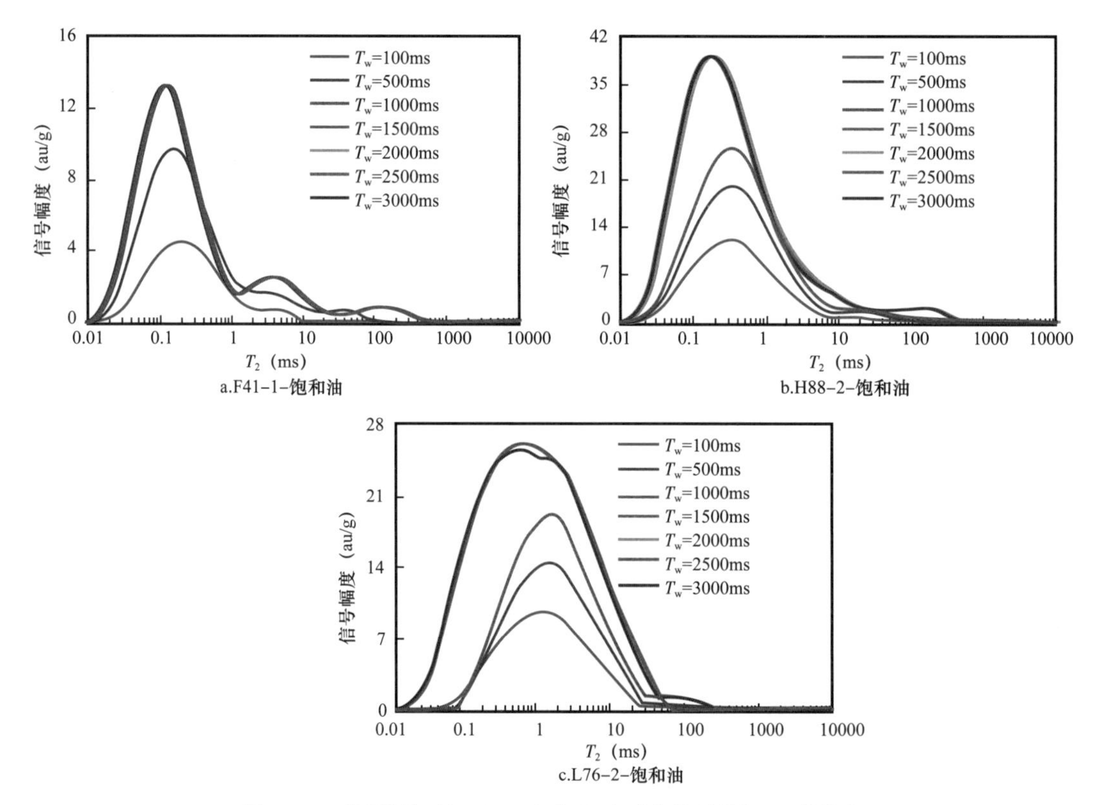

图 2-9　不同等待时间（TW）饱和油页岩核磁共振 T_2 谱分布

布明显变化。当 T_W 小于 1500ms 时，随着 T_W 增加，T_2 谱信号幅度显著增加，T_2 谱分布明显变化，由单峰分布逐渐过渡为多峰分布，且 T_2 谱分布范围变大（图 2–9a）；当 T_W 大于 1500ms 时，随着 T_W 增加，T_2 谱分布几乎不变，保持稳定，表明此时孔隙流体质子可完全恢复到初始极化状态。因此，饱和油页岩核磁共振测试时 T_W 应大于 1500ms。

叠加次数是脉冲序列重复扫描次数，增加 NS 可提高信噪比[70]，但 NS 过高将导致样品测试时间增加，降低实验效率。饱和油页岩不同 NS 的 T_2 谱和信噪比分布显示，与 T_W 影响不同，随着 NS 增加 T_2 谱信号幅度显著增加，但其形态及分布位置不变；当 NS 小于 64 时，信噪比随着 NS 增加而增加；当 NS 大于 64 时，NS 增加信噪比则呈现缓慢降低趋势（图 2–9）。如图 2–9a 所示，当 NS 由 4 增加到 64 时，信噪比由 33 增加到 44，NS 由 64 增加到 128 时，信噪比则由 44 减小到 43。当 NS 为 64 时，页岩核磁共振测试信噪比最高，即 NS=64 为页岩测试最佳叠加次数。

回波个数为 CPMG180° 扳转脉冲个数，NECH 较小时 CPMG 自旋回波串信号幅度不能完全衰减，导致 T_2 谱反演精度降低，难以有效表征大孔隙度流体分布（如 T_2>100ms）；NECH 过大时将会采集过多噪声信号，导致实验效率和 T_2 谱信噪比降低[70]。饱和油页岩不同 NECH 的 T_2 谱显示，NECH 对页岩核磁共振测试影响较小（图 2–11）。当 NECH 小于 6000 时，随着 NECH 增加，T_2 谱分布变化较小，T_2 大于 100ms 部分逐渐趋于稳定；当 NECH 大于 6000 时，随着 NECH 增加，T_2 谱信号幅度呈降低趋势（图 2–11），表明 NECH=6000 时 CPMG 自旋回波信串信号幅度可完全衰减，因此页岩核磁共振测试时 NECH 应不小于 6000。

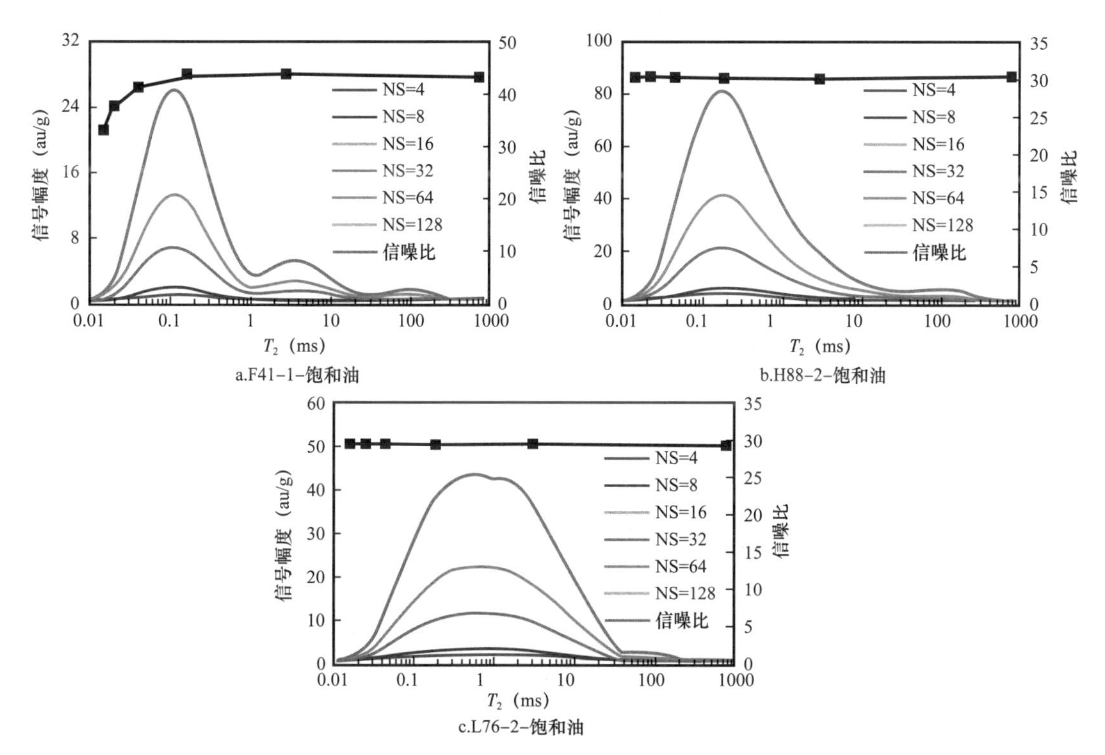

图 2–10　不同叠加次数饱和油页岩 T_2 谱及信噪比分布

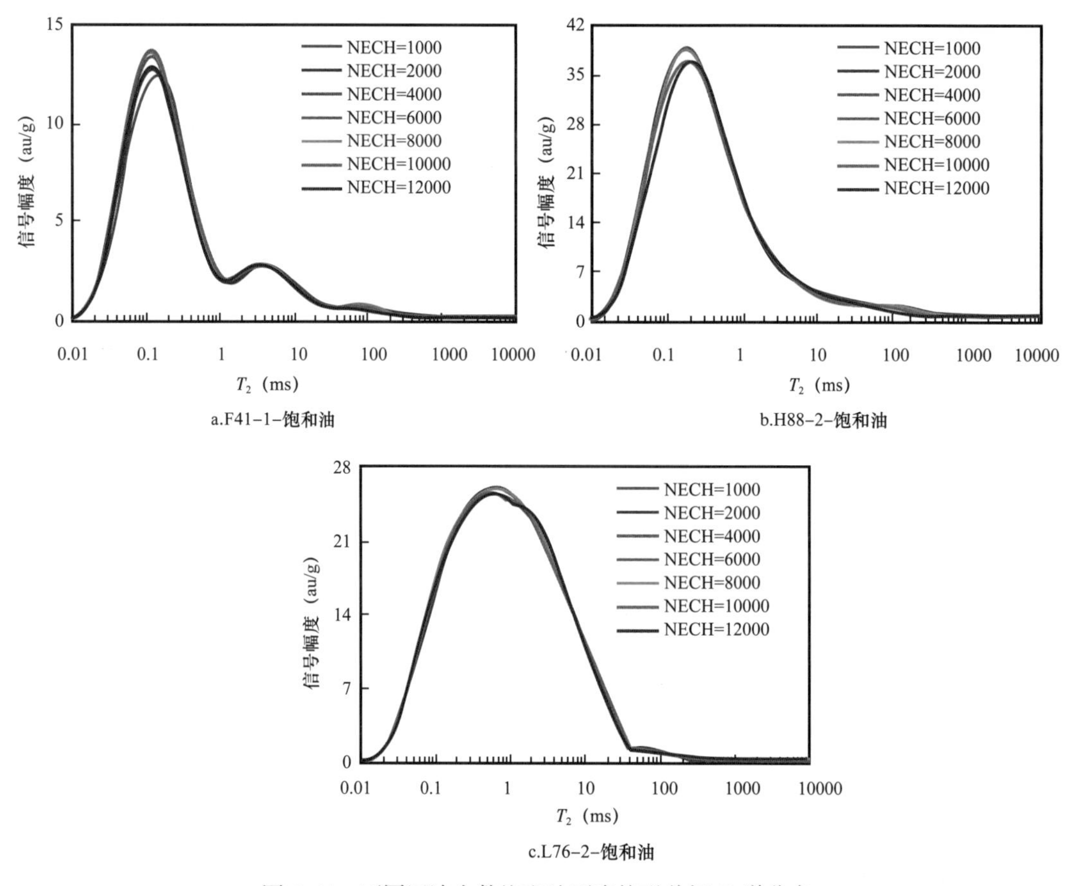

a.F41-1-饱和油

b.H88-2-饱和油

c.L76-2-饱和油

图 2-11　不同回波个数饱和油页岩核磁共振 T_2 谱分布

三、探针试剂

不同探针试剂饱和页岩 T_2 谱具有显著差异，饱和水页岩 T_2 谱主要分布在 T_2 小于 1ms，各 T_2 峰连续性较差，信号幅度明显高于饱和油 T_2 谱（图 2-12）。黏土矿物遇水发生水化作用、膨胀破坏页岩原始孔隙结构，导致饱和水页岩 T_2 谱分布无法反应页岩原始孔隙结构特征。因此，黏土矿物含量较高的页岩核磁共振测试时应选择油作为探针试剂。

然而，与砂岩及碳酸盐岩储层相比，页岩含有较多固体氢核（如干酪根、黏土矿物结构水等）[23, 66]，而采用极小回波间隔（如 0.07ms）时，弛豫时间极短的固体氢核信号也可被检测获取，从而使得饱和油页岩 T_2 谱是孔隙流体和固体氢核的综合响应。为了消除页岩固体氢核对饱和油页岩 T_2 谱的影响，获取表征页岩孔隙结构的 T_2 谱，建立了饱和油页岩去干样基底的方法：采用相同测试参数分别采集干燥、饱和油页岩 CPMG 自旋回波串，然后以页岩干燥自旋回波串为基底，饱和油页岩减去基底并反演获得仅含页岩孔隙流体弛豫信号的 T_2 谱（图 2-13）。

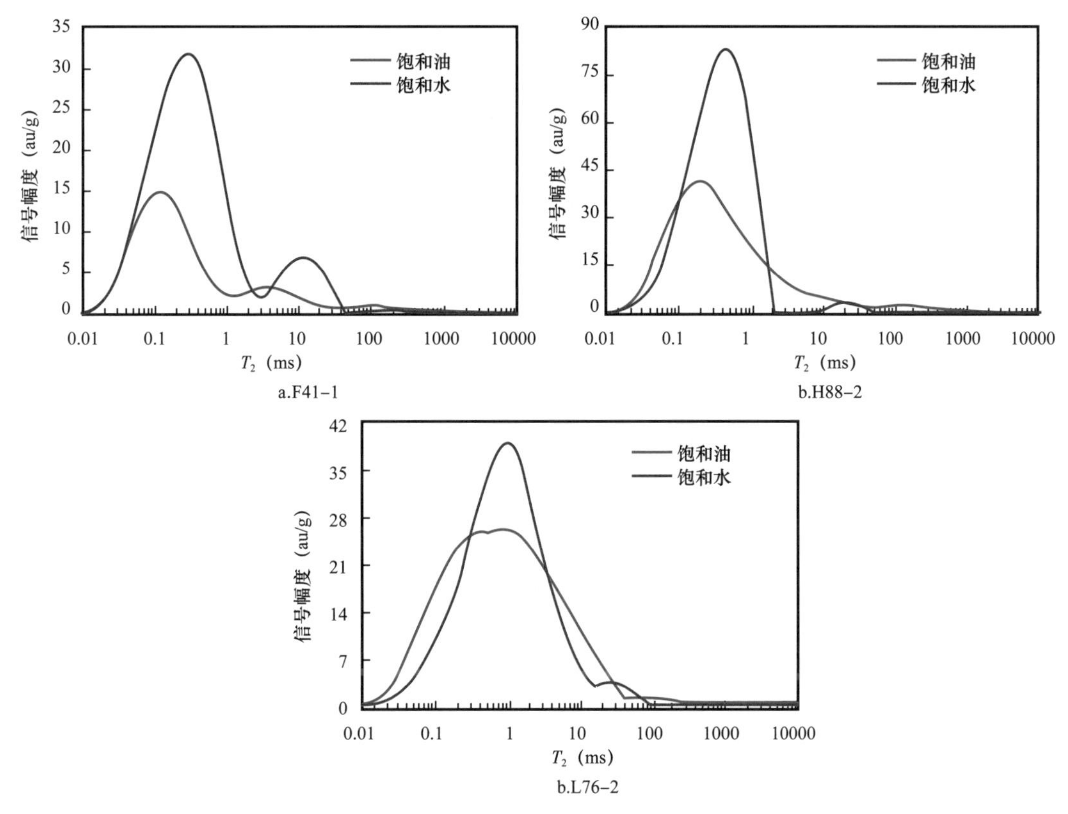

图 2-12　页岩不同探针试剂 T_2 谱分布

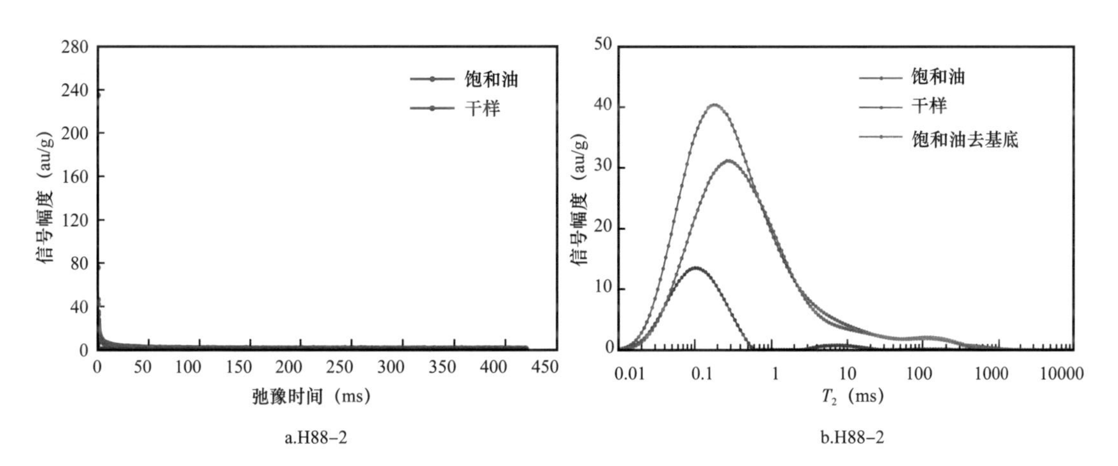

图 2-13　页岩 T_2 谱反演方法

第三章 页岩实验分析及岩石学特征

渤海湾盆地东营凹陷古近系沙河街组是页岩油主要的目勘探层段，本章将对研究区地质概况及页岩样品的有机地化和岩石学特征进行详细分析，建立页岩岩相划分标准，为页岩储集物性及页岩油赋存研究奠定基础。同时将对研究中运用到的测试方法进行详细分类和总结。

第一节 研究区概况及样品采集

东营凹陷位于渤海湾盆地东南部，属于济阳坳陷的一个次级构造单元，北以陈家庄凸起与沾化凹陷相邻，西以林樊家、滨县等凸起与惠民凹陷相接，南邻鲁西隆起区，面积约为 5850km^2，是在华北地台太古宇和古生界基底上发育的中—新生代断陷—坳陷叠合盆地。凹陷北部北东向和近东西向边界断裂控制了整个凹陷的沉积与构造演化，形成了东营凹陷“北断南超、北深南浅”的箕状构造格局，凹陷内部发育多个次级洼陷，包括利津洼陷、牛庄洼陷、博兴洼陷和民丰洼陷（图 3–1）。东营凹陷地层发育齐全，从老到新依次发育太古宇泰山群、下古生界寒武系和奥陶系、上古生界石炭系和二叠系、中生界侏罗系和白垩系，以及新生界古近系、新近系和第四系。

古近系沙河街组在东营凹陷广泛分布，与下伏孔店组呈整合或假整合接触。岩性上，沙河街组可分为四段，其中沙四段又可分为上、下两个亚段，沙三段可细分为上、中、下三个亚段。东营凹陷泥页岩主要发育于古近系沙河街组四段上亚段（Es_4^s）、三段下亚段（Es_3^x）和沙一段（Es_1）。其中沙四上亚段和沙三下亚段泥页岩沉积厚度大（100～400m），有机质丰度高（1%～5%），类型好，以腐泥型—混合型为主，且已进入低成熟—成熟演化阶段（R_o 为 0.42%～0.64%），具有形成大量页岩油的物质基础，是主要的页岩油气发育层段[71, 72]。东营凹陷油气勘探显示古近系泥页岩频繁出现气测异常和油气显示，其中已有 10 余口井获得工业油气流，展现了东营凹陷页岩油巨大的勘探潜力[73]。

采集东营凹陷 11 口探井 Es_4^s 和 Es_3^x 泥页岩（包括泥岩和页岩，研究中在不涉及岩相划分时统一简称为页岩）样品 38 块，其中 Es_4^s 样品 21 块，Es_3^x 样品 17 块，采样点分布如图 3–1 所示。

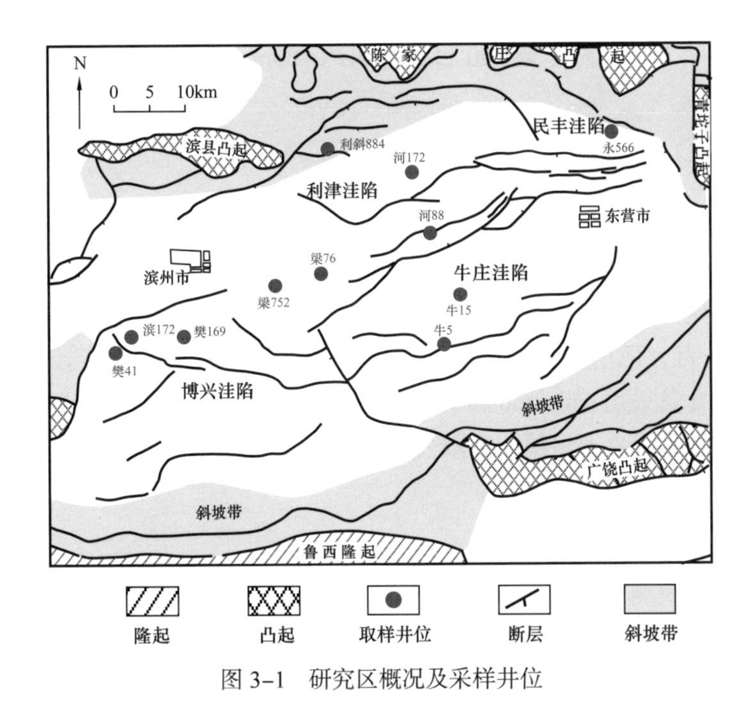

图 3-1　研究区概况及采样井位

第二节　页岩实验分析

一、有机地球化学及无机矿物组成分析

（一）有机地球化学分析

应用总有机碳和岩石热解分析采集页岩洗油前、后有机地球化学特征。总有机碳采用苏州埃兰分析仪器有限公司生产的 Elab-TOC 总有机碳分析仪测试。首先，根据测试样品数量选取并清洗坩埚，70℃加热烘干 12 小时，并精确测量坩埚质量（m_1）；选取 2～3g 页岩样品粉碎至 100 目，称取 0.5～0.8g（m_2）置于坩埚，加入过量盐酸，在室温下 3 小时溶解除去方解石，加热 70℃恒温 3 小时除去白云石，直至无气泡产生，并用蒸馏水将样品清洗至中性，然后 70℃加热烘干 12 小时，精确称量坩埚及样品质量（m_3）；称取酸溶烘干页岩样品 5.0～5.2mg 采用 Elab-TOC 测试 3～5 次，取平均值得到样品 TOC_0，最后采用下式计算获取页岩样品总有机碳含量（TOC）：

$$TOC=\frac{m_3-m_1}{m_2}\times TOC_0 \tag{3-1}$$

采用岩石热解仪测试分析采集页岩洗油前后获取 S_1、S_2、S_4 和最高热解峰温 T_{max}，评价页岩有机质丰度、类型以及成熟度。首先，称取标准样品 100mg 标定岩石热解仪，直至连续两次测试 S_1 相对误差小于 3%，T_{max} 绝对误差小于 2℃，S_4 相对误差小于 3%；

然后选取页岩样品 2～3g 粉碎至 100 目，称取约 100mg 置于岩石热解坩埚测试获取 S_1、S_2、S_4 和 T_{max}。

（二）页岩无机矿物组成分析

页岩岩石学分析主要是矿物组分鉴定和显微构造观察。页岩全岩及黏土矿物组分采用布鲁克（Bruker）X 射线衍射仪（XRD）定量分析。页岩全岩矿物测试选用样品 3～5g 粉碎至 300 目，压片后直接进行 XRD 分析。黏土矿物组分分析选取页岩样品 20～50g 粉碎至 100～200 目，采用重力悬浮法分离黏土矿物，制片烘干后进行 XRD 分析。页岩全岩及黏土矿物含量采用 Jade®6.0 计算获取。页岩显微构造观察用于揭示页岩层理构造微观特征，采用上海荼明光学仪器有限公司 CPV-900C 型偏光显微镜完成。

二、储集特性研究

（一）扫描电镜测试

页岩扫描电镜测试采用 FEI Quanta 200 F 场发射扫描电镜在中国科学院地质与地球物理研究所微纳结构成像实验室完成。测试页岩样品垂直层理选取，洗油烘干后首先采用碳化硅（SiC）砂纸打磨获取平整表面，然后进行氩离子剖光。扫描电镜图像放大 190～80000 倍，获取不同视域背散射（BSE）及二次电子（SE）图像，图像分辨率介于 1.04～558nm。

（二）X 射线微米 CT

X 射线微米 CT 测试采用美国 Xradia 公司生产的 MicroXCT-200 型微米 CT 仪完成。仪器工作电压为 40～150kV，最大功率 10W，可用于分析直径介于 1～70mm 的岩心样品，空间分辨率随着样品的减小而增加，最高可达 0.7μm，最低为 40μm，单次空间最大可扫描物体高度 25mm。采用工作电压 150kV，扫描功率 10W，分别对每个页岩样品沿轴向从顶部向底部依次扫描，每个得到样品 2028 张二维 CT 图像切片。单个切片图像分辨率为 2048×2048 像素，扫描单个切片的厚度及切片间距与空间分辨率相同，基于 CT 二维切片即可获得页岩孔裂隙三维空间分布。

（三）低温氮气吸附—解吸测试

低温氮气吸附—解吸（氮气吸附）实验采用美国麦克公司 Micromeritics ASAP 2460 型比表面积与孔隙度分析仪测试完成。在页岩测试前，首先将页岩样品粉碎至 40～60 目，选取 3～4g 洗油烘干除去孔隙残余流体，并在 105℃真空条件下脱气 12 小时。然后，在液氮温度下（77K）通过升高压力达到液氮饱和蒸气压再逐渐降低压力，获取相对压力介于 0.01～0.993 的页岩样品氮气吸附—脱附曲线。通过对氮气吸附曲线分析可获取页岩孔隙表面积、孔体积和孔径分布。孔隙表面积利用吸附曲线采用 BET

（Brunauer Emmette Teller）方程计算，孔体积由单点孔体积获取，孔径分布采用BJH（Barrette Joynere Halenda）模型计算，测定孔径分布范围为1.7～300nm。

（四）高压压汞测试

高压压汞实验应用美国麦克公司Micromeritics AutoPore 9520型压汞仪完成。在压汞实验前，选取页岩样品4～5g洗油72小时除去孔隙残余油，然后在真空条件下110℃烘干24小时除去孔隙残余流体。称取样品质量，并测试样品体积，进汞压力最高约为241MPa，通过Washburn方程计算对应最小孔喉直径约为7nm，根据进汞曲线可直接求取页岩总孔体积和孔喉分布。

（五）低场核磁共振分析

T_2谱测试采用MesoMR23–060H–I型核磁共振分析与成像仪完成，测试参数：等待时间为3000ms，回波间隔为0.07ms，叠加次数为64次，回波个数为6000个。页岩核磁共振测试包括三个系列：洗油干燥样品、饱和油样品和离心样品。在核磁共振测试前，页岩样品采用二氯甲烷和丙酮混合液（体积比3∶1）在90℃、0.3MPa条件下洗油72小时除去孔隙残余油，置于真空烘箱110℃抽真空加热24小时除去孔隙残余流体。待样品冷却至室温后，测试干燥页岩核磁共振自旋回波串和T_2谱。然后，将干燥页岩抽真空24小时（压力小于–0.1MPa），加压10MPa饱和正十二烷（nC_{12}）24小时饱和油，测试饱和油页岩核磁共振自旋回波串，采用去基底反演方法获取页岩饱和油T_2谱。

饱和油页岩测试完成后，采用GL–21M高速冷冻离心机在20℃温度下恒温离心4小时，离心力约为2.76MPa。然后，测试离心页岩核磁共振自旋回波串，并去基底反演获取页岩离心后T_2谱。

（六）页岩自发渗吸研究

自发渗吸实验通过测试多孔介质中润湿相流体在毛细管力作用下自发取代非润湿相过程，评价多孔介质孔喉连通性。自发渗吸与核磁共振测试相结合可实时监测渗吸过程页岩孔隙流体分布。自吸实验前，首先在无水条件下制备直径为25mm、长度为10～20mm页岩样品柱塞样，并进行洗油干燥处理，除去孔隙原始残余流体，测试干燥页岩T_2谱。自吸实验流体采用正十二烷，实验前应用真空加压饱和仪，抽真空24小时（压力小于–0.1MPa）充分除去正十二烷中空气。然后，将干燥页岩浸没于自吸流体，间隔一定时间取出称取质量（精确至0.0001g），除去表面自吸流体并测试T_2谱，待页岩自吸T_2谱稳定后结束实验。

三、页岩油赋存规律研究

（一）页岩氢核组分识别

为了揭示页岩不同氢核组分核磁共振弛豫特征，系统测试分析不同状态黏土矿物、

干酪根和页岩 T_2 谱和 $T_1—T_2$ 谱分布。由于难以直接从页岩分离得到黏土矿物，测试黏土矿物为购自美国黏土矿物协会（Clay Minerals Society）纯矿物，包括蒙皂石（STx-1b）、伊利石（IMt-2）、高岭石（KGa-1b）和绿泥石（CCa-2）。干酪根采用非氧化性酸溶解矿物基质由高 TOC 页岩富集。核磁共振分析包括三部分：不同饱和水黏土矿物、不同饱和水干酪根和不同状态页岩 T_2 谱和 $T_1—T_2$ 谱测试。$T_1—T_2$ 测试参数：等待时间为 3000ms，叠加次数为 32 次，回波个数为 6000 个，DL2（90° 脉冲与相邻 180° 脉冲之间的时间间隔）为 0.035ms，反转次数（NTI）为 25 次。

1. 黏土矿物分析

黏土矿物核磁共振测试包括 5 个系列：原始状态，饱和水，60℃、110℃和 600℃加热。首先，测试原始状态（空气相对湿度约为 60%）黏土矿物 T_2 和 $T_1—T_2$ 谱，然后抽真空 24 小时加压 10MPa 饱和蒸馏水 24 小时，测试饱和水状态 T_2 和 $T_1—T_2$ 谱。饱和水黏土矿物测试完成后，热处理与核磁共振测试按照温度 60℃、110℃和 600℃由低到高依次进行。每个温度热处理持续约 24 小时，其中 60℃和 110℃在真空条件下完成（压力小于 -0.1MPa），每次热处理后黏土矿物置于干燥器内冷却至室温，防止黏土矿物冷却过程中吸附水蒸气。实验热处理温度基于矿物中水的脱失温度设定[74]。

2. 干酪根分析

干酪根分析包括 3 个系列：洗油干燥、饱和水、饱和水挥发。首先，应用二氯甲烷和丙酮混合液（体积比 3：1）在 0.3MPa、90℃条件下将分离干酪根洗油 72 小时，随后将干酪根在真空条件下 110℃烘干 24 小时，待冷却至室温后进行核磁共振测试。将干酪根饱和蒸馏水并测试 T_2 谱和 $T_1—T_2$ 谱。为了揭示短弛豫流体（T_2<20ms）特性，蒸发并测试 T_2 谱和 $T_1—T_2$ 谱。

3. 页岩分析

页岩测试分析包括 5 个系列：原样、洗油干燥、饱和油（nC_{12}）、不同离心力离心和饱和水。首先进行原样页岩核磁共振测试，然后将页岩洗油干燥冷却至室温后测试洗油干燥状态 T_2 谱和 $T_1—T_2$ 谱，为其他状态页岩核磁共振分析提供参考。在真空条件下加压 10MPa 饱和 24 小时使页岩饱和 nC_{12}，然后采用 5 种不同转速（如 6000r/min、8000r/min、10000r/min、11000r/min 和 12000r/min）离心饱和油页岩获取不同饱和状态页岩，分别测试饱和油和不同饱和状态页岩核磁共振弛豫特征。最后，将离心后页岩至于真空烘箱抽真空 110℃加热 24 小时除去孔隙饱和油，并采用蒸馏水饱和，测试分析页岩孔隙水核磁共振弛豫特征。

（二）页岩吸附—游离油定量评价

1. 热重—核磁共振分析

热重分析根据不同状态流体热力学性质不同，测试样品质量随时间变化以区分不同赋存状态流体，可有效揭示页岩可动、束缚及吸附油分布。核磁共振技术可有效检测页岩孔隙流体赋存位置及迁移特征，因此采用热重、核磁共振相结合揭示不同状态页岩油

的含量及赋存特征。分别测试分析了60℃、90℃和110℃饱和油页岩热重变化，同时采用核磁共振技术监测了60℃饱和油页岩热重过程。以60℃为例说明页岩油热重—核磁共振分析过程。

热重分析前，首先将页岩进行洗油干燥处理，将干燥后页岩置于60℃烘箱恒温，待岩样温度恒定为60℃时，称取岩样质量（精确至0.0001g）并测试干燥页岩 T_2 和 T_1—T_2 谱。然后，将岩样饱和油并浸没于饱和液置于60℃烘箱恒温，使岩样及孔隙流体恒温为60℃，然后取出页岩样品除去表面流体称取质量并测试页岩饱和状态 T_2 和 T_1—T_2 谱。最后，进行60℃热重分析，每隔一定时间取出称取质量（精确至0.0001g）并测试 T_2 谱和不同阶段 T_1—T_2 谱。采用相同方法依次完成90℃和110℃饱和油页岩热重分析。

2. 离心—核磁共振分析

离心—核磁共振分析是揭示储层可动流体含量及分布的有效方法[70]，在离心力的作用下孔隙流体克服毛细管阻力逐渐排出，随着离心力增加克服毛细管阻力逐渐增加，孔隙流体逐渐排出。因此，当离心力无穷大时，孔隙可动流体完全排出，仅残余不可动的吸附相流体，即离心力无穷大时页岩油可动量为游离量，而残余油量为吸附油量。采用似兰氏方程（Langmuir-like equation）标定不同离心力页岩油可动量[75]，建立离心—核磁共振分析页岩油赋存状态定量评价方法，其实验分析流程如下：

离心分析前，首先称取饱和油页岩质量，并测试 T_2 和 T_1—T_2 谱。采用转速—离心力计算公式［式（3-2）］计算不同离心力对应离心转速：

$$\Delta p=p_{ci}=1.097\times10^{-9}\Delta\rho L\left(R_e-L/2\right)n^2 \tag{3-2}$$

式中，Δp 为岩心两端离心压差，MPa；p_{ci} 为岩心驱替毛细管压力，MPa；$\Delta\rho$ 为两相流体密度差，g/mL；L 为岩心长度，cm；R_e 为岩样外旋转半径，cm；n 为离心机转速，r/min。

采用GL-21M高速冷冻离心机设定温度20℃依次增加离心转速完成离心分析，每个离心力离心时间约4小时，同时测试各离心转速页岩样品质量及 T_2 和 T_1—T_2 谱。根据饱和油及不同离心力 T_2 谱可计算不同离心力页岩油可动量，标定方程，获取页岩油吸附—游离量。

四、页岩油可流动性研究

页岩油及甲烷渗流实验采用MesoMR23高温高压驱替评价核磁共振分析与成像系统完成。该实验装置结构如图3-2和图3-3所示，包括进口压力控制系统、围压及温度控制系统、核磁共振检测系统和流量检测系统4个独立部分。

进口压力控制系统包括液体压力控制系统和气体压力控制系统，其中液体压力控制系统由恒速恒压泵、容器罐等构成，由计算机输入压力条件，自动控制调节进口压力（图3-2）；气体压力控制系统由气源、气体增压泵和减压阀等构成，由高精度减压阀手动控制设定进口压力（图3-3），进口压力设置范围在0～20MPa，精度为0.01MPa。围压及温度控制系统主要由围压泵、循环泵、低温循环泵、加热棒等构成，围压设定范围在 0～25MPa，精度为 0.1MPa，温度设定范围在 10～80℃，控制精度为 0.1℃，有计算机输入压力和温度条件，自动控制围压和样品腔温度。

核磁共振测试系统主要由 MesoMR23-060H-I 型核磁共振测试仪和岩心驱替夹持器检测线圈构成，检测线圈直径 70mm，最小回波间隔 0.2ms。流量检测系统分为两部分，液体流量采用移液管检测，将移液管尖端沾湿黑色墨水，当有液体通过时推动黑色墨水，用秒表记录黑色墨水流过一定体积所消耗的时间，并重复测试，直至连续流量稳定为止，取稳定流量为该条件下页岩油流量（图 3-2）；气体流量采用电子流量计检测（D07-7CM），由 20mL 和 100mL 两个电子流量计构成，最大检测精度为 0.02mL/min，最大量程约为 160mL/min，由计算机自动记录流量（图 3-3）。此外，系统进口压力、围压、温度等均由读数计算机自动记录。

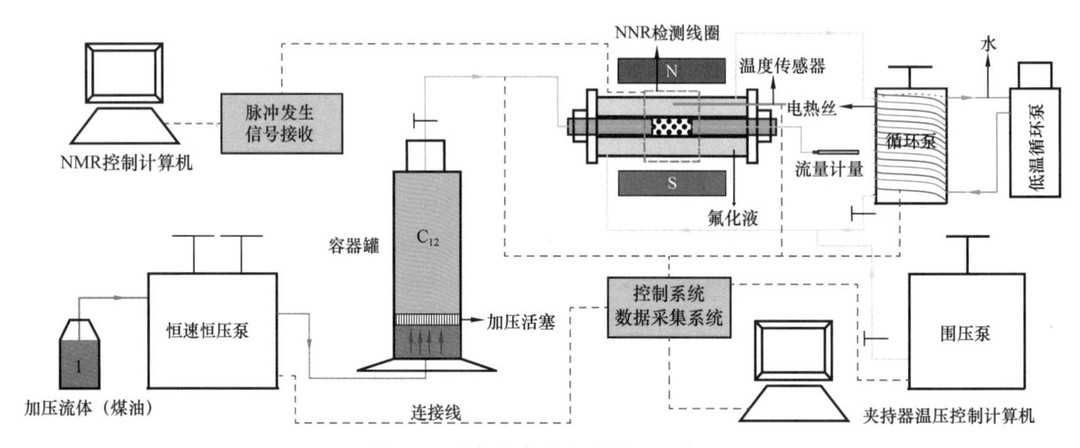

图 3-2　页岩油渗流实验装置示意图

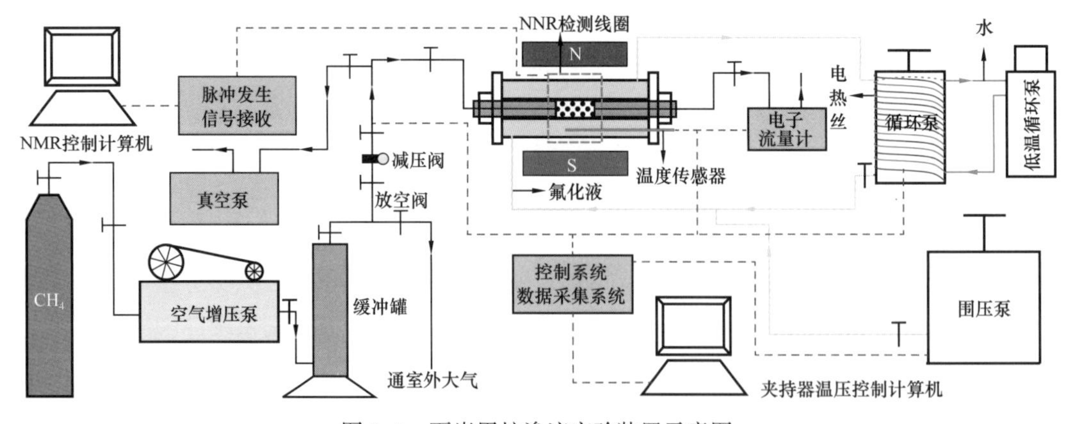

图 3-3　页岩甲烷渗流实验装置示意图

页岩油可流动性实验研究主要包括 3 部分：恒定围压不同进口压力页岩油渗流、不同温度页岩油渗流和页岩甲烷渗流。恒定围压不同进口压力页岩油渗流共设定 4 个围压系统，分别为 1.5MPa、3.0MPa、4.5MPa 和 6.0MPa。不同页岩样品设定相同压力梯度，进口压力由压力梯度根据岩心长度计算获得，压力梯度依次设定为10MPa/m、20MPa/m、30MPa/m、40MPa/m、50MPa/m、60MPa/m、70MPa/m、80MPa/m、90MPa/m、100MPa/m、120MPa/m、140MPa/m、160MPa/m和180MPa/m，依次完成由低到高4个围压系统页岩油流量测试，测试过程保持围压与进口压力压差大于0.5MPa，岩心及流体温度恒定为20℃。渗流测试过程可采用核磁共振实时监测页岩孔裂隙变化。

不同温度页岩油渗流测试，恒定围压为6.0MPa，压力梯度为100MPa/m，温度依次设定为20℃、30℃、40℃、50℃和60℃，待温度稳定后测试页岩油流量。页岩甲烷渗流采用与页岩油渗流实验相同围压及进口压力，测试恒定围压不同进口压力页岩甲烷渗流特征，以对比分析相同围压和进口压力下页岩不同流体渗流规律。

第三节　页岩岩石学特征

页岩油是典型源储共生型石油聚集，页岩既是烃源岩又是储集岩[1]。页岩有机质、无机矿物组成以及结构、构造等特征，即页岩岩石学特征对页岩油的形成、富集及可流动性具有重要影响。有机质是页岩油形成的物质基础，有机质丰度决定着页岩油的富集程度，有机质类型和成熟度相似时，有机质丰度越高，页岩生烃量越大，页岩油越富集[76]。无机矿物组成不仅控制着页岩储集特性，也影响后期储层可压裂改造性。脆性矿物含量较高时，有利于粒间孔隙保存，也易形成天然裂缝，同时后期压裂改造时也易于形成复杂裂缝网络；而黏土矿物含量较高时，页岩易发生塑性变形，不利于后期储层压裂改造[1, 76]。页岩构造特征亦影响页岩油富集，纹层状页岩通常具有更高的游离烃含量[44]。岩相是页岩有机质丰度、无机矿物组成和构造特征的综合反映，是影响页岩储集特性和油气分布的根本原因[77]。本节将探究东营凹陷页岩有机质及无机矿物组成特征，划分页岩岩相，为页岩储集特性、页岩油赋存规律及可动性研究奠定基础。

一、有机地球化学特征

页岩有机地球化学特征，即页岩有机质丰度、类型和成熟度，控制着页岩油的生成和富集。38块页岩样品洗油前后总有机碳和岩石热解分析结果如图3–4和图3–5所示。页岩洗油前总有机碳含量介于0.16%～4.55%，平均值为1.75%，主要分布在0.5%～1.0%和2%～4.55%；页岩洗油后TOC均小于洗油前，分布在0.13%～3.90%，平均值为1.33%，主要分布在0～0.5%和1.5%～2.5%（图3–4）。页岩洗油前热解残留烃S_1分布在0.0941～4.6931mg/g，平均值为1.0814mg/g，洗油后S_1显著降低，均小于0.3mg/g，平均值为0.1156mg/g（图3–5）。

有机质类型是影响油气生成的重要因素之一，不同类型有机质生成烃类的性质不同，Ⅰ型和$Ⅱ_1$型有机质有利于页岩油生成[76]。岩石热解氢指数（I_H）和最高热解峰温（T_{max}）可有效反映页岩有机质类型，T_{max}—I_H图版显示38块页岩有机质类型以$Ⅱ_1$型为主，占样品总数50%，其次为$Ⅱ_2$型（21%）、Ⅲ型（18%）和Ⅰ型（11%）有机质，其中

Ⅰ型和Ⅱ$_1$型有机质占61%，表明东营凹陷页岩有机质类型较好，以生油为主，有利于页岩油生成（图3–6）。

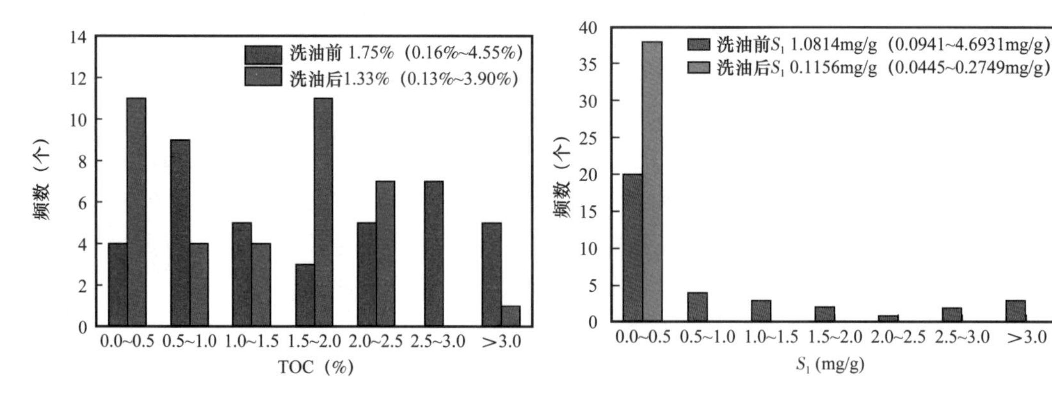

图3–4　页岩洗油前后TOC分布

图3–5　页岩岩石热解残留烃S_1分布

有机质只有达到一定成熟度才可大量生烃，成熟度是评价有机质生烃量及生烃类型的重要依据。岩石T_{max}随有机质成熟度的增加而增加，可有效指示页岩有机质成熟度。页岩T_{max}分布在417～463℃，平均值为440℃（图3–7）。根据中国陆相有机质成烃演化阶段划分及判别指标，研究区页岩有机质主要处于低成熟（435℃<T_{max}<440℃）阶段和成熟（440℃<T_{max}<450℃）阶段，其次为未成熟（T_{max}<435℃）阶段，高成熟度样品较少（450℃<T_{max}<480℃）（图3–7）。东营凹陷页岩有机质成熟度适中，以生成液态烃为主，具有形成大规模页岩油资源潜力。

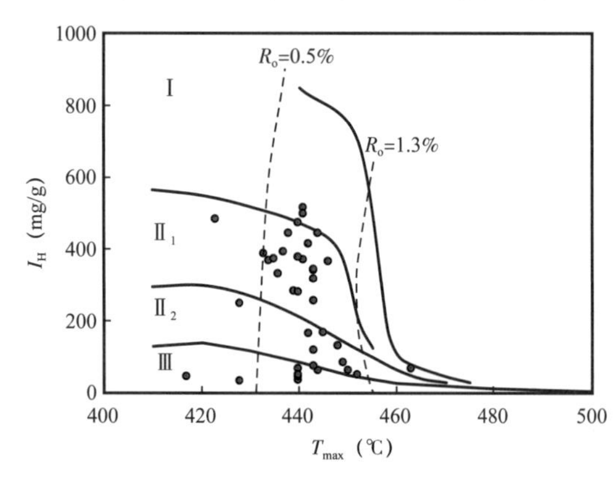

图3–6　页岩有机质类型分布（T_{max}—I_H）

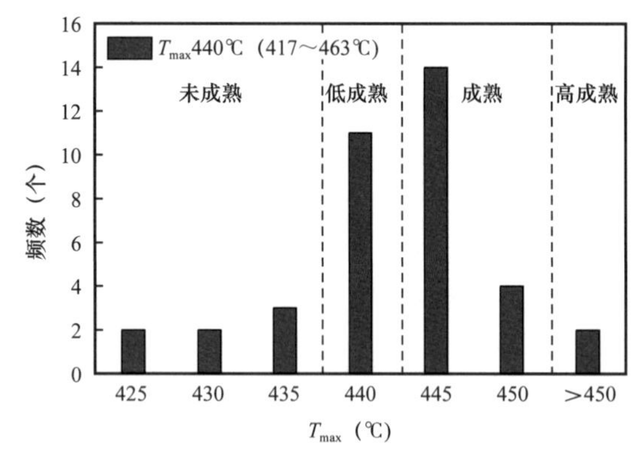

图3–7　页岩有机质成熟度分布

二、无机矿物组成特征

采用X射线衍射分析技术测试了31块页岩样品全岩矿物组成和13块样品黏土矿物相对含量（图3–8）。东营凹陷页岩矿物组成复杂多样，主要包括黏土矿物、石英、钾长石、斜长石、方解石和白云石，含少量的黄铁矿、菱铁矿和赤铁矿等矿物。黏土矿物含量最高，分布在2.6%～58.2%，平均值为33.7%，其次为石英，介于5.8%～46.8%，平

均值为24.7%，方解石分布在1.8%～60.3%，平均值为17.9%，白云石（8.8%）、斜长石（8.1%）和钾长石（2.1%）含量相对较低（图3–8）。页岩脆性矿物含量较高，其中硅质矿物（石英和长石）平均可达34.8%（8.1%～81.2%），钙质矿物（方解石和白云石）平均为26.8%（3.6%～77.8%），有利于天然裂缝形成和后期压裂改造。陆相页岩相变快，且31块页岩样品采自不同区域和层位，使得页岩矿物组分分布差异较大。

页岩黏土矿物以伊/蒙混层为主，含有少量高岭石、绿泥石、伊利石和绿/蒙混层（图3–8）。伊/蒙混层含量分布在68%～97%，平均值为89.3%，伊/蒙混层比较低，平均值为9.9%，表明伊/蒙混层主要由伊利石构成。伊利石平均值为4.0%，分布在2%～6%，高岭石介于0～9.0%，平均值为3.5%，绿泥石平均含量仅为1.4%。因此，页岩黏土矿物主要由伊利石构成，等效伊利石（伊/蒙混层伊利石部分+伊利石）平均含量84.5%。

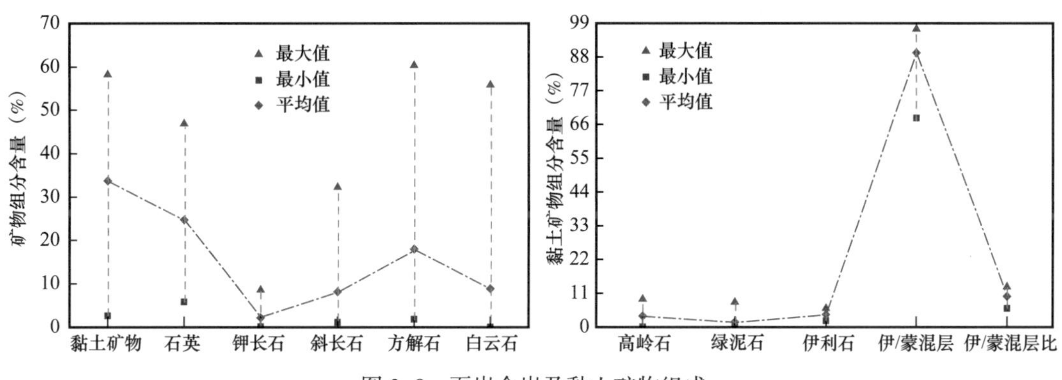

图3–8　页岩全岩及黏土矿物组成

三、页岩岩相划分

岩相指由一定岩石特征（成分、结构和构造等）所限定的在特定沉积环境中形成的岩石或岩石组合[77, 78]。页岩岩相是制约页岩可压裂性和页岩油气富集区的直接因素，是在区域尺度上优选页岩油气有利靶区的有效技术方法[79]。然而，页岩岩相研究较为薄弱，不同学者对页岩岩相定义不同，缺乏统一的分类标准[77, 79–81]。目前应用较为广泛的是基于页岩主要矿物组分黏土矿物、硅质矿物（石英+长石）和钙质矿物（方解石+白云石）的三端元分类方法[77, 79, 81]。借鉴前人页岩岩相划分方法[81]，综合考虑页岩有机质丰度、矿物组成和构造特征建立东营凹陷页岩岩相划分方案。

（一）有机质丰度

有机质是页岩油气生成和富集的物质基础，总有机碳含量是指示页岩有机质丰度的重要参数。岩石热解游离烃 S_1 和氯仿沥青“A”含量直接反映页岩油气富集性，二者与TOC具有良好的相关关系，随着TOC增加呈现明显的“三分性”，可将页岩油气资源分为富集资源、低效资源和分散资源[82]，据此将页岩有机质特征依次分为富有机质、含有机质和贫有机质。

东营凹陷Es_4^s和Es_3^x泥页岩S_1、氯仿沥青“A”含量与TOC三分性显示[83]，Es_4^s泥页岩富有机质TOC≥2.0%，含有机质0.7%≤TOC<2.0%，贫有机质TOC<0.7%；Es_3^x泥页岩富有机质TOC≥2.4%，含有机质1.0%≤TOC<2.4%，贫有机质TOC<1.0%。采集泥页岩样品Es_4^s贫有机质分布最多，其次为富有机质，含有机质最少；Es_3^x泥页岩富有机质分布最多，其次为含有机质，贫有机质最少（图3-9）。

（二）岩石构造

通过岩心观察和显微镜下鉴定，根据层理厚度，将东营凹陷泥页岩沉积构造划分为纹层状、层状和块状构造。块状构造层理厚度大于50cm，层状构造层理厚度介于0.1～50cm，而纹层状构造层理厚度小于1mm[81]。纹层状、层状构造岩石命名为页岩，块状构造岩石命名为泥岩。Es_3^x泥页岩样品以层状构造为主，其次为块状构造和纹层状构造，而Es_4^s泥页岩以纹层状和层状构造为主，块状构造较少（图3-10）。块状构造泥岩各种矿物组分均匀分布，结构差异小，岩心及显微镜下均无明显层理结构（图3-11a）。层状构造页岩岩心以深灰色—灰色层交互出现，深灰色层较薄，而灰色层单层厚度较大，镜下可观察到少量断续分布的钙质或硅质亮色条带（图3-11b）。纹层状构造页岩微观特征显著，镜下暗色黏土矿物、有机质纹层与亮色钙质矿物纹层交互出现，单个纹层厚度通常小于1mm（图3-11c）。

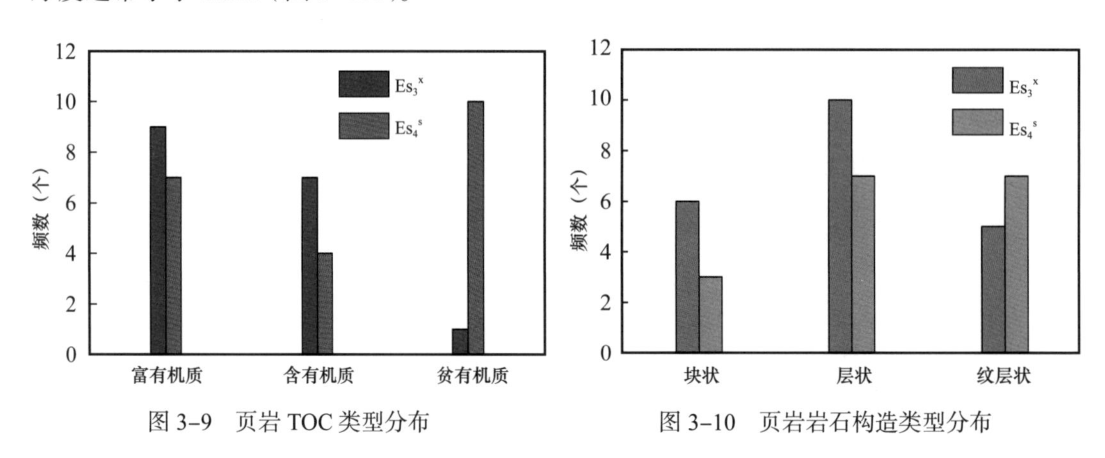

图3-9　页岩TOC类型分布　　图3-10　页岩岩石构造类型分布

（三）矿物组成

矿物组成是泥页岩岩相划分的重要依据。根据泥页岩XRD矿物组成分析结果，以黏土矿物、硅质矿物（石英+长石）和钙质矿物（方解石+白云石）相对含量为三端元，将泥页岩划分为7种类型，不同类别岩相代号和命名及矿物组成相对含量见表3-1。7种类型泥页岩分别为富泥质泥页岩、富硅质泥页岩、富钙质泥页岩、硅质泥页岩、钙质泥页岩、含泥硅质泥页岩和含泥钙质泥页岩。其中钙质泥页岩分布最多，其次为富硅质泥页岩和硅质泥页岩、富泥质泥页岩和富钙质泥页岩，含泥硅质泥页岩最少（表3-1）。

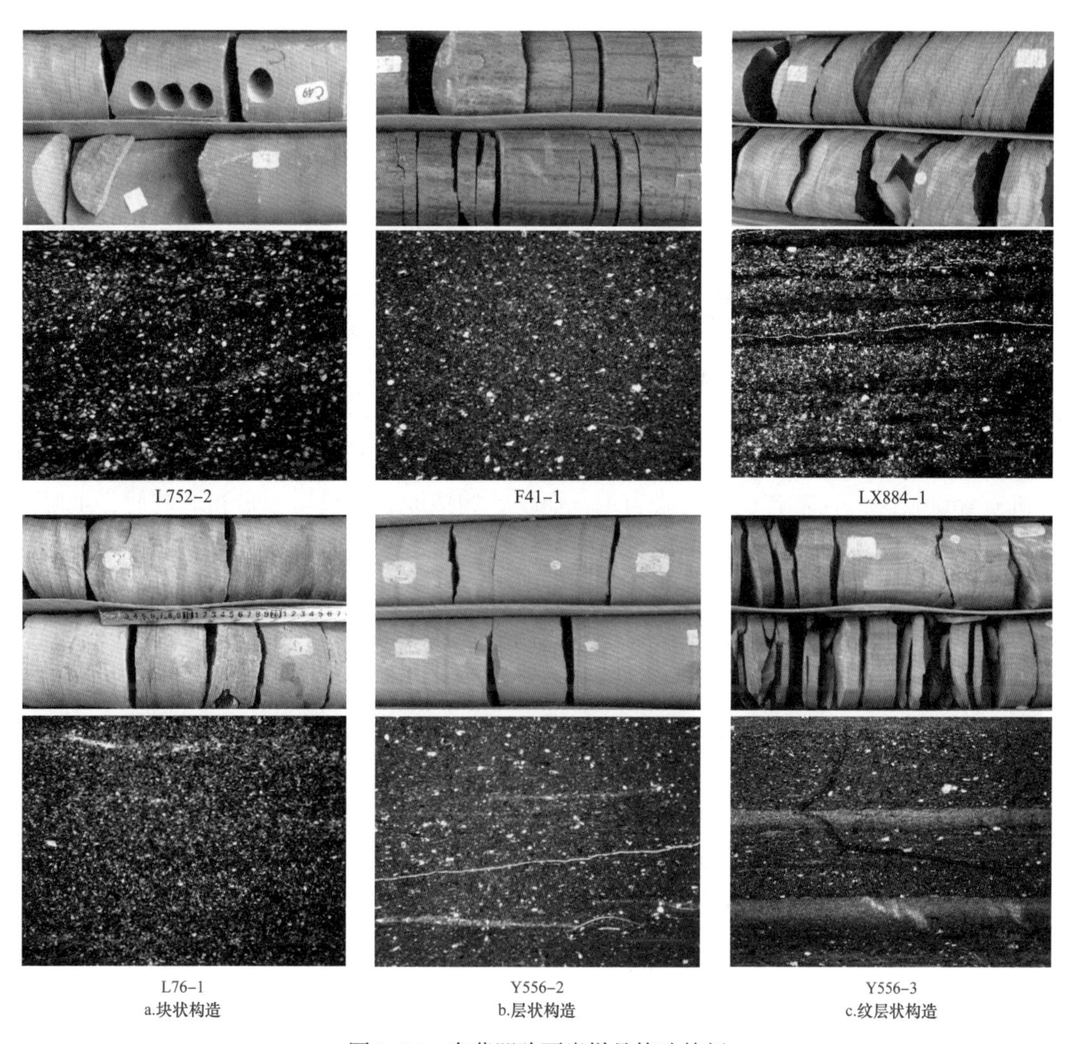

图 3-11　东营凹陷页岩样品构造特征

表 3-1　页岩岩相类型分布

岩石类型	命名	矿物组成相对含量（%）				样品数（个）
		黏土	硅质	钙质		
A1	富泥质泥页岩	>50	<50	<50		5
A2	富硅质泥页岩	<50	>50	<50		6
A3	富钙质泥页岩	<50	<50	>50		4
B1	硅质泥页岩	25～50	25～50	25～50	硅质>钙质	6
B2	钙质泥页岩	25～50	25～50	25～50	硅质<钙质	9
C1	含泥硅质泥页岩	<25	25～50	25～50	硅质>钙质	1
C2	含泥钙质泥页岩	<25	25～50	25～50	硅质<钙质	0

（四）岩相类型

采用有机质丰度、矿物组成和岩石构造相结合的方法建立泥页岩岩相划分方案，即岩石构造—有机质丰度—矿物组成。首先，根据岩石构造分类，分为块状、层状和纹层状，写在岩相名称最前面。其次，依据泥页岩 TOC 及划分界限定名为富有机质、含有机质和贫有机质，写在岩石构造后面。根据泥页岩矿物组成，将泥页岩分为 7 类，写在岩相名中间。最后根据岩石构造，若为纹层状或层状构造，定名为页岩，若为块状构造，则定名为泥岩，写在岩相名最后。

东营凹陷 31 块全岩矿物组分泥页岩样品发育多种岩相类型，其中层状富有机质钙质页岩和纹层状富有机质钙质页岩最发育，其次为块状含有机质富硅质泥岩和块状贫有机质富硅质泥岩（图 3–12）。不同构造泥页岩有机质含量不同，纹层状和层状构造页岩有机质含量较高，以富有机质页岩为主，而块状构造泥岩有机质含量相对较低，主要发育贫有机质泥岩。不同矿物组成泥页岩有机质丰度也不相同，钙质泥页岩有机质含量最高，均为富有机质泥页岩，其次为富钙质泥页岩，硅质泥页岩有机质含量最低，以贫有机质页岩为主。

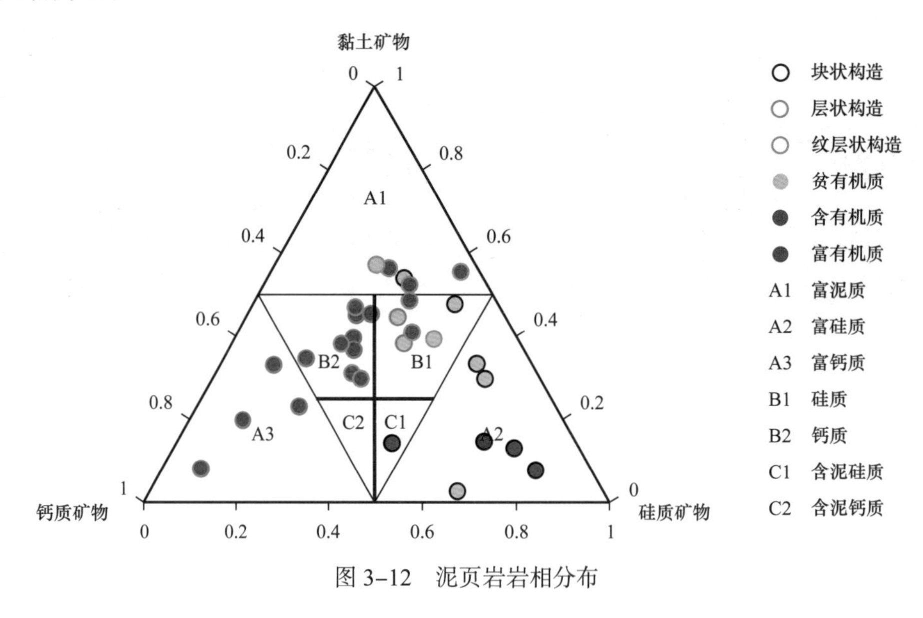

图 3–12　泥页岩岩相分布

第四章

页岩储集特性研究

页岩是一种富含有机质和黏土矿物的各向异性体，系由沉积作用和成岩作用过程中形成的不同类型、大小及形态的孔隙系统构成的复杂且非均质性的多孔介质[84, 85]。页岩作为自生自储介质，既是吸附或容纳油气的场所，又是油气渗流通道[86]，其储集特性直接影响油气赋存方式、富集能力和流动方式，是研究页岩油赋存规律及可流动性的重要基础，也是建立页岩油一体化表征技术的基础[87, 88]。核磁共振技术具有快速、无损和原位探测的优势，是表征页岩储集物性的有效方法，可有效弥补常规储层分析技术不足，近年来越来越多地被用于页岩储层表征[23, 38, 89–91]。本章基于常规储层探测技术，系统分析核磁共振技术在页岩孔隙系统、孔隙结构、孔隙度和渗透率等特性研究中的应用，建立页岩储集特性核磁共振定量评价技术体系。

第一节　页岩孔隙系统类型分析

一、页岩孔隙系统划分

基于不同的研究目的及技术方法，国内外学者提出了多种储层孔隙大小和级别分类方案[92–95]。其中国际应用化学联合会（IUPAC，1972）孔隙大小分类方案（微孔＜2nm，中孔 2～50nm，大孔＞50nm）和苏联学者霍多特孔隙大小分类方案（微孔＜10nm，小孔 10～100nm，中孔 100～1000nm，大孔＞1000nm）被广泛应用。前者广泛应用于气页岩（页岩气储层）研究[96, 97]，而后者在国内煤储层表征中较为常用[98]。然而，由于油分子直径远大于甲烷，且页岩油储层孔隙分布范围较大，从几纳米到几百微米均有分布[99]，因此二者可能并不适用于表征页岩油储层储集空间分类，应建立适用于页岩油储层的孔隙系统分类方案。

对于页岩油开采，只有相互连通的孔隙才具有实际意义，而高压压汞是表征连通孔隙的有效方法。基于页岩储层高压压汞数据分析页岩孔隙系统分布特征，可建立适用于页岩油储层孔隙大小分类方案。根据 Washburn 方程，毛细管压力（进汞压力）与孔径之间具有一一对应关系：

$$d_c = \frac{4\sigma\cos\theta}{p_c} \tag{4-1}$$

式中，p_c 为进汞压力，MPa；d_c 毛细管直径，μm；σ 为表面张力，N/m；θ 为接触角，°。

在页岩孔隙系统中汞为非润湿相，σ 一般取值为 0.48N/m，θ 为 140°。

进汞曲线反映了页岩孔隙分布，压力增加汞由大孔隙逐渐进入微小孔隙。通过对 30 块页岩样品进汞曲线分析，页岩毛细管压力曲线自下而上出现 3 个“拐点”（T1、T2 和 T3，图 4–1），将页岩连通孔裂隙系统依次划分为大孔、中孔、小孔和微孔。

页岩大孔含量较高时，在一个很小的毛细管压力范围内，汞就能迅速且大量进入页岩孔隙系统，该范围始于进汞，止于第一个拐点（T1，进汞压力约为 1.47MPa，对应于孔隙直径约为 1000nm）。同时，中孔、小孔和微孔被 T2 和 T3 两个拐点分开，二者对应进汞压力分别约为 14.7MPa 和 58.8MPa，对应孔径分别约为 100nm 和 25nm。据此将页岩油储层孔隙系统分为 4 类：大孔（＞1000nm）、中孔（100～1000nm）、小孔（25～100nm）和微孔（＜25nm）。此分类方法与霍多特[92]孔隙分类方法类似，但有所不同，尤其是在微孔和小孔部分的区别上。通过分形理论及不同尺度孔隙扫描电镜分布特征，可验证建立的孔隙大小分类方案的合理性和准确性。

分形理论通常用于研究不规则形体的自相似性和复杂程度，用分形维数表示。具有相同分形维数的元素通常具有某种自相似性。前人研究表明，一定尺度范围内的页岩孔隙结构具有自相似性，不同尺度范围的孔隙具有不同的分形维数，而分形维数可反映不同尺度孔隙的复杂性及非均质性[100]。对于页岩孔隙系统，其孔隙分形特征可用压汞曲线描述，关系式如下[101]：

$$S_{Hg}=1-\frac{r_c^{3-D}}{r_{c,max}^{3-D}} \tag{4-2}$$

或

$$S_{Hg}=1-\frac{p_c^{3-D}}{p_{c,max}^{3-D}} \tag{4-3}$$

通过式（4–2）变换可得：

$$\lg(1-S_{Hg})=(D-3)\lg p_c-(D-3)\lg p_{c,\ min} \tag{4-4}$$

式中，p_c 为毛细管压力，MPa；$p_{c,\ min}$ 为最小毛细管压力，MPa；S_{Hg} 为累计进汞体积，小数；D 为分形维数，无量纲。

页岩样品分形特征如图 4–2 所示，大孔、中孔、小孔和微孔具有不同分形维数，反映了 4 种孔隙具有不同的结构特性，即页岩至少存在 4 种不同类型的孔隙。

高分辨率扫描电镜图像可直观显示页岩孔隙类型、形态及大小分布等特征[6, 8]。采用扫描电镜图像提取不同尺度孔隙分布验证页岩孔隙大小分类的合理性和准确性。ImageJ（1.46r）图像分析软件能够定量提取页岩孔隙分布。ImageJ 软件提取页岩不同尺度孔隙主要分为三个步骤：（1）采用多阈值最大间类方差（multi–Otsu）算法，确定孔隙灰度阈值；（2）根据孔隙灰度阈值将扫描电镜图像转化为孔隙二值化图像；（3）应用

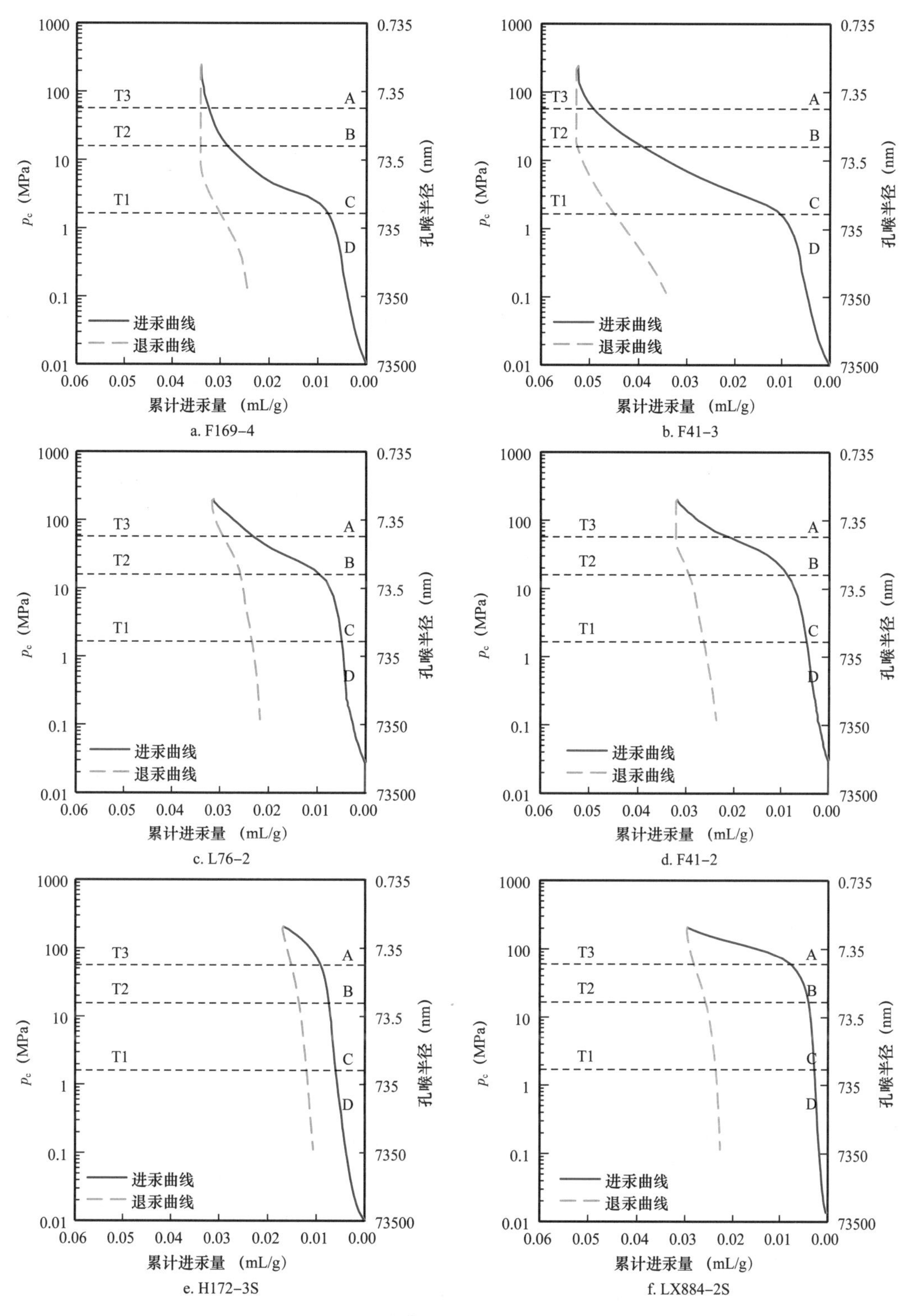

a. F169-4

b. F41-3

c. L76-2

d. F41-2

e. H172-3S

f. LX884-2S

图 4-1　页岩高压压汞进汞—退汞曲线

ImageJ 软件 Analyze Particles 工具通过设定孔隙直径阈值分别定量提取大孔、中孔、小孔和微孔分布。

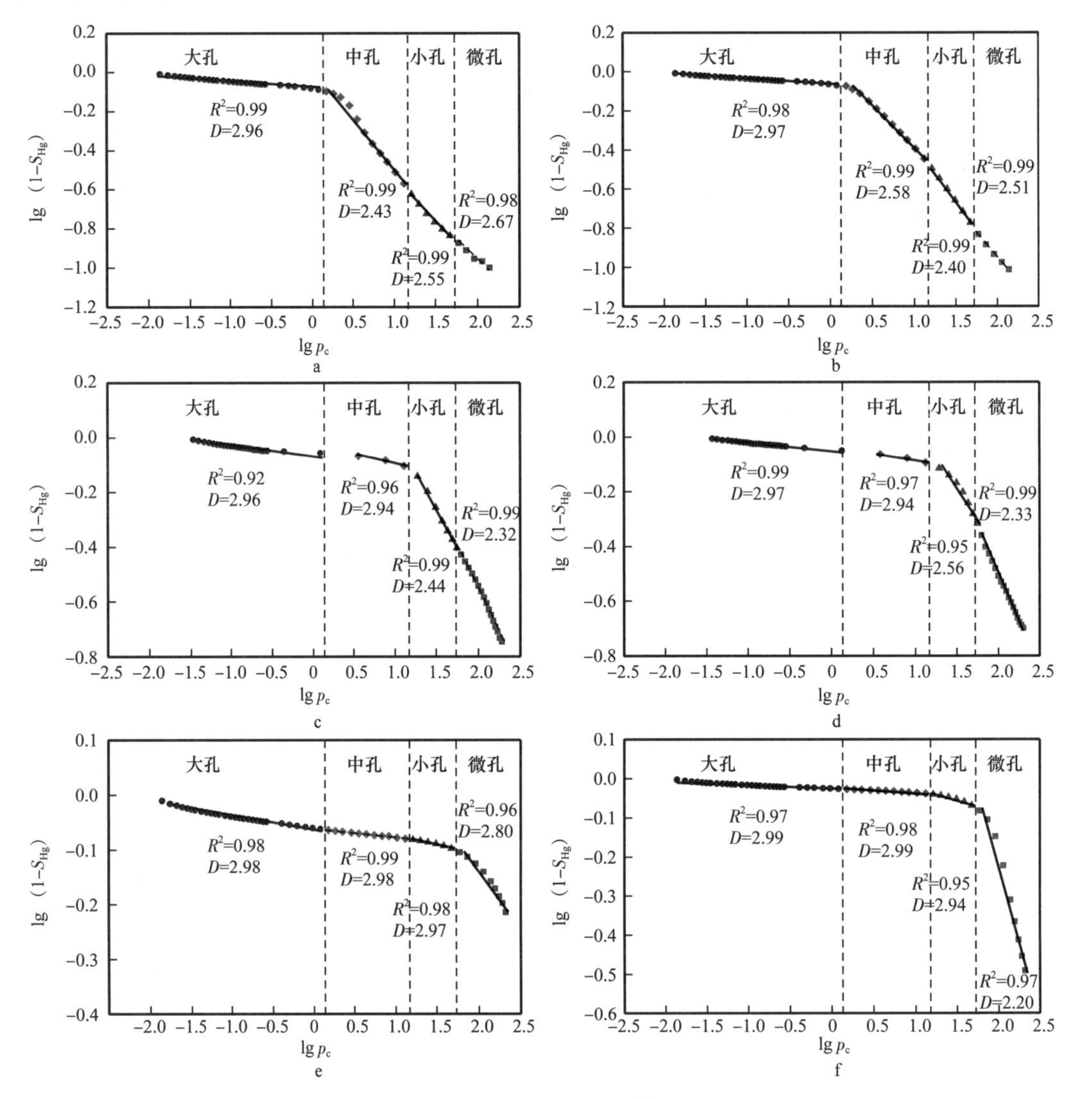

图 4-2　页岩孔喉分形特征

页岩不同尺度孔隙分布如图 4-3 所示，大孔、中孔、小孔和微孔具有不同的数量、形态和分布特征，反映了不同尺度孔隙具有不同的孔隙结构特征。扫描电镜图像也显示页岩大孔形态最为复杂，孔隙形态极不规则且边缘较为粗糙，而小孔和微孔形态最为简单，与高压压汞不同尺度孔隙分形维数具有很好的一致性（图 4-2）。因此，基于高压压汞进汞曲线特征建立的孔隙大小分类方案可有效反映页岩油储层不同尺度孔隙分布特征，将孔隙分为微孔（＜25nm）、小孔（25～100nm）、中孔（100～1000nm）和大孔（＞1000nm）。其中，微孔和小孔可统称为微小孔（＜100nm），赋存流体主要为吸附或束缚流体，又称为吸附孔，而中孔和大孔流体可动性较好，又被称为渗流孔[102-104]。

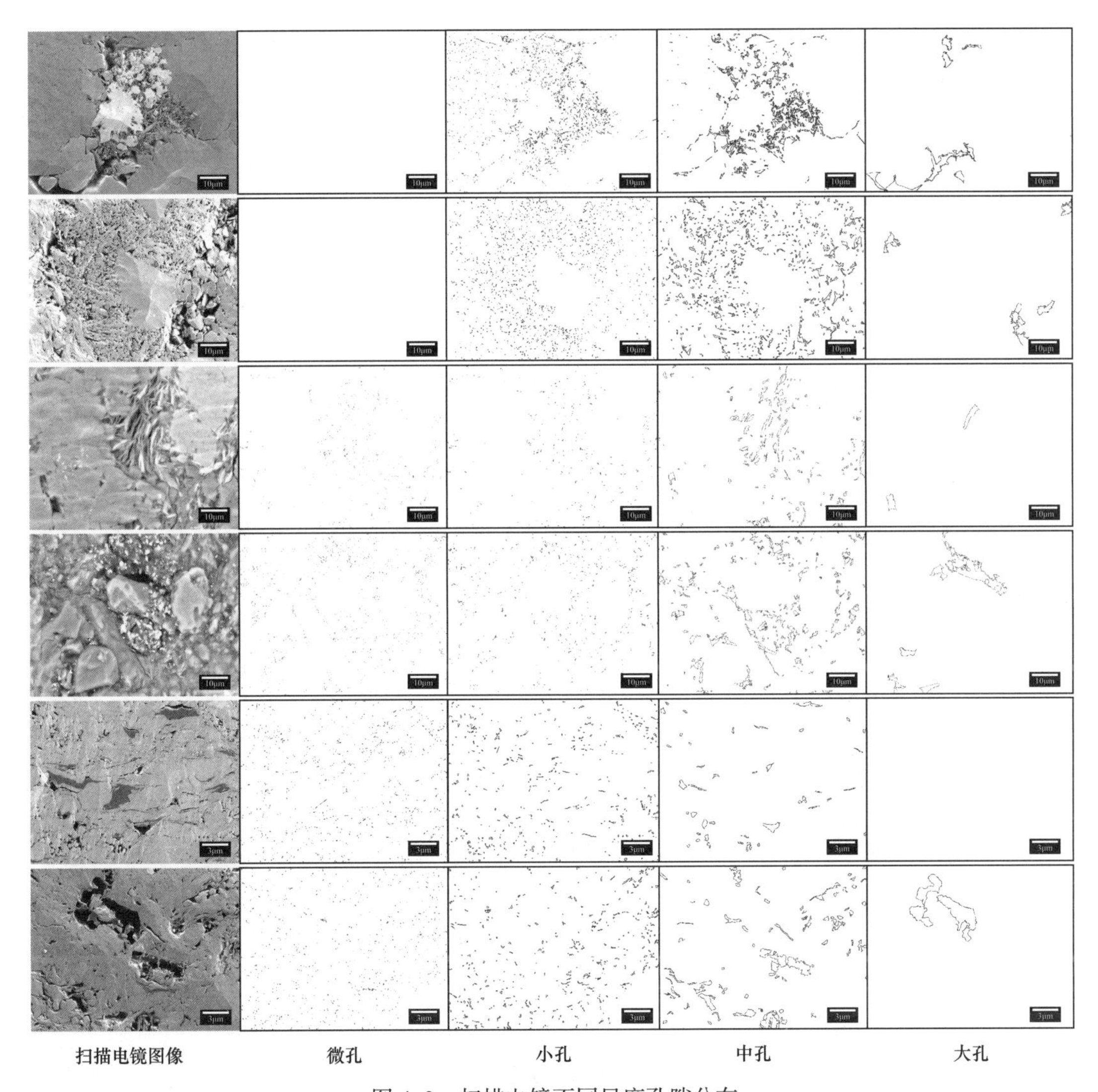

图 4-3　扫描电镜不同尺度孔隙分布

二、页岩储集空间类型及分布

（一）页岩储集空间类型

页岩沉积及成岩（压实、胶结和溶蚀）过程中形成了由简单到复杂的多类孔隙系统，而孔隙类型划分应尽可能简单且能反映页岩固有地质特征[4]。基于该原则 Loucks 等[4]将成熟及高成熟页岩基质孔隙分为粒间孔、粒内孔和有机质孔。然而，低成熟度页岩，即页岩油储层基质孔隙主要由无机孔隙构成，有机质孔隙不发育[9, 13, 105, 106]。此外，微裂缝构成了页岩油渗流主要通道，控制着页岩储层渗透性。因此，基于东营凹陷 30 块页岩样品氩离子剖光—场发射扫描电镜观测，将孔隙分为粒内孔、粒间孔和微裂缝三大类（图 4-4）。

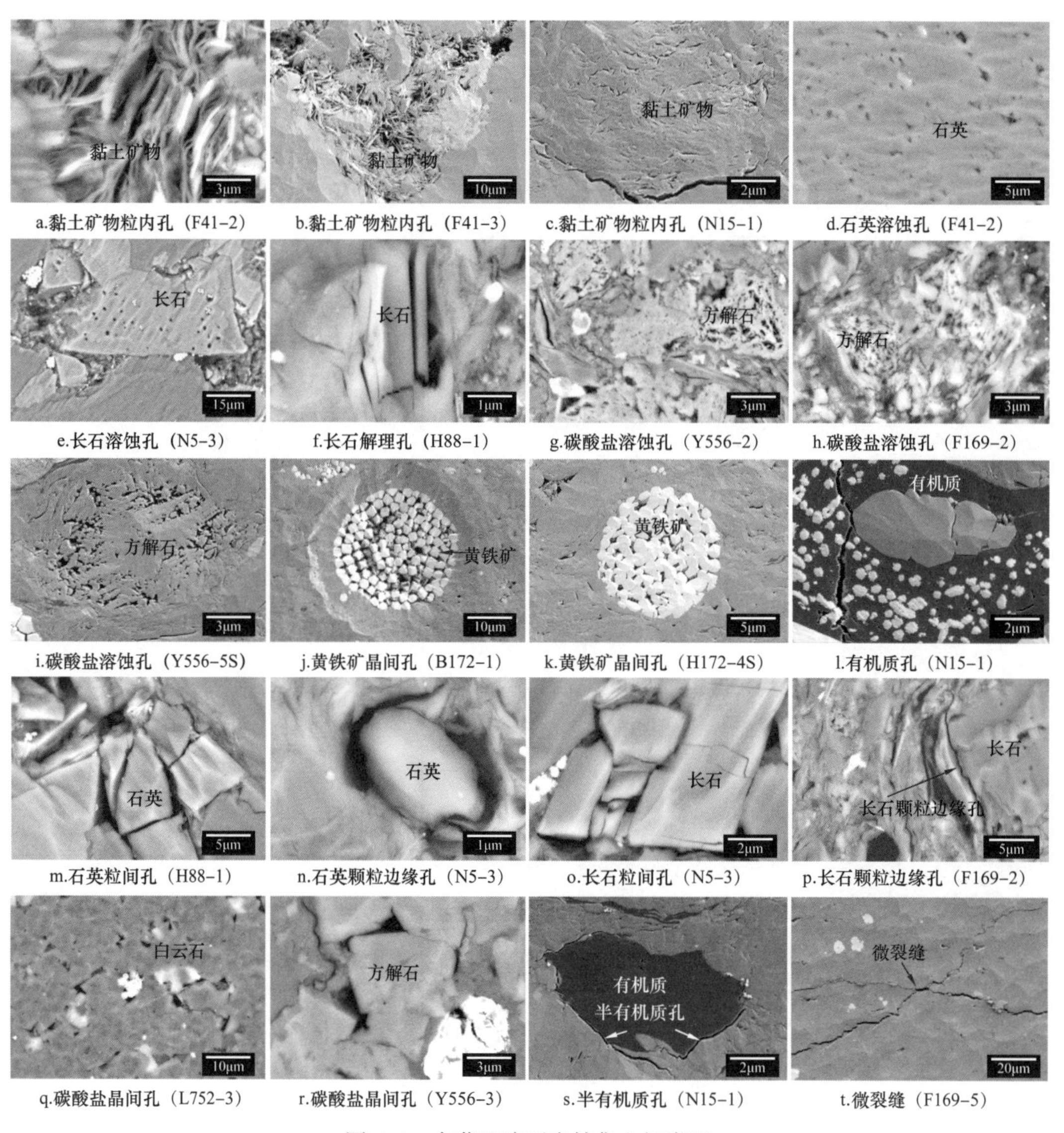

a.黏土矿物粒内孔（F41-2） b.黏土矿物粒内孔（F41-3） c.黏土矿物粒内孔（N15-1） d.石英溶蚀孔（F41-2）
e.长石溶蚀孔（N5-3） f.长石解理孔（H88-1） g.碳酸盐溶蚀孔（Y556-2） h.碳酸盐溶蚀孔（F169-2）
i.碳酸盐溶蚀孔（Y556-5S） j.黄铁矿晶间孔（B172-1） k.黄铁矿晶间孔（H172-4S） l.有机质孔（N15-1）
m.石英粒间孔（H88-1） n.石英颗粒边缘孔（N5-3） o.长石粒间孔（N5-3） p.长石颗粒边缘孔（F169-2）
q.碳酸盐晶间孔（L752-3） r.碳酸盐晶间孔（Y556-3） s.半有机质孔（N15-1） t.微裂缝（F169-5）

图 4-4 东营凹陷页岩储集空间类型

基于孔隙赋存基质组分差异，页岩粒内孔可分为黏土矿物粒内孔、石英 / 长石 / 碳酸盐溶蚀孔、长石解理孔、黄铁矿晶间孔和有机质孔（图 4-4a 至 l）。黏土矿物粒内孔发育于黏土颗粒晶体间，孔隙形态复杂，从近似平行板状到不规则锯齿状均有发育（图 4-4a 至 c）。石英 / 长石 / 碳酸盐溶蚀孔在成岩作用过程中由矿物溶解形成，石英 / 长石溶蚀孔发育较少，形态规则，多呈现圆形或浑圆形（图 4-4d、e）。碳酸盐溶蚀孔主要由方解石溶蚀形成，钙质页岩中大量发育，对改善页岩储集物性具有重要作用，孔隙形态较为复杂，呈现浑圆形、多边形和锯齿状等形态（图 4-4g 至 i）。长石解理孔为长石沿着解理面破裂形成，发育较少，多呈板状（图 4-4f）。黄铁矿晶间孔多发育于草莓状黄铁矿集合体，孔隙形态较为规则，主要呈现多边形或三角形（图 4-4k）。有机质孔

隙多为干酪根原生孔隙，在低成熟度页岩中较少发育（图 4–4l）。

粒间孔隙形成于脆性矿物颗粒之间或脆性矿物颗粒与塑性矿物接触边缘，具有较好的连通性，构成页岩有效渗流通道[4]。粒间孔隙包括石英 / 长石粒间孔、颗粒边缘孔、碳酸盐晶间孔和半有机质孔。石英 / 长石粒间孔发育于石英 / 长石颗粒间，孔隙较大，形态较为规则，多呈现规则多边形（图 4–4m、o）。石英 / 长石颗粒边缘孔发育于石英 / 长石颗粒与黏土矿物接触边缘，孔隙较大，形态较为复杂，从长条形到弯月形均有发育（图 4–4n、p）。碳酸盐晶间孔形成于方解石或白云石晶体间，与石英 / 长石粒间孔相似，但孔隙较小，形态规则，多呈规则多边形（图 4–4l）。半有机质孔发育于有机质颗粒与矿物颗粒间，主要由有机质收缩形成，主要呈现长条形（图 4–4s）。微裂缝多呈条带状分布，可切穿多个矿物颗粒，构成页岩有效渗流通道（图 4–4t）。

（二）扫描电镜孔隙提取

为了定量评价不同类型孔隙分布特征，采用 ImageJ 软件定量提取页岩不同类型孔隙分布。ImageJ 孔隙提取分为四个步骤：页岩矿物组分或有机质识别、孔隙选取、阈值分割和孔隙提取。根据背散射扫描电镜图像灰度、矿物形态及能谱分析识别页岩各矿物组分及有机质。背散射扫描电镜图像中有机质密度较小，灰度较低，主要呈现黑色或灰黑色（图 4–4l、s），而黄铁矿密度最高，颜色最亮，主要为白色，且多呈集合体，易于识别（图 4–4j）。碳酸盐矿物白云石或方解石密度较高，主要呈灰白色，且多发育溶蚀孔隙，易于与其他矿物区分（图 4–4g 至 i、q）。黏土矿物塑性较强，多呈不规则充填于脆性矿物颗粒间（图 4–4a）。长石和石英灰度相似，均呈现灰色，难以根据灰度直接区分，但二者形态不同，长石多呈板状且发育解理，而石英多呈浑圆状且无解理，此外可根据能谱分析直接识别（图 4–4d 至 f、n、o）。

孔隙选取应用 ImageJ 软件 Freehand Selections 工具完成，采用多阈值最大间类方差算法确定孔隙灰度阈值，并应用 Analyze Particles 工具完成孔隙提取。以黄铁矿晶间孔提取为例说明页岩不同类型孔隙提取过程：首先，根据页岩扫描电镜灰度识别黄铁矿分布，并应用 Freehand Selections 工具手动完成黄铁矿集合体选取；然后，应用多阈值最大间类方差算法获取孔隙灰度阈值，并采用 Adjust–Threshold 工具完成孔隙分割；最后，应用 Analyze Particles 工具提取页岩孔隙分布，并获得孔隙数量、孔面积、周长、圆度、伸长率、凸性等参数（图 4–5），共识别东营凹陷页岩样品 334 张扫描电镜图像，定量提取 14 类 11398 个孔隙（表 4–1）。

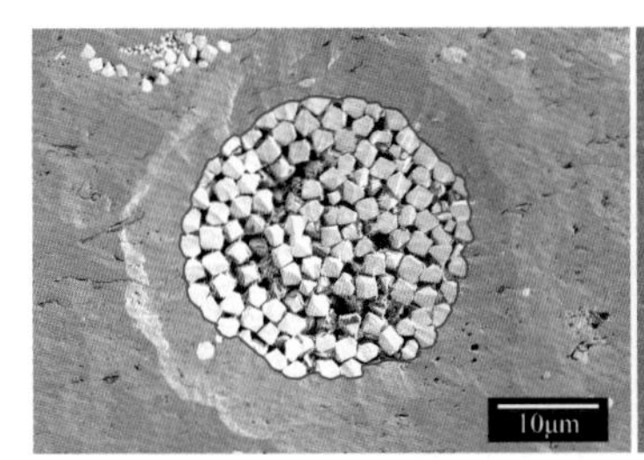

a.矿物识别和孔隙选取

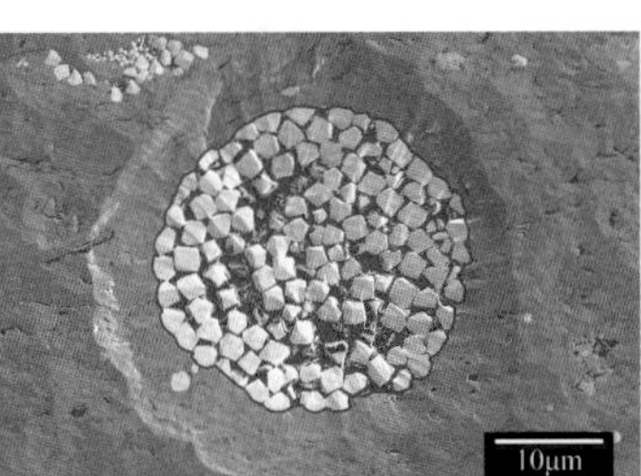

b.阈值分割

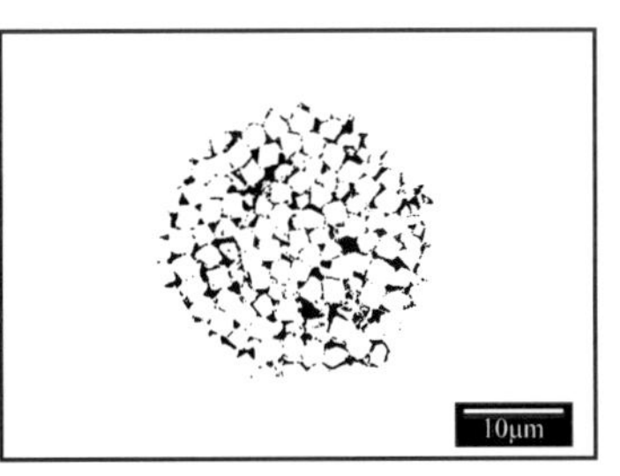

c.孔隙提取

图 4–5 不同类型孔隙扫描电镜提取过程（黄铁矿晶间孔）

表 4-1 页岩不同孔隙提取扫描电镜图像、孔隙数量及孔隙形态、大小分布

基质组分	Q_s（个）	孔隙类型	Q_p（个）	圆度	伸长率	凸性	孔径（nm）
微裂缝	78	微裂缝	842	0.01～1（0.26）	0～0.98（0.80）	0.13～0.91（0.58）	49.71～83995.40（3337.47）
黏土矿物	66	黏土矿物粒内孔	2956	0.03～1（0.59）	0～0.98（0.55）	0.23～1（0.80）	3.89～2208.11（195.30）
石英	32	石英粒间孔	86	0.07～1（0.54）	0～0.94（0.56）	0.20～0.92（0.75）	16.28～3521.18（504.81）
		石英颗粒边缘孔	246	0.06～1（0.52）	0～0.95（0.55）	0.21～0.95（0.74）	13.04～4194.64（659.82）
		石英溶蚀孔	311	0.16～1（0.77）	0～0.82（0.37）	0.35～0.96（0.86）	21.76～2763.65（449.500）
长石	30	长石粒间孔	257	0.06～1（0.66）	0～0.96（0.47）	0.34～0.95（0.81）	19.38～2234.37（253.90）
		长石颗粒边缘孔	67	0.04～1（0.45）	0～0.94（0.65）	0.25～0.92（0.73）	13.04～2554.26（419.54）
		长石溶蚀孔	364	0.11～1（0.71）	0～0.95（0.43）	0.42～0.96（0.84）	32.64～3562.25（386.80）
		长石解理孔	126	0.05～1（0.53）	0～0.97（0.65）	0.41～1（0.77）	18.80～2074.09（251.30）
碳酸盐矿物	33	碳酸盐晶间孔	1604	0.06～1（0.71）	0～0.95（0.40）	0.20～0.95（0.82）	16.28～3904.21（388.57）
		碳酸盐溶蚀孔	1888	0.05～1（0.70）	0～0.88（0.41）	0.29～0.96（0.82）	6.51～2925.22（159.52）
黄铁矿	21	黄铁矿晶间孔	2132	0.09～1（0.64）	0～0.91（0.46）	0.26～1（0.78）	5.94～1915.86（291.02）
有机质	51	半有机质孔	313	0.03～0.96（0.26）	0.01～0.95（0.68）	0.20～0.93（0.66）	35.25～5282.53（829.08）
	23	有机质孔	206	0.09～1（0.38）	0.06～0.94（0.50）	0.37～0.96（0.74）	72.98～2785.64（585.85）

注：Q_s 为扫描电镜图像个数，Q_p 为提取页岩孔隙个数。0.01～1（0.26）分别表示最小值、最大值和平均值，以下各表相同。

（三）孔隙形态

孔隙提取可获取页岩孔隙形态定量表征参数：圆度、伸长率和凸性。圆度指示孔隙与圆的接近程度，其值越高，孔隙形状越接近于圆形；伸长率表示孔隙长轴与短轴差

异，越接近于 1 长短轴差异越大，孔隙越长；而凸性是孔隙表面粗糙度的度量，孔隙表面越粗糙，凸性越小，越接近于 0[15]。

页岩 14 类孔裂隙圆度、伸长率和凸性分布如表 4-1 和图 4-6 所示，其中图 4-6a 至 c 为粒内孔，图 4-6d 至 f 为粒间孔。微裂缝以最小圆度（0.26，平均值，下同）、最大伸长率（0.80）和最小凸性（0.58）为典型特征，反映了微裂缝条带状分布特征。粒内孔有机质孔隙多为干酪根原生孔隙，孔隙形态与微裂缝相似，圆度（0.38）和凸性（0.74）较小。石英 / 长石 / 碳酸盐溶蚀孔和黄铁矿晶间孔圆度和凸性较高，二者分布呈现明显的右偏态（图 4-6a 和 c），伸长率相对较低，主峰分布在 0.4～0.5（图 4-6b），反映了溶蚀孔和黄铁矿晶间孔孔隙形态较为简单。长石解理孔和黏土矿物粒内孔高圆度和低圆度均有发育，呈双峰分布，伸长率相对较高，介于微裂缝和其他类型孔隙之间，凸性相对较低（图 4-6a 至 c）。

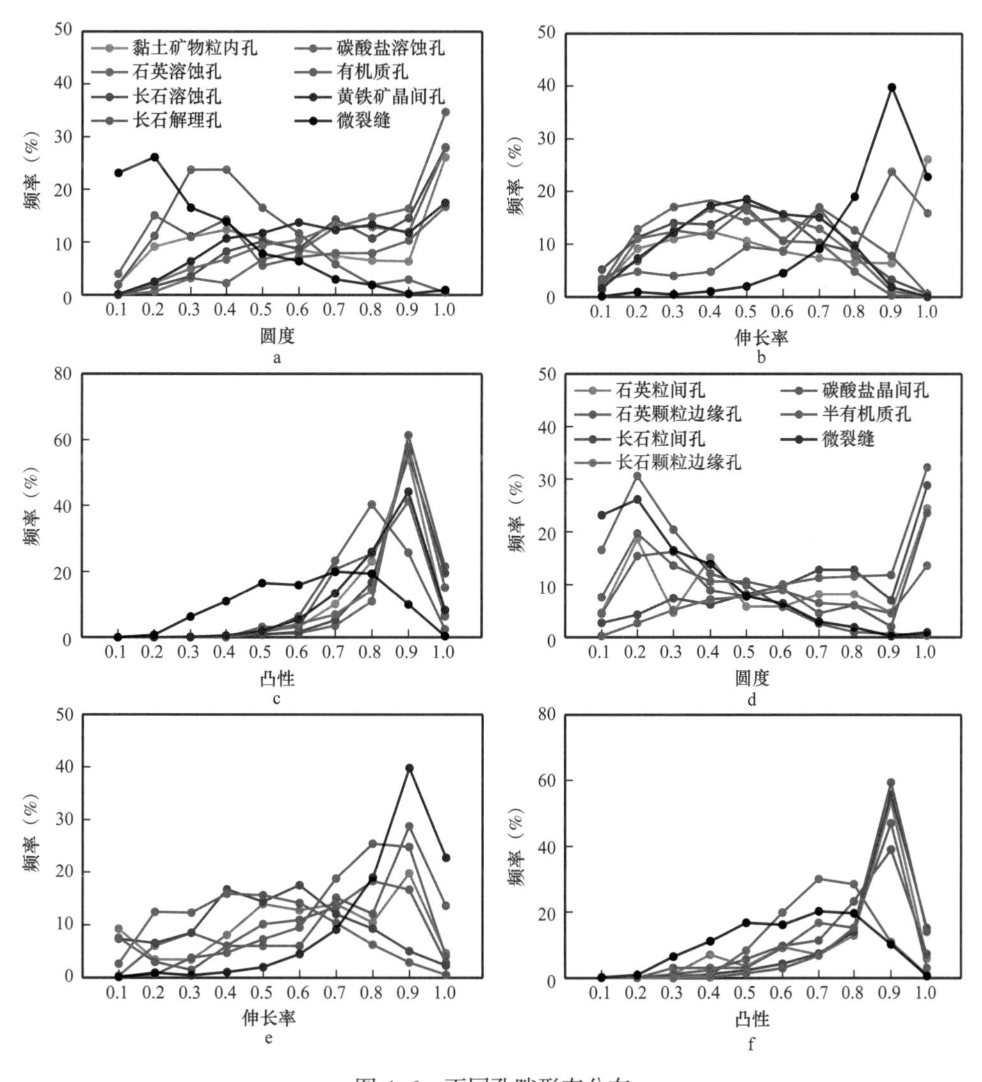

图 4-6　不同孔隙形态分布

粒间孔半有机质孔隙与微裂缝形态相似，二者圆度和凸性相近，但伸长率相对较低，小于微裂缝。长石粒间孔和碳酸盐晶间孔圆度和凸性较高，呈现明显的单峰分布，伸长率较小，主峰分布在0.4～0.5。石英粒间孔和石英/长石颗粒边缘孔圆度呈双峰分布，高圆度和低圆度孔隙均有发育，伸长率相对较大，反映了长条形或弯月形孔隙形态分布，凸性相对较低，介于半有机质孔隙与其他类型孔隙之间。

页岩孔隙为形态复杂多样的不规则形体，而分形理论是表征不规则形体复杂性的有效方法。如果页岩孔隙存在分形特征，其孔隙周长与面积存在如下关系[107]：

$$\lg P=\frac{D_1}{2}\lg A+C_p \tag{4-5}$$

式中，P 为页岩孔隙周长，nm；A 为孔隙面积，nm^2；D_1 表示孔隙形态分形维数，其值越大孔隙形态越复杂；C_p 为常数。

页岩孔隙面积与周长在双对数坐标中呈现很好的线性关系（图4-7），表明页岩孔隙具有分形特征。粒内孔隙形态分形维数介于1.10～1.29，平均值为1.17，其中黏土矿物粒内孔和长石解理孔分形维数最高，黄铁矿晶间孔最低。粒间孔隙形态分形维数分布在1.15～1.26，平均值为1.21，长石颗粒边缘孔和石英粒间孔分形维数最大，半有机质孔最低，微裂缝分形维数与半有机质孔接近，相对较小。

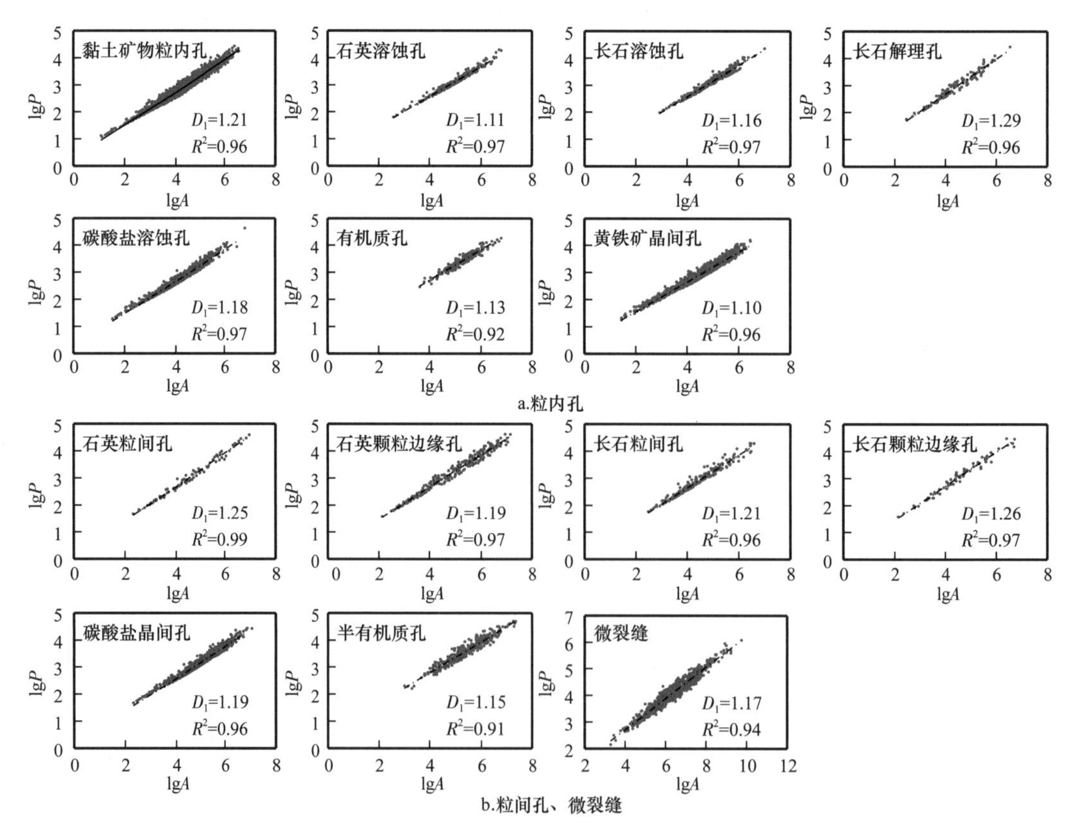

图4-7 不同孔隙形态分形维数分布

孔隙形态参数圆度、伸长率、凸性及分形维数显示，微裂缝形态较为简单，通常呈现条带状分布。粒间孔形态较为复杂，分形维数较高，其中石英粒间孔和长石颗粒边缘孔形态最为复杂，圆度和凸性较小，伸长率及分形维数较高，与微裂缝相似的半有机质孔隙形态较为简单。粒内孔形态较为简单，分形维数较小，其中黏土矿物粒内孔和长石解理孔形态较为复杂，圆度和凸性较小，伸长率及分形维数较高，黄铁矿晶间孔形态最为简单，多呈多边形分布。

（四）孔隙大小

页岩粒内孔隙相对较小，以纳米级孔隙为主，孔隙直径主要分布在小于 1000nm，平均孔隙直径介于 159.52～585.85nm，平均值为 331.33nm（表 4–1，图 4–8）。其中碳酸盐矿物溶蚀孔最小，其次为黏土矿物粒内孔、长石解理孔、黄铁矿晶间孔和长石溶蚀孔，石英溶蚀孔和有机质孔相对较大。粒间孔隙相对较大，但也是主要分布在小于 1000nm，平均孔隙直径分布在 253.90～829.08nm，平均值为 509.09nm（表 4–1，图 4–9）。其中半有机质孔隙直径最大，其次为石英颗粒边缘孔、石英粒间孔和长石颗粒边缘孔，长石粒间孔和碳酸盐矿物晶间孔相对较小。页岩微裂缝孔隙直径最大，平均孔径可达 3337.47nm。

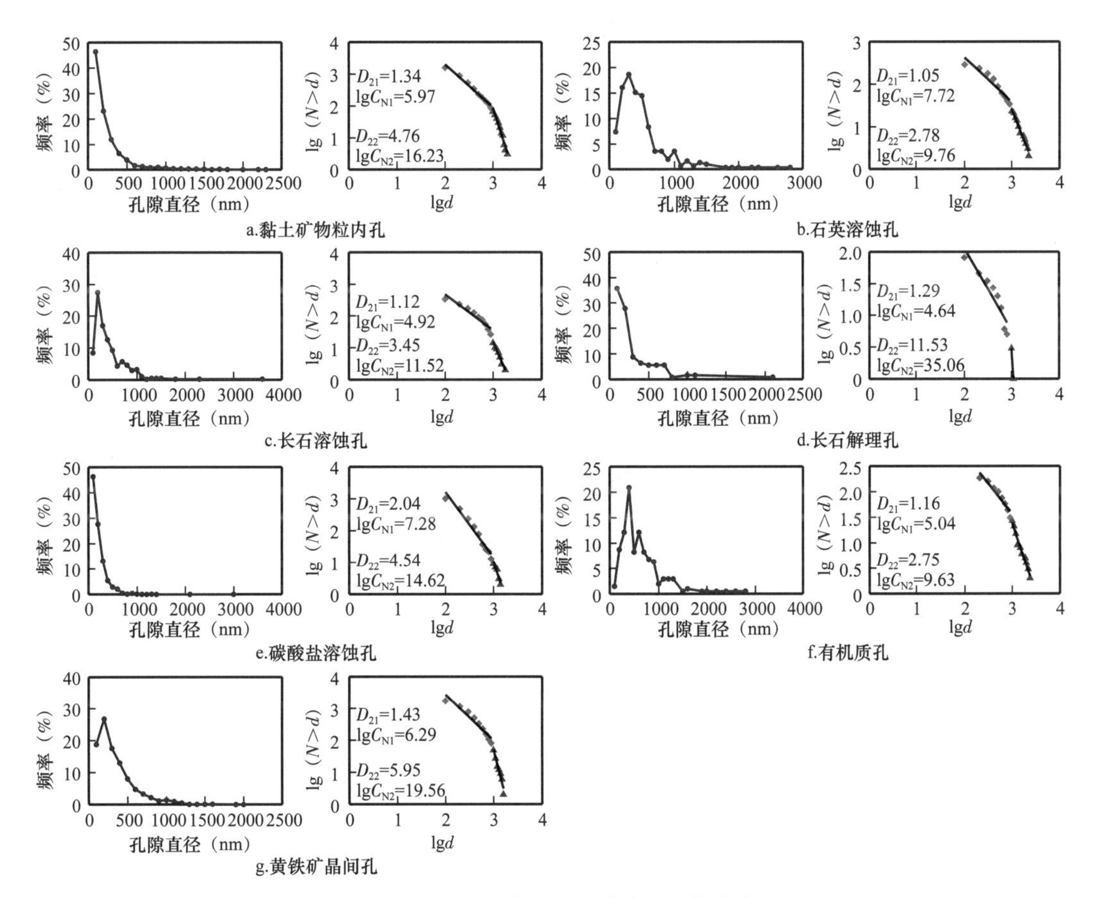

图 4–8　粒内孔隙孔径及其分形维数分布

分形理论也可用于表征页岩孔径分布复杂性。根据分形理论，如果页岩孔径分布具有分形特征，则大于孔隙直径 d 的孔隙数量 N 与 d 具有如下关系[108]：

$$\lg N=-D_2\lg d+C_N \tag{4-6}$$

式中，N 表示孔隙直径大于 d 的孔隙总数；D_2 为孔径分布分形维数；C_N 为常数。

根据分形理论，孔径分布分形维数越大，孔隙大小分布越不均一，小孔隙含量越高，分形维数越小，孔隙大小分布越均一，大孔隙含量越高[109]。

孔隙数量 N 与孔隙直径 d 在双对数坐标中以孔隙直径 d=1000 nm 为界限呈现显著的两段分布，且较小孔隙孔径（d<1μm）分形维数（D_{21}）明显小于较大孔隙（d>1μm）分形维数（D_{22}）（图 4–8 和图 4–9），表明小孔隙孔径分布较为均一，而大孔隙孔径分布较为复杂。粒内孔隙孔径分布分形维数较高，其中 D_{21} 介于 1.05～2.09，平均值为 1.46，以长石解理孔和碳酸盐溶蚀孔最高，而 D_{22} 介于 2.75～5.59，平均值为 4.04，以黄铁矿晶间孔最高，表明长石解理孔和碳酸盐溶蚀孔小孔隙含量较高，黄铁矿晶间孔大孔发育较少。粒间孔隙孔径分布分形维数较低，D_{21} 分布在 0.44～1.09，平均值为 0.74，其中碳

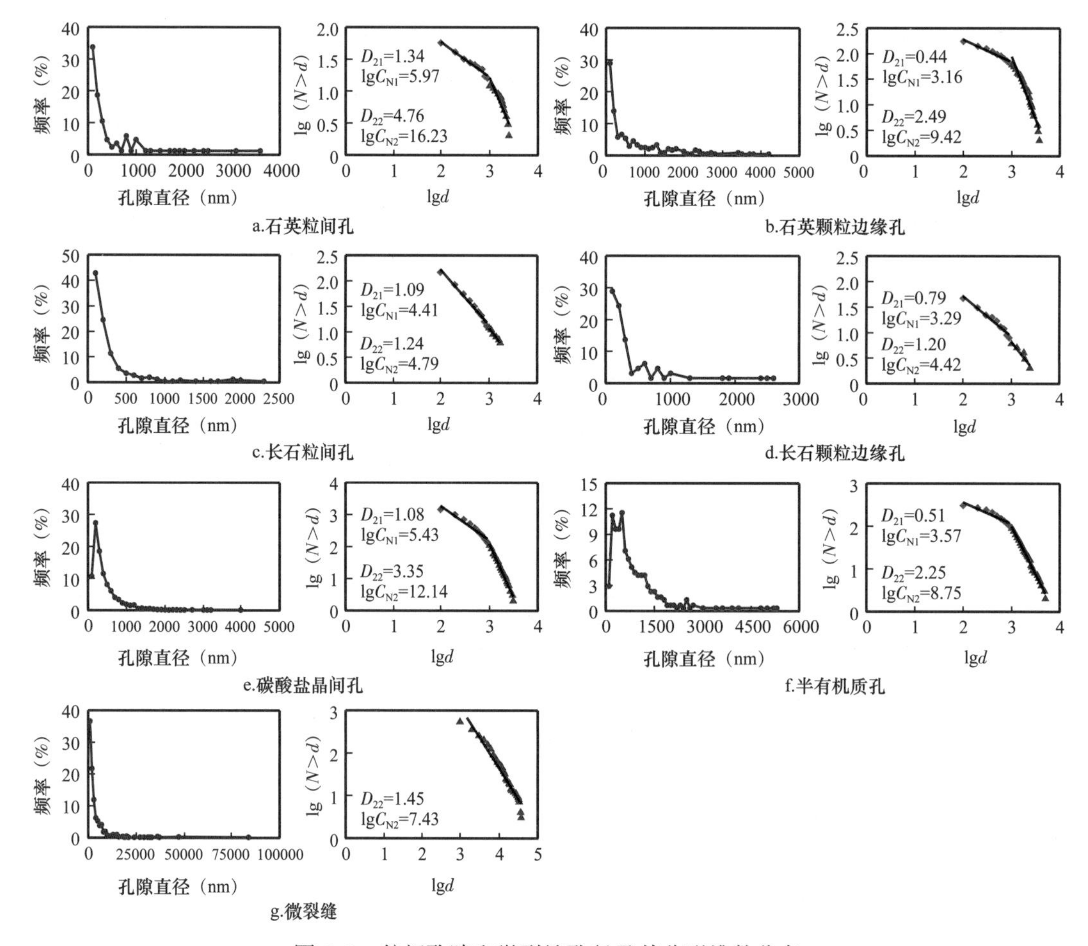

图 4–9 粒间孔隙和微裂缝孔径及其分形维数分布

酸盐晶间孔和长石粒间孔最大，D_{22}分布在1.20～3.35，平均值为2.05，以碳酸盐晶间孔最大，表明碳酸盐晶间孔和长石粒间孔小孔隙发育，大孔含量较少。微裂缝分形维数最低，D_{22}仅为1.45，说明微裂缝大孔隙最为发育。孔径分布分形维数显示页岩孔隙发育特征与提取孔隙大小具有很好的一致性，孔径分布分形维数越大，小孔隙含量越高，大孔隙越不发育。

页岩储层不同类型储集空间大小分布特征不同，微裂缝平均孔径最大，其次为粒间孔隙，粒内孔隙平均孔径最小（图4–10）。微裂缝主要由大孔构成，其次为中孔，微小孔分布较少。粒内孔隙主要贡献页岩中孔组成，其次为大孔，微小孔贡献较小，其中石英溶蚀孔和有机质孔大孔含量较高，略高于中孔。粒间孔隙主要贡献页岩大孔分布，其次为中孔，微小孔贡献相对较小。页岩微小孔主要源于黏土矿物粒内孔和碳酸盐矿物溶蚀孔。虽然粒内孔和粒间孔隙微小孔具有较多的数量，但其对总孔隙度的贡献相对较小。

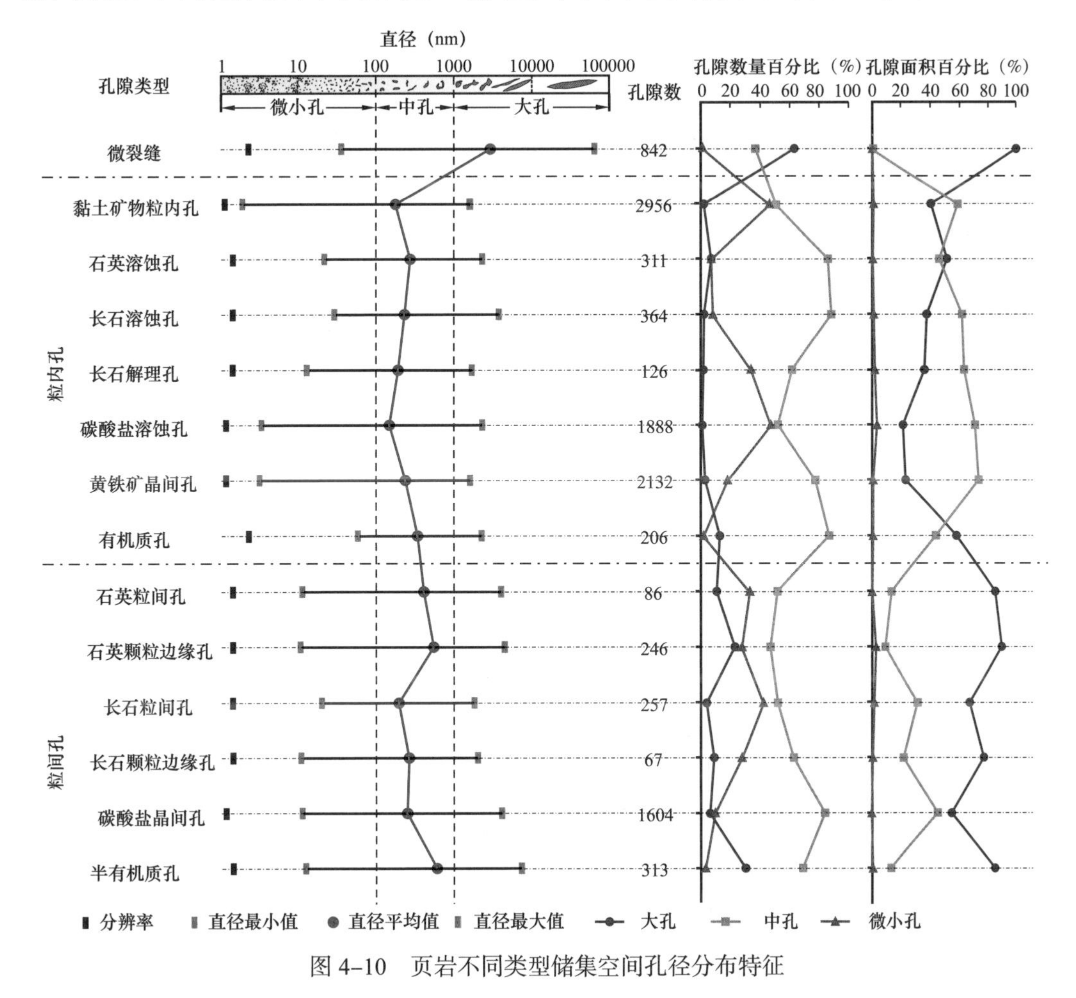

图4–10　页岩不同类型储集空间孔径分布特征

孔隙形态分形维数显示，由微裂缝、粒内孔到粒间孔，分形维数呈增加趋势，表明页岩储层微裂缝和粒内孔隙形态较为简单，粒间孔隙较为复杂（图4–11）。而孔径分布分形维数微裂缝最小，粒间孔隙次之，粒内孔最大，表明微裂缝分布最均一，为页岩油最有利渗流通道和储集空间，粒间孔隙分布较为均一，大孔隙含量较多有利于页岩油渗流与富集，而粒内孔分布较为复杂且小孔隙含量较高，不利于页岩油储集和渗流。因此，页岩三类储集空间类型，微裂缝最有利于页岩油储集和流动，粒间孔隙次之，粒内孔隙最差。

三、页岩孔隙系统核磁共振识别

纵向弛豫受体积弛豫、表面弛豫和扩散弛豫三种机制控制，T_2 与孔隙比表面积、流体性质及测试参数（回波间隔、磁场特性等）密切相关［式（2–1）］。然而，当静磁场为均匀磁场且采用较小回波间隔时，扩散弛豫可忽略。此外，孔隙流体体积弛豫时间远大于表面弛豫时间，体积弛豫项也可忽略。因此，孔隙流体 T_2 主要受表面弛豫控制，且正比于孔隙比表面积（S/V）：

$$\frac{1}{T_2}=\rho_2\frac{S}{V} \tag{4-7}$$

孔隙比表面积为孔隙大小函数，孔隙越小孔隙比表面积越大，T_2 越小，即页岩孔隙流体 T_2 谱反映孔径分布，弛豫时间对应于孔径大小，长弛豫时间对应大孔隙，而短弛豫时间对应于小孔隙[70]。因此，页岩饱和油 T_2 峰个数、大小及位置可反映页岩孔隙系统特征，T_2 谱呈多峰分布，表明页岩发育多种孔隙类型。38 块页岩饱和油 T_2 谱分布如图 4–12 所示，与 T_2 谱分布呈典型单峰或双峰分布的砂岩和碳酸盐岩不同[70, 110]，页岩 T_2 谱分布与煤储层相似[63]，均呈现典型的三峰分布。其中 p1 峰小于 1ms，p2 峰介于 1～20ms，p3 峰则大于 20ms，说明页岩至少发育三类孔隙类型。

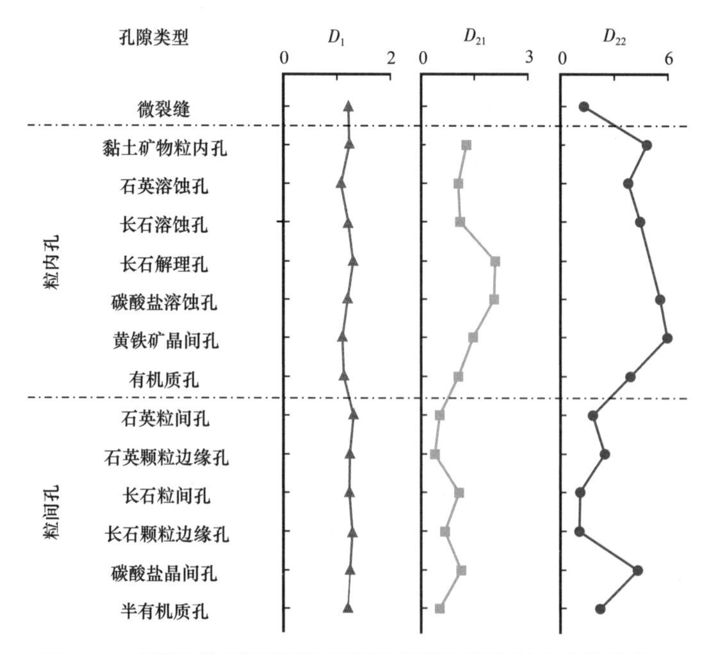

图 4–11　页岩不同类型储集空间孔隙形态及孔径分形维数分布

然而，不同页岩样品饱和油 T_2 谱 p1 峰、p2 峰和 p3 峰分布不同，如 B172-2 和 F41-1 等样品 p1 峰发育，而 p2 峰和 p3 峰较小（图 4-12a 和 b），说明该类样品主要发育一种孔隙类型。B172-1、L752-3 和 Y556-1 等样品以 p1 峰和 p2 峰为主，p3 峰较小（图 4-12c、d 和 e），而 F41-3 样品和 F169-4 样品 p2 峰和 P3 峰发育，p1 峰较小（图 4-12-f）。此外，p1 峰和 p2 峰在一些样品中不独立发育，而合并一个新的谱峰（p1+p2）（如 LX884-1、F41-2、L76-2 和 N15-1 等样品）。

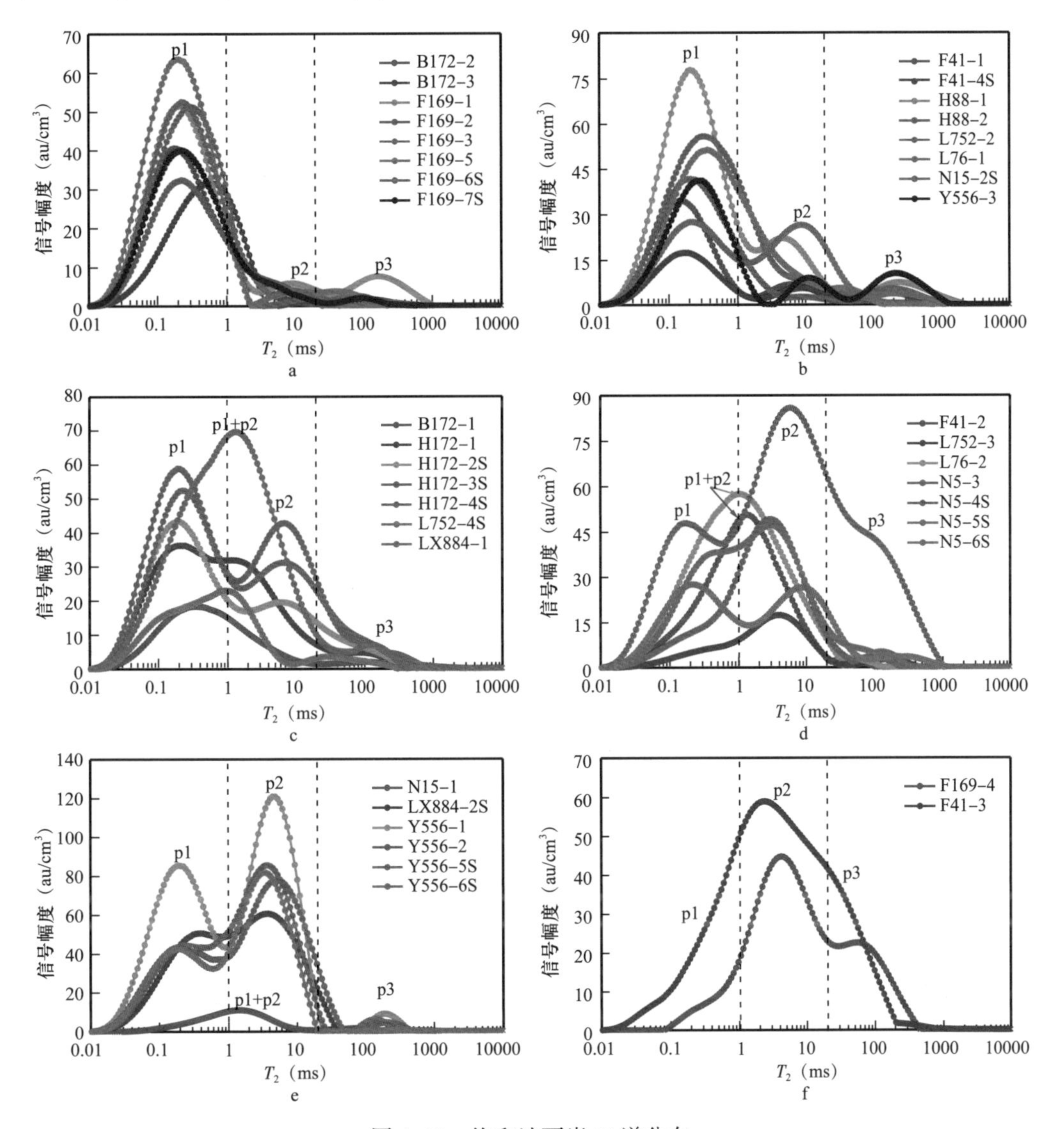

图 4-12　饱和油页岩 T_2 谱分布

测试分析了 25 块页岩样品离心前后 T_2 谱分布，其中部分样品离心前后 T_2 谱分布如图 4-13 所示。页岩离心后束缚油 T_2 谱信号幅度均小于饱和油 T_2 谱，不同谱峰离心前后分布特征不同。其中束缚油 T_2 谱 p1 峰与饱和油 p1 峰近于重叠分布，而束缚油 p2 峰信号幅度明显小于饱和油 p2 峰，p3 峰则显著降低，并向低 T_2 方向移动。然而，部分页岩样品束缚油 p1 峰信号幅度高于饱和油 p1 峰（图 4–13f 和 4–13h），导致该现象的原因可能是页岩复杂的孔隙形态。对于形态复杂的孔隙，离心过程中孔隙中心流体在离心力作用下逐渐排出，而孔隙边缘流体则难以排出而被保留，导致束缚油页岩 p1 峰信号幅度增加。

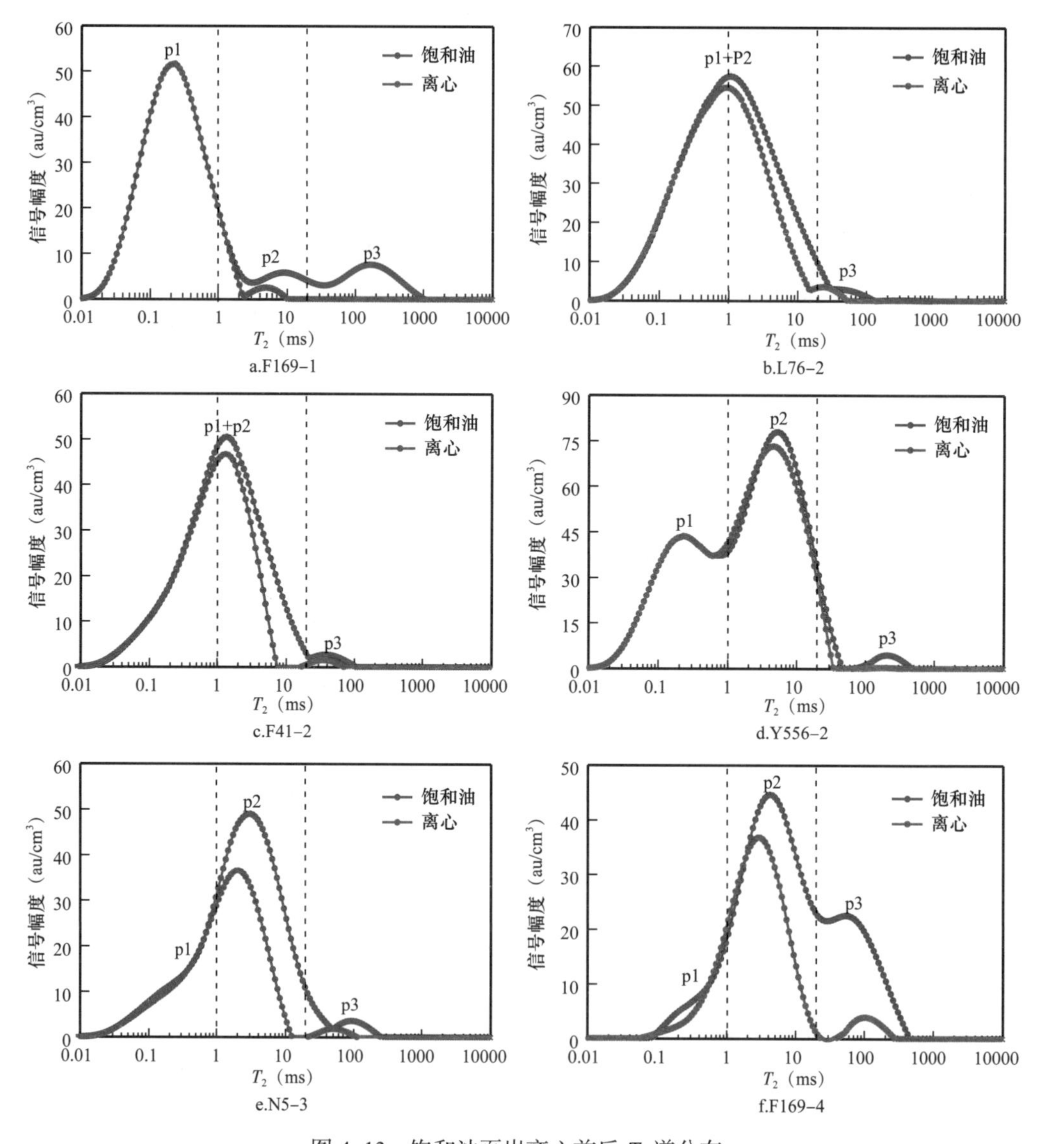

图 4–13　饱和油页岩离心前后 T_2 谱分布

根据孔隙大小对流体吸附和渗流的影响，孔隙可被分为吸附孔（＜100nm）和渗流孔（＞100nm），吸附孔通常赋存束缚流体在离心力的作用下难以排出，而流孔则主要赋存可动流体在离心力的作用下可部分排出，且孔隙越大可动流体比例越高[111]。页岩离心分析离心力约为 2.76 MPa，根据 Washburn 方程，当页岩表面油的润湿角和表面张力

分别为 0° 和 0.02N/m 时[112]，其对应孔隙直径约为 29nm，明显小于渗流孔界限 100nm。因此，饱和油 T_2 谱分布反映了页岩所有孔隙分布特征，而束缚油 T_2 谱仅反映了吸附孔和部分渗流孔特征。对比离心前后 T_2 谱分布可揭示页岩吸附孔和渗流孔分布范围，由短弛豫时间到长弛豫时间典型 T_2 谱可被分为吸附孔和渗流孔。页岩样品 T_2 谱 3 个谱峰，p1 峰为吸附孔，p2 峰和 p3 峰对应于渗流孔，且 p3 峰可动流体比例较高（图 4-12 和图 4-13）。因此，基于页岩油储层孔隙类型划分方案，p1 峰对应于微小孔（＜100nm），p2 峰对应于中孔（100～1000nm），而 p3 峰反映大孔（＞1000nm）。饱和油页岩样品 T_2 谱分布以 p1 峰和 p2 峰为主，p3 峰较小，反映了页岩微小孔和中孔发育，而大孔含量较少。

页岩 T_2 谱孔隙分类与渗透率、CT 重构具有较好的一致性。如 H88-1 样品和 Y566-3 样品，T_2 谱 p1 峰发育，表明其微小孔发育，但 CT 三维数字岩心显示发育少量的大孔和裂缝（对应于较小的 p3 峰）导致其具有较高的渗透率（图 4-14a、b）。而 L76-1 样品 T_2 谱以显著的 p1 峰、较小的 p2 峰和极小的 p3 峰为特征，与其对应 CT 数字岩心显示大孔和裂缝均不发育（对应于极小的 p3 峰），导致 L76-1 样品具有极低的渗透率（图 4-14c）。F41-2 样品和 L76-2 样品 CT 数字岩心显示二者发育少量的大孔，与其对应核磁共振 T_2 谱发育较小的 p3 峰，仅发育少量大孔裂缝不发育使得 F41-2 样品和 L76-2 样品具有较低的渗透率（图 4-14d、e）。Y556-2 样品和 N5-3 样品 T_2 谱发育较小的 p3 峰，对应于 CT 数字岩心较少的大孔和裂缝，使得 Y556-2 样品和 N5-3 样品具有较高的渗透率（图 4-14f、h）。因此，核磁共振饱和油 T_2 谱分布可有效指示页岩孔隙系统发育特征，反映页岩不同尺度孔隙含量。

基于高压压汞进汞曲线及分形特征，将页岩油储层孔隙分为微孔、小孔、中孔和大孔。页岩 T_2 谱呈 3 峰分布，分别对应于 3 类孔隙系统，其中 p1 峰分布在小于 1ms，对应于微小孔，p2 峰介于 1～20ms，对应于中孔，而 p3 峰大于 20ms，对应于大孔。页岩储层储集空间类型多样，分为粒内孔、粒间孔和微裂缝三类，其中粒内孔主要贡献页岩中孔组成，粒间孔和微裂缝主要贡献页岩大孔分布，而微小孔主要源于黏土矿物粒内孔和碳酸盐矿物溶蚀孔。

第二节　页岩孔隙结构分析

页岩油赋存和渗流与页岩孔隙结构密切相关，孔隙大小决定页岩油赋存状态[47]，孔隙连通性及非均质性影响页岩油流动性及流动速率，从而决定页岩油的采收率[113, 114]。孔径分布是反映页岩孔隙结构的重要参数，核磁共振是一种有效的储层全孔径定量评价技术，可有效揭示纳米级至微米级孔隙分布特征，但其 T_2 须与其他定量评价方法（如扫描电镜、气体吸附和高压压汞等）结合，标定获取孔径分布。页岩油气只有通过相互连通的孔隙网络才能被开采出来，自发渗吸是一种简单有效的页岩孔隙连通性评价方法，自吸斜率越大孔隙连通性越好[115, 116]。此外，高压压汞测试进汞迂曲度与孔隙连通性密切相关，迂曲度越大，孔隙网络越复杂，孔隙连通性越差[116]。

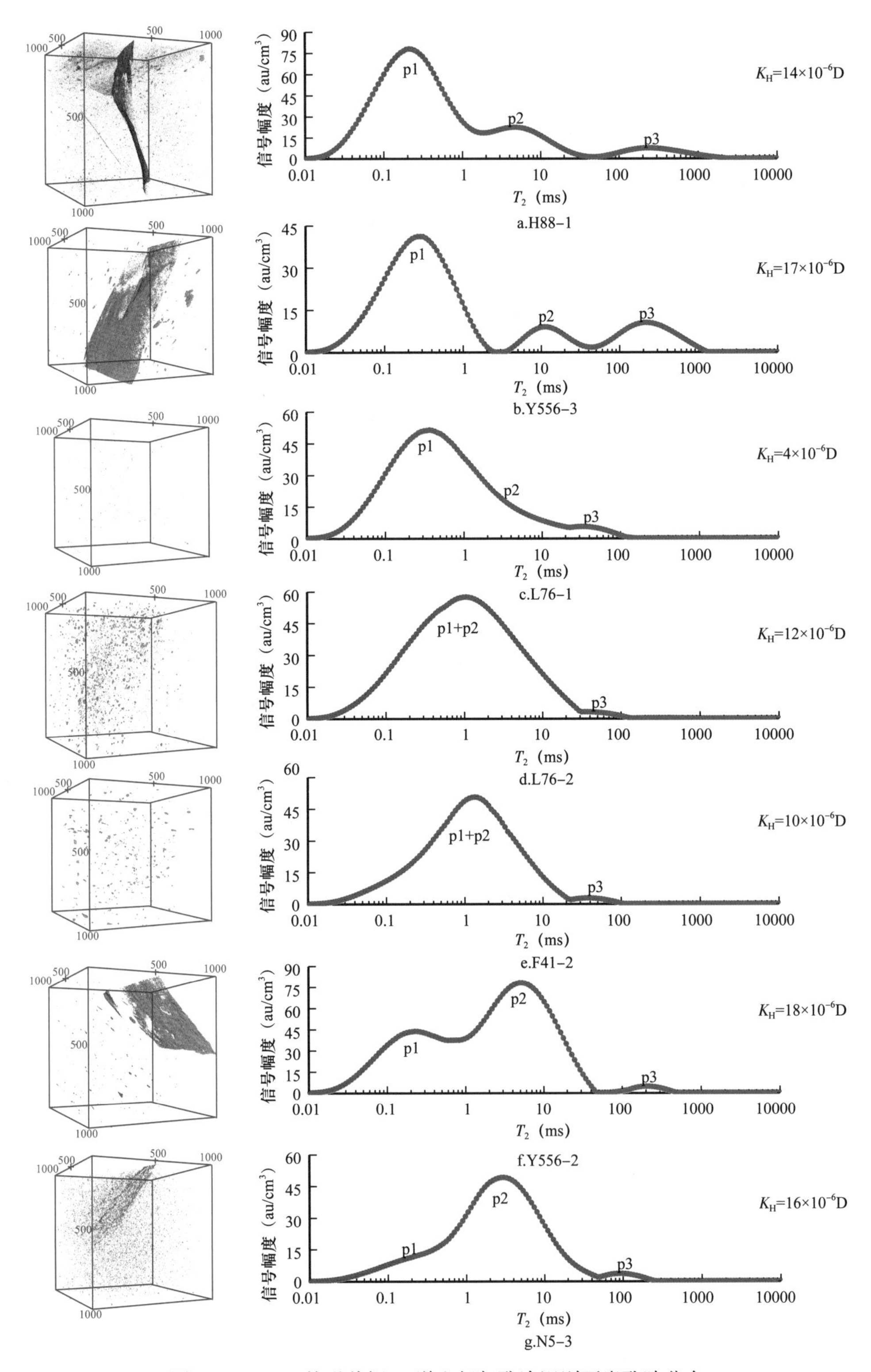

图 4-14　CT、核磁共振 T_2 谱和氦气孔渗识别页岩孔隙分布

储层分级评价是制约页岩油气有效勘探开发的重要因素，控制着页岩储集物性“甜点”分布[117]。目前针对页岩储层分级的系统研究和报导相对较少[117, 118]。页岩微观孔隙分布是决定页岩储集物性的核心因素，可直观反映页岩储层差异，指示储层级次。T_2谱反映了页岩全孔径分布，可有效指示页岩孔隙系统差异，是表征页岩储层分级的有效方法。此外，T_2谱是分析储层孔隙结构多重分形的有效方法，可更好地揭示页岩微观孔隙结构和非均质性特征[65, 119]。

一、页岩孔径分布表征

（一）低温氮气吸附—解吸

低温氮气吸附—解吸（氮气吸附）测试是分析页岩孔隙表面积和揭示微小孔分布特征的有效方法，东营凹陷页岩样品氮气吸附—脱附曲线如图 4-15 所示。不同页岩样品吸附曲线形态不同，但总体上呈现为反“S”形：低压阶段（p/p_0=0～0.4，其中 p 指液氮蒸汽压力，p_0 指液氮饱和蒸汽压力），吸附曲线缓慢上升，整体较为平缓，吸附曲线与脱附曲线近于重合，反映了氮气单分子层吸附过程；中压至高压阶段（p/p_0=0.4～0.8），随着相对压力增加吸附量近线性增加，吸附曲线与脱附曲线分离形成迟滞回线，该过程为氮气多分子层吸附过程；高压阶段（p/p_0=0.8～1），吸附量随着相对压力增加迅速增加，接近饱和蒸气压时（p/p_0～1），发生毛细管凝聚，未达到饱和吸附。

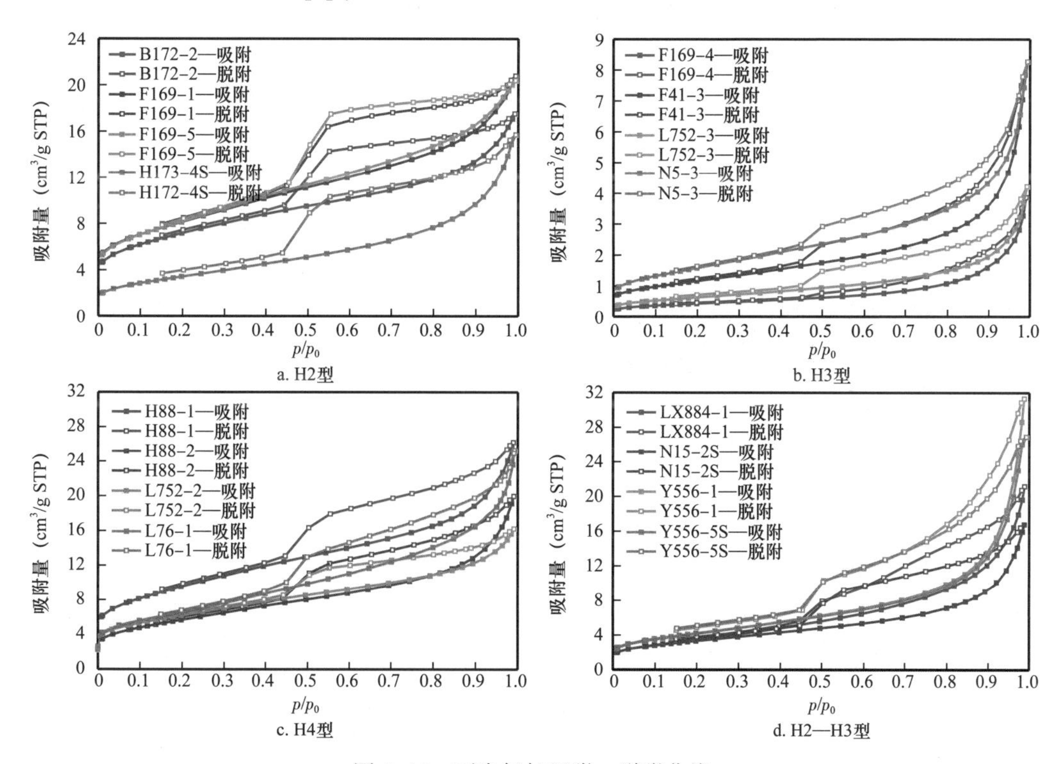

图 4-15 页岩氮气吸附—脱附曲线

根据吸附和凝聚理论，氮气吸附迟滞回线反映了页岩主要发育孔隙形态。国际理论与应用化学联合会（IUPAC）将吸附—脱附迟滞回线分为4种类型：H1型、H2型、H3型和H4型[100]。页岩样品共发育4类迟滞回线，分别为H2型、H3型、H4型和H2—H3混合型（图4–15）。H2型以宽迟滞回线为特征，相对压力小于0.45时，吸附曲线与脱附曲线近于重合，在相对压力大于0.45时出现迟滞回线，随着相对压力增加吸附曲线缓慢增加，相对压力大于0.8时，吸附量迅速增加，相对压力接近1时，吸附近于饱和；氮气脱附时，相对压力大于0.5时，脱附曲线缓慢降低，形成脱附"平台"，在相对压力约为0.5处，脱附曲线急剧下降，形成明显滞后环，反映了该类样品孔隙以细颈广体的墨水瓶孔为主（图4–15a）。H2型页岩样品孔径分布以单峰型为主，微孔含量较高，峰值约为3nm，少量样品呈双峰分布，小孔和中孔含量相对较高，在约3nm和50nm处出现两个峰值（图4–16a）。

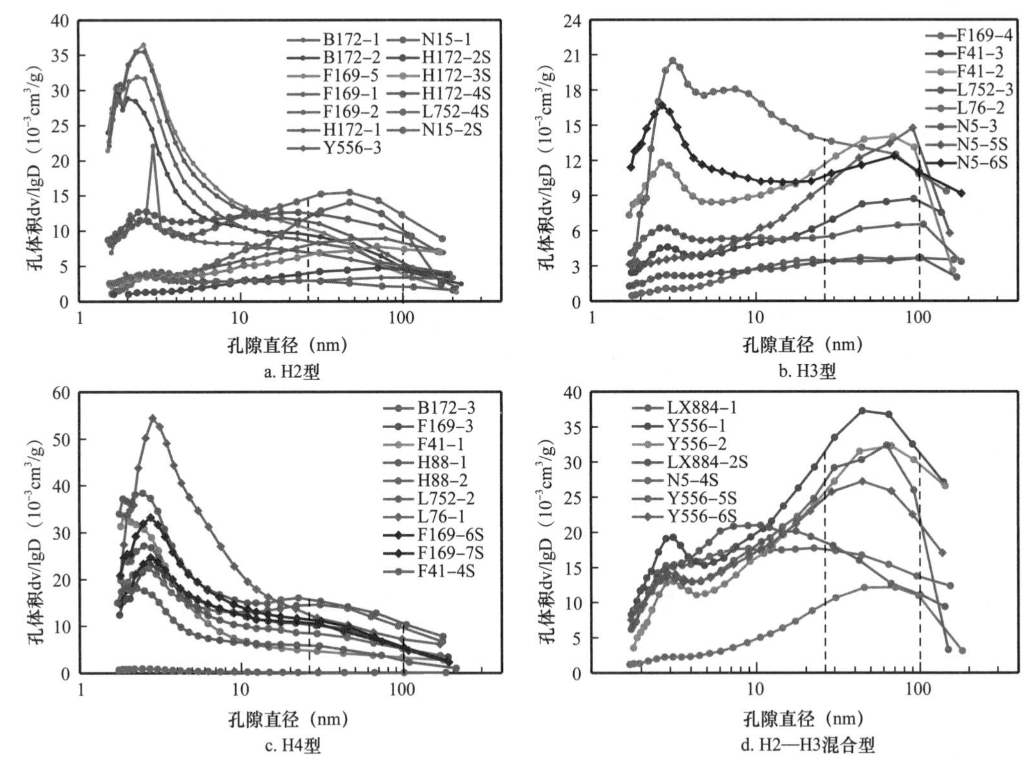

图4–16 氮气吸附孔径分布

H3型迟滞回线较窄，低压阶段和中压阶段吸附曲线与H2型相似，但在高压阶段（p/p_0=0.8～1），随着相对压力增加吸附量急剧增加，在接近饱和蒸气压时吸附曲线近于平行吸附量轴，未达到吸附饱和，发生毛细管凝聚；脱附阶段，相对压力较高时（p/p_0=0.8～1），相对压力降低，脱附曲线迅速降低，随后脱附曲线缓慢下降与吸附曲线近于平行，无明显拐点，形成较小滞后环，反映了该类页岩广泛发育平行板状孔隙（图4–15b）。H3型页岩样品孔径呈双峰分布，在3nm和80nm附近先后出现两个峰值，以微孔为主，但小孔和中孔含量相对较高，反映了较好的孔隙结构类型（图 4–16b）。

H4 型页岩样品迟滞回线相对较小，吸附曲线与 H2 型页岩样品相似，整体上脱附曲线与吸附曲线近于平行，无明显拐点出现，形成较小滞后环，反映了广泛发育的狭缝型或倾斜板状孔隙，包括 10 个页岩样品（图 4–15c）。H4 型页岩样品孔径均呈典型的单峰分布，峰值介于 2～3nm，微孔含量最高，不利于页岩游离油储集，为相对较差的孔隙结构类型（图 4–16c）。

H2—H3 混合型页岩样品兼具 H2 型页岩样品和 H3 型页岩样品特征，迟滞回线相对较大，吸附曲线与 H3 型页岩样品相似，相对压力接近于饱和蒸气压时，吸附量急剧增加，发生毛细管凝聚，未达到饱和吸附；脱附曲线较 H3 型页岩样品相比，随着相对压力降低，下降较为缓慢，在相对压力介于 0.6～0.9 形成相对较大滞后环，反映了该类页岩样品同时发育平行板状和墨水瓶形孔隙（图 4–15d）。H2—H3 型页岩样品孔径分布与 H3 型页岩样品相似，呈明显的双峰分布，峰值分布在 3nm 和 70nm 附近，且右峰幅度明显高于左峰，表明该类页岩小孔和中孔含量相对较高，微孔含量较低（图 4–16d）。

氮气吸附分析可获得页岩孔体积、孔隙表面积及平均孔径等孔隙结构参数。页岩样品 BET（Brunauer–Emmett–Teller）孔隙表面积介于 0.6396～34.0021m^2/g，平均值为 12.9268m^2/g，BJH（Barrett–Johner–Halenda）单点孔体积在 2.5×10^{-3}～$48.4\times10^{-3}cm^3/g$，平均为 $23.2\times10^{-3}cm^3/g$，一般页岩孔体积越高，孔隙表面积越大，二者具有较好的正相关关系（表 4–2）。页岩平均孔径分布在 4.22～19.57nm，平均为 9.46nm，微孔含量最高，平均为 55.66%，分布在 28.92%～80.40%，小孔次之，平均为 28.61%（12.08%～46.97%），中孔含量最低，平均为 15.73%（5.27%～31.12%）（表 4–2）。

表 4–2　不同迟滞回线类型页岩氮气吸附孔隙结构参数对比

迟滞回线类型	BET 表面积（m^2/g）	总孔体积（$10^{-3}cm^3/g$）	平均孔径（nm）	不同孔径段孔体积占比（%）		
				微孔	小孔	中孔
H2	3.3467～29.1407①（13.2664）	6.7～32.1（20.4）	4.22～16.32（8.13）	37.26～78.26（57.50）	16.48～46.97（27.71）	5.27～23.25（14.78）
H3	1.5123～14.5323（7.0924）	6.0～27.3（16.4）	6.94～15.77（10.67）	31.12～61.01（45.28）	26.89～38.35（32.26）	12.09～31.12（22.46）
H4	0.6396～34.0021（17.8951）	2.5～41.6（23.5）	4.54～17.18（7.68）	55.21～80.40（69.90）	12.08～26.84（20.30）	6.92～17.95（9.80）
H2–H3	3.0647～15.1147（11.8664）	15.0～48.4（35.9）	10.17～19.57（13.07）	28.92～58.99（43.74）	29.02～43.78（38.00）	11.99～27.30（18.27）
全部	0.6396～34.0021（12.9268）	2.5～48.4（23.2）	4.22～19.57（9.46）	28.92～80.40（55.66）	12.08～46.97（28.61）	5.27～31.12（15.73）

① 分别表示最小值、最大值和平均值。

不同迟滞回线类型页岩孔隙结构特征亦不相同，H4 型页岩 BET 表面积最大，分布在 0.6396～34.0021m^2/g，平均为 17.8951m^2/g，总孔体积相对较高平均为 $23.5\times10^{-3}cm^3/g$，分

布在 2.5×10^{-3}～$41.6\times10^{-3}cm^3/g$。平均孔径最小，介于 4.54～17.18nm，平均为 7.68nm，微孔含量最高平均为 69.90%，介于 55.21%～80.40%，小孔和中孔含量最低，平均值分别为 20.30% 和 9.80%（表 4-2）。H2 型页岩 BET 表面积仅次之 H4 型页岩，介于 3.3467～$29.1407m^2/g$，平均为 $13.2664m^2/g$，总孔体积相对较高，平均为 $20.4\times10^{-3}cm^3/g$，分布在 6.7×10^{-3}～$32.1\times10^{-3}cm^3/g$。平均孔径较小，平均为 8.13nm，分布在 4.22～16.32nm，微孔含量较高，平均为 57.50%，分布在 37.26%～78.26%，小孔和中孔含量相对较低，平均值分别为 14.78% 和 27.71%。

H3 型页岩 BET 表面积和总孔体积最小，平均值分别为 $7.0924m^2/g$（1.5123～$14.5323m^2/g$）和 $16.4\times10^{-3}cm^3/g$（6.0×10^{-3}～$27.3\times10^{-3}cm^3/g$）。平均孔径相对较高，分布在 6.94～15.77nm，平均为 10.67nm，微孔含量较低，介于 31.12%～61.01%，平均为 45.28%，小孔含量较高，平均为 32.26%，介于 26.89%～38.35%，中孔含量最高，平均为 22.46%，分布在 12.09%～31.12%。H2—H3 型页岩 BET 表面积较低，介于 3.0647～$15.1147m^2/g$，平均为 $11.8664m^2/g$，总孔体积最大，平均为 $35.9\times10^{-3}cm^3/g$，分布在 15.0×10^{-3}～$48.4\times10^{-3}cm^3/g$。因此，H2—H3 型页岩平均孔径最大，分布在 10.17～19.57nm，平均为 13.07nm，微孔含量最低介于 28.92%～58.99%，平均为 43.74%，小孔含量最高，平均为 38.00%，分布在 29.02%～43.78%，中孔含量较高，平均为 18.27%，分布在 11.99%～27.30%。

页岩油主要以吸附态赋存于页岩微小孔，以游离态赋存于中孔和大孔，页岩孔隙表面积越大，吸附油量越大，平均孔径越大吸附比例越低，游离比例越高[47]。页岩 4 型迟滞回线，H4 型页岩孔隙表面积最大，平均孔径最小，微小孔含量最高，使得该类页岩以吸附油为主，最不利于页岩油储集和流动。H2 型页岩次之，具有较大孔隙表面积、较小平均孔径和较高的微小孔含量，为较差孔隙结构类型，不利于页岩油储集和渗流。H3 型页岩和 H2—H3 混合型页岩具有低的孔隙表面积和微小孔含量、高的平均孔径，对游离油的储集和流动均有利，为优势孔隙结构类型。

（二）扫描电镜

高分辨率扫描电镜是表征页岩微观孔隙结构的有效方法，但基于二维扫描电镜图像提取孔径分布研究相对较少，且以孔隙数量频率或面积百分比建立的孔径分布与常规测试方法高压压汞、核磁共振等差异较大，难以精确揭示页岩孔径分布[13]。Münch 和 Holzer[31] 采用将单个复杂形态的大孔隙分解为多个连续分布的小孔隙的方法，建立了二维扫描电镜图像连续型孔径分布提取模型。通过对复杂形态大孔隙分解，连续型孔径分布模型实现了准确表征页岩三维空间孔径分布。

页岩扫描电镜连续型孔径分布提取应用 Photoshop 和 ImageJ 软件，主要分为四个步骤：（1）为了降低页岩孔隙分布非均质性影响，应用 Photoshop 软件将相同分辨率页岩扫描电镜图像拼接为一张完整图像，拼接过程中保证图像分辨率及灰度不变；（2）应用 ImageJ 图像分析软件采用多阈值最大间类方差（multi-Otsu）算法，确定孔隙灰度阈值；（3）根据孔隙阈值将扫描电镜图像转换为孔隙二值化图像（图 4-17b）；（4）应用连续

型孔径分布模型将单个复杂孔隙分解为连续分布的小孔隙（图 4–17c），获取页岩累计孔径分布曲线（图 4–17d）。

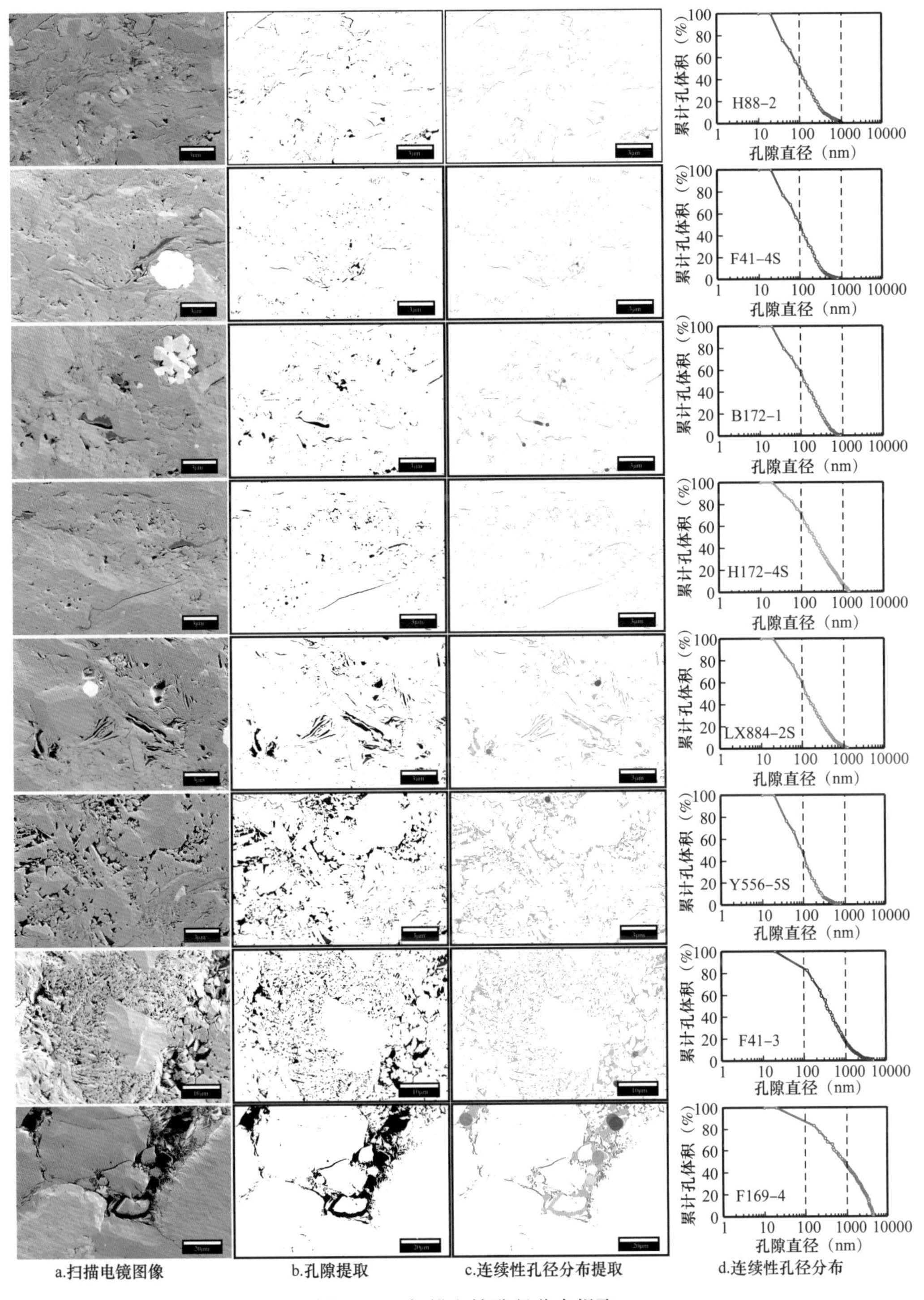

图 4–17　扫描电镜孔径分布提取

基于页岩扫描电镜图像提取了30块样品扫描电镜孔径分布（表4-3），扫描电镜图像个数分布在2～30张，平均为12张，分辨率介于6.93～74.43nm，平均为18.91nm，可有效反映页岩中孔分布特征。孔隙灰度（8位灰度256阶）阈值在51～200，平均为81，孔隙面孔率介于1.12%～7.86%，平均为3.94%。页岩扫描电镜平均孔径为孔径分布频率平均值，分布在90nm～1434nm，平均为279nm。页岩扫描电镜孔径分布以中孔为主，平均为51.84%，分布在20.21%～73.59%，微小孔含量次之，平均为43.25%（12.91%～76.52%），大孔含量最低平均仅为4.20%。

表4-3　页岩扫描电镜孔隙提取参数

样品编号	图像（个）	分辨率（nm）	阈值（灰度）	面孔率（%）	平均孔隙直径（nm）	不同孔径段体积占比（%）		
						微小孔	中孔	大孔
B172-1	24	18.60	53	2.50	193	40.96	59.04	0.00
B172-2	6	18.60	64	1.12	104	60.64	39.36	0.00
B172-3	8	13.96	89	1.90	95	72.21	27.79	0.00
F169-5	14	11.16	57	1.37	93	73.90	26.10	0.00
F169-3	15	11.16	62	1.34	90	76.52	23.48	0.00
F169-4	4	74.43	91	5.81	1434	12.91	41.06	46.03
F169-1	9	6.93	59	7.83	234	49.32	48.27	2.41
F169-2	9	8.35	68	5.52	239	43.96	53.10	2.94
F41-3	12	55.82	76	7.21	632	15.60	67.17	17.22
F41-1	9	10.40	91	4.75	271	40.75	54.43	4.81
F41-2	6	23.83	115	2.78	340	21.79	73.59	4.62
H172-1	16	11.16	69	2.44	139	59.07	20.21	0.00
H88-1	9	12.84	70	4.09	391	27.12	66.76	6.12
H88-2	21	18.60	56	3.15	175	48.94	51.06	0.00
L752-2	16	11.16	109	2.93	114	67.38	32.62	0.00
L752-3	14	18.60	89	2.04	211	39.44	60.56	0.00
L76-1	2	23.83	78	4.56	282	39.57	58.12	2.24
L76-2	4	23.83	110	3.93	354	23.57	71.94	4.50
LX884-1	6	10.40	85	7.86	251	41.43	57.12	1.45
Y556-1	9	8.35	101	3.24	224	49.20	47.48	3.32
Y556-2	6	8.36	64	5.70	252	37.70	58.87	3.43

续表

样品编号	图像（个）	分辨率（nm）	阈值（灰度）	面孔率（%）	平均孔隙直径（nm）	不同孔径段体积占比（%）		
						微小孔	中孔	大孔
Y556-3	9	12.84	200	4.70	228	37.47	61.19	0.33
N5-3	4	23.83	91	4.36	572	17.73	67.24	15.03
N15-1	22	18.60	51	1.81	127	58.40	41.60	0.00
F41-4S	12	18.60	76	1.70	154	49.57	50.43	0.00
H172-3S	21	18.60	66	3.12	166	44.54	55.46	0.00
H172-4S	30	18.60	81	3.77	338	28.17	65.52	6.31
LX884-2S	15	18.60	68	6.07	222	39.23	58.87	1.90
N5-5S	6	18.60	66	6.09	301	27.86	68.79	3.35
Y556-5S	14	18.60	69	4.56	135	52.15	47.85	0.00

通常情况下扫描电镜可有效获取页岩孔径分布，但该方法存在一定的缺点。扫描电镜无法获取图像分辨率以下的页岩孔隙分布信息，将会低估页岩微小孔含量，导致微小孔含量较高页岩孔径分布误差较大。此外，较高的分辨率对应于较小的观测区域，将导致无法有效观测大孔隙分布，导致低估大孔含量。因此，扫描电镜适用于表征页岩中孔（100～1000nm）孔径分布，可有效准确揭示页岩中孔分布特征。

（三）高压压汞

高压压汞是探测储层连通孔喉的有利手段，进汞曲线可有效反映孔隙结构差异，进而划分储层类型。通过对东营凹陷 29 块页岩样品校正压汞曲线统计分析，总结了 3 类典型进汞曲线类型，其中 I 型又可分为两个亚类，包括 I-1 和 I-2，如图 4-18 所示。

I 型进汞曲线仅存在一个明显拐点（T3），出现在进汞压力 58.8MPa 附近。在 T3 拐点之前随进汞压力增加，进汞量缓慢增加，而在 T3 拐点之后进汞压力增加，汞迅速进入页岩孔隙系统，进汞量迅速增加，表明该类页岩以微小孔为主（图 4-18a、b）。其中 I-1 型进汞曲线在 T3 拐点之后高进汞压力范围内呈“上凸”形，反映了进汞压力越高，进汞速率越大（图 4-18a）。I-1 型页岩孔径分布呈明显的单峰分布，孔喉主要分布在小于 10nm，且孔喉含量随着孔径减小而增加，无峰值出现（图 4-19a）。I-2 型进汞曲线在高进汞压力范围（大于 58.8MPa）则呈“下凹”形，反映了在高进汞压力范围随进汞压力增加，进汞速率及进汞量均呈先增加后降低，为页岩主要发育进汞曲线类型（图 4-18b）。I-2 型页岩孔径分布也呈单峰分布，但与 I-1 型页岩显著不同，随着孔径减小孔喉含量先增加后降低，峰值出现在 10～20nm，孔喉主要分布在小于 25nm 的微孔范围内（图 4-19b）。

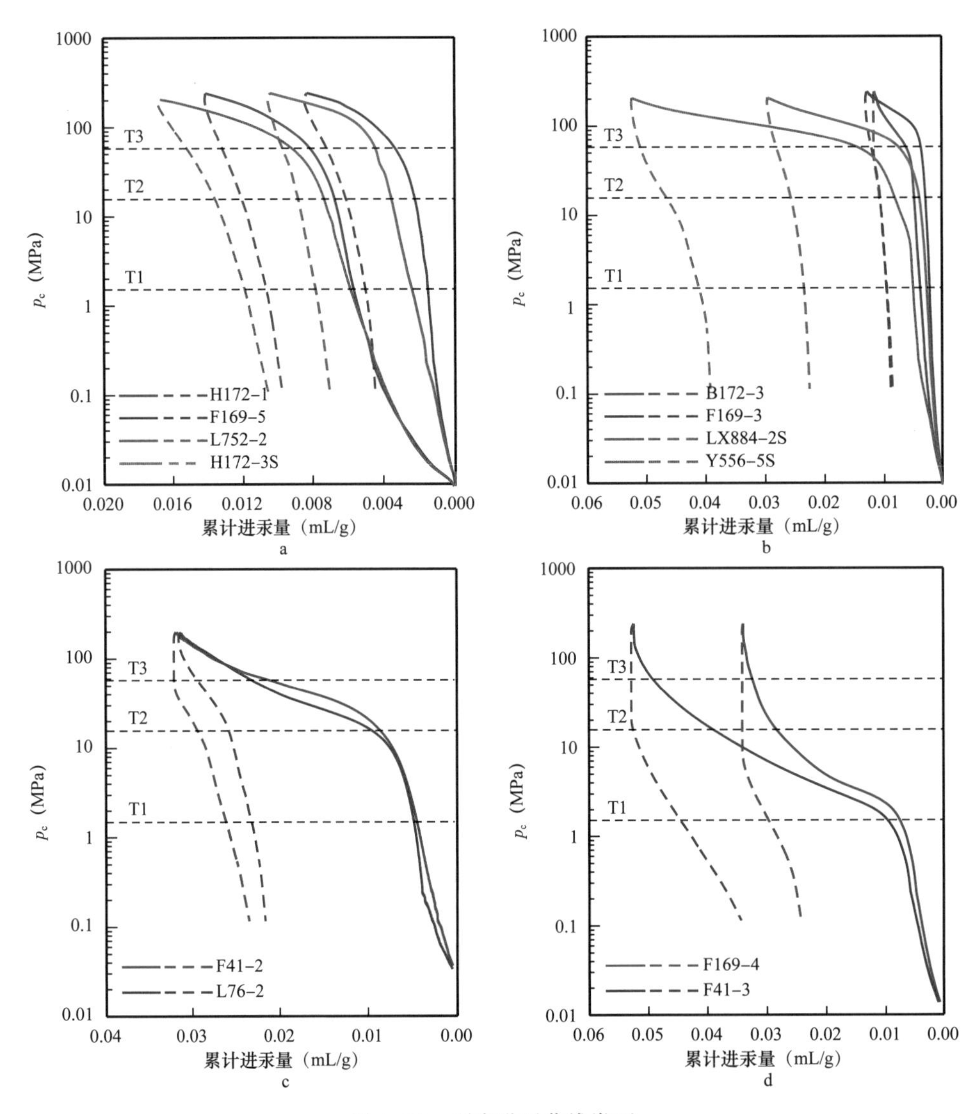

图 4-18　页岩进汞曲线类型

Ⅱ型进汞曲线存在两个明显拐点（T2 和 T3），分别出现在进汞压力 14.7MPa 和 58.8MPa 附近。在 T2 拐点之前，进汞压力增加，进汞量缓慢增加，T2 和 T3 拐点间进汞量迅速增加，而在 T3 拐点之后进汞压力增加，进汞速率逐渐降低，反映了该型页岩小孔发育（图 4-18c）。Ⅱ型页岩孔径呈单峰分布，峰值介于 30～100nm（图 4-19c）。Ⅲ型进汞曲线发育 3 个明显拐点（T1、T2 和 T3），在 T1 和 T2 拐点间汞大量进入页岩孔隙，反映了该类页岩中孔发育，为最优进汞曲线类型（图 4-18d）。Ⅲ型页岩孔喉较大，孔径分布峰值约为 400nm，有利于页岩油渗流（图 4-19d）。

高压压汞分析可提供众多孔隙结构参数，如总孔体积、孔喉表面积、平均孔喉直径等。根据 Rootrate 和 Prenzlow 研究[121]，假设样品不含墨水瓶孔和在外力施加下不变形，可由压力—进汞体积曲线计算孔喉表面积（图 4-20a）：

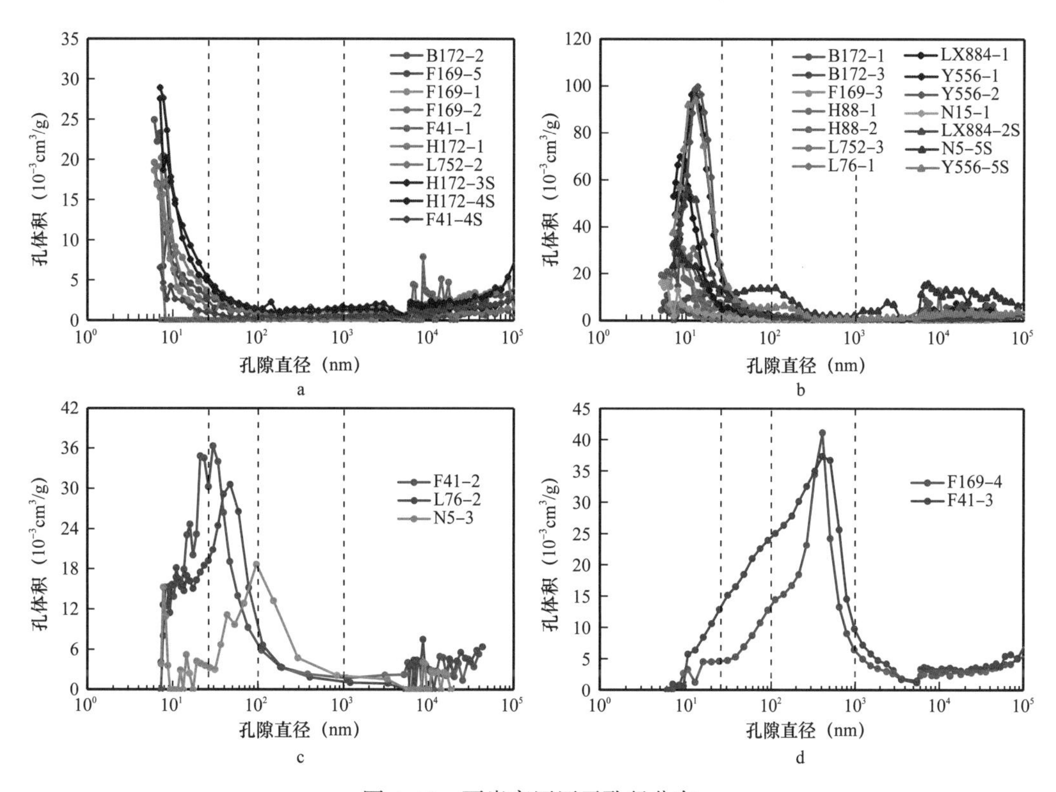

图 4-19　页岩高压压汞孔径分布

$$S=\frac{1}{\gamma\cos\theta}\int_{V_{\mathrm{Hg},0}}^{V_{\mathrm{Hg,max}}}p_{\mathrm{c}}\mathrm{d}v=2.72\int_{V_{\mathrm{Hg},0}}^{V_{\mathrm{Hg,max}}}p_{\mathrm{c}}\mathrm{d}v \tag{4-8}$$

式中，V 为累计孔体积，cm^3/g；γ 为表面张力，N/m；θ 为润湿角，°；p_c 为进汞压力，MPa，$p_c=f(V)$；S 为孔喉表面积，m^2/g；V_{Hg} 为进汞体积，cm^3/g；

根据 $p_c=f(V)$，如图 4-20a 所示，通过累计孔体积—进汞压力曲线计算积分，即可获取页岩高压压汞孔喉表面积。

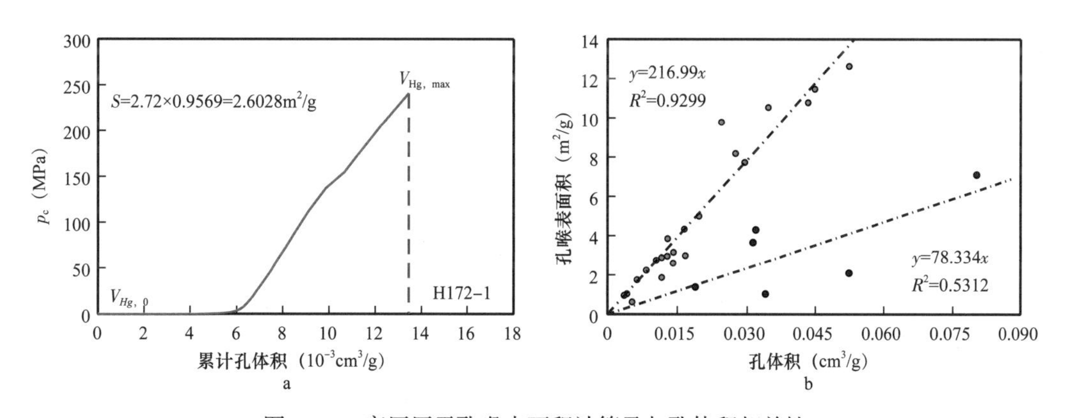

图 4-20　高压压汞孔喉表面积计算及与孔体积相关性

计算结果显示，页岩孔喉表面积介于0.62～12.63m^2/g，平均为4.75m^2/g，孔体积分布在0.9×10^{-3}～$80.1\times10^{-3}cm^3/g$，平均为$22.1\times10^{-3}m^2/g$，二者具有较好的正相关性，总孔体积越大，孔喉表面积越大（图4-20b）。平均孔喉直径在2.40～131.48nm，平均为27.11nm。孔隙系统以微孔为主，分布在4.36%～99.59%，平均为53.67%，其次为大孔，介于0%～55.52%，平均为20.19%，小孔和中孔含量较低，平均值分别为13.78%和12.58%（表4-4）。

表4-4 不同类型页岩高压压汞孔隙结构参数

类型	孔体积（$10^{-3}cm^3/g$）	表面积（m^2/g）	平均孔喉直径（nm）	不同孔径段孔体积占比（%）			
				微孔	小孔	中孔	大孔
Ⅰ-1	0.9～24.5①（10.9）	0.62～9.78（3.38）	10.02～33.79（18.96）	29.24～99.56（56.30）	0.00～13.91（8.04）	0.41～33.33（10.07）	0.00～55.52（25.59）
Ⅰ-2	3.6～80.1（26.1）	0.95～12.6（6.32）	2.40～45.14（17.28）	20.87～79.72（65.59）	2.05～16.42（10.03）	1.82～17.87（6.14）	7.35～44.83（18.52）
Ⅱ	18.9～31.8（27.3）	1.75～4.31（3.24）	29.54～43.20（35.61）	9.04～32.39（22.57）	43.05～47.76（46.18）	11.01～38.30（20.18）	6.91～14.74（11.72）
Ⅲ	33.9～52.3（43.1）	1.03～2.09（1.56）	99.93～131.48（115.71）	4.36～5.76（5.06）	13.18～21.26（17.22）	54.69～60.26（57.48）	18.28～22.2（20.24）
全部	0.9～80.1（22.1）	0.62～12.63（4.75）	2.40～131.48（27.11）	4.36～99.56（53.67）	0.00～47.76（13.78）	0.41～60.26（12.58）	0.00～55.52（20.19）

① 分别表示最小值、最大值和平均值。

3种类型进汞曲线页岩孔隙结构特征如表4-4和图4-21所示。Ⅰ型页岩总孔体积及平均孔喉直径较小，微孔含量较高，不利于页岩油的富集和渗流，为较差孔隙结构类型。其中Ⅰ-1型页岩总孔体积最小，介于0.9×10^{-3}～$24.5\times10^{-3}cm^3/g$，平均为$10.9\times10^{-3}cm^3/g$，孔喉表面积较高，平均为3.38m^2/g（0.62～9.78m^2/g）。平均孔喉直径较低，平均为18.96nm，微孔含量较高，平均为56.30%，介于29.24%～99.56%，而大孔含量最高，平均为25.59%（0.00%～55.52%），小孔和中孔含量较低。Ⅰ-1型页岩孔隙结构最差，连通孔体积最小，不利于页岩油富集，但其大孔含量较高，较有利于页岩油流动，可能成为页岩油疏导层。Ⅰ-2型页岩孔隙结构较差，总孔体积较小，平均为$26.4\times10^{-3}cm^3/g$，而孔喉表面积最大，介于0.95～12.6m^2/g，平均为6.32m^2/g，不利于页岩游离油富集；平均孔喉直径最小，平均为17.28nm（2.40～45.14nm），微孔含量最高，平均高达65.59%，分布在20.87%～79.72%，小孔、中孔和大孔含量较低，不利于页岩油流动。

Ⅱ型页岩孔隙结构较好，总孔体积较高，分布在18.9×10^{-3}～$31.8\times10^{-3}cm^3/g$，平均为$27.3\times10^{-3}cm^3/g$，孔喉表面积较小，平均为3.24m^2/g（1.75～4.31m^2/g），较有利于页岩油富集。平均孔喉直径较大，分布在29.54～43.20nm，平均为35.61nm，孔隙系统以小孔为主，平均含量46.18%（43.05%～47.76%），微孔含量较低（22.57%），中孔和大

孔含量相对较高，较有利于页岩油流动。Ⅲ型页岩孔隙结构最好，总孔体积最高，平均值高达 $43.1\times10^{-3}cm^3/g$，分布在 33.9×10^{-3}～$52.3\times10^{-3}cm^3/g$，而孔喉表面积最小，平均值仅为 $1.56m^2/g$，有利于页岩游离油富集。平均孔喉直径最大，介于 99.93～131.48nm，平均为 115.71nm，孔隙系统以中孔为主，分布在 54.69%～60.28%，平均为 57.48%，微孔和小孔含量最低，大孔含量较高，有利于页岩油渗流，为最佳页岩油储层。

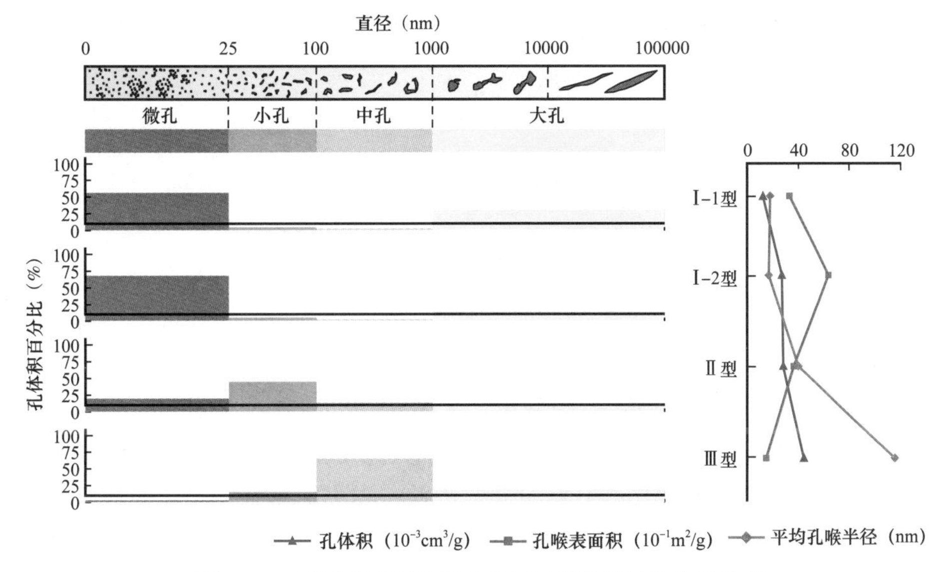

图 4-21　不同类型页岩储层高压压汞孔隙结构参数分布

（四）核磁共振

核磁共振可有效表征页岩纳米级至微米级孔径分布，但其 T_2 谱为未标定孔径，需与其他定量评价方法结合获取。常规储层评价中 T_2 谱通常采用高压压汞孔径分布标定[70]，而致密砂岩储层 T_2 谱主要采用氮气吸附与高压压汞联合标定[33, 64, 122]。然而，页岩 T_2 谱通常反映了全孔径分布，而常规储层测试方法仅刻画了页岩部分孔径分布。氮气吸附主要反映了页岩微小孔（<100nm）孔径分布[123]，而扫描电镜主要刻度了页岩中孔（100～1000nm）孔径分布。高压压汞虽可探测 3nm～200μm 范围内连通孔喉，但其主要反映了页岩孔喉分布特征，而核磁共振则反映了孔隙分布。因此，选择有效、精确的孔径转换模型和标定孔径分布是页岩核磁共振孔径标定的关键。

1. T_2 谱孔径转换模型

由于页岩孔隙表面弛豫率随孔径变化而变化，提出了一个基于变化表面弛豫率的幂指数模型。同时，线性转换模型亦被用于标定页岩 T_2 谱。线性转换模型假设孔隙表面积（S/V）是孔径（d）和孔隙形状因子（F_s）的线性函数，则式（4-7）可转换为：

$$\frac{1}{T_2}=\rho_2\frac{S}{V}=\rho_2\frac{F_s}{d} \tag{4-9}$$

式中，F_s 为孔隙形状因子，板状、柱状和球形孔隙分别为 2、4 和 6；ρ_2 为横向弛豫率，μm/s。

假设 F_s 和 ρ_2 为定值，孔径与 T_2 呈线性关系：

$$d=F_s\rho_2T_2=CT_2$$
$$C=F_s\rho_2 \tag{4-10}$$

式中，d 为孔隙直径，nm。

假设表面弛豫率和孔隙表面积均为孔径的幂指数函数时，式（4–7）可转换为：

$$\frac{1}{T_2}=\rho_2\frac{S}{V}=\rho_{2,0}d^m\frac{F_s}{d^n}=\rho_{2,0}F_sd^{m-n} \tag{4-11}$$

式中，$\rho_{2,0}$ 为初始表面弛豫率，μm/s；m，n，k 为拟合系数。

非线性幂指数转换模型：

$$d=\left(F_s\rho_{2,0}T_2\right)^{\frac{1}{n-m}}=\left(F_s\rho_{2,0}T_2\right)^k=C_kT_2^k \tag{4-12}$$

2. T_2 谱孔径转换

饱和油页岩 T_2 谱呈现典型的三峰分布，其中 p1 峰（<1ms）对应于微小孔，p2 峰（1～20ms）对应于中孔，p3 峰（>20ms）对应于大孔（图 4–15）。氮气吸附和扫描电镜可分别精确表征页岩微小孔和中孔孔径分布。因此，本书建立了一个新的页岩 T_2 谱孔径标定方法，即分段联合标定方法。“分段”指分别采用氮气吸附测得的微小孔和扫描电镜分析的中孔孔径分布标定页岩 T_2 谱 p1 峰和 p2 峰，获取页岩微小孔和中孔部分 T_2 与孔径一一对应关系。“联合”指将微小孔和中孔 T_2 与对应孔径采用线性和非线性幂指数模型联合标定，获取核磁共振孔径分布。

分段联合标定方法获取页岩核磁共振孔径分布可分为四步：（1）构建氮气吸附测得的微小孔和 T_2 谱 p1 峰累计孔体积分布曲线；（2）采用多项式拟合 T_2 谱 p1 峰累计孔体积分布曲线，获取多项式方程，计算得到相同累计频率时氮气吸附分析微小孔孔径对应的 T_2；（3）采用（1）（2）所述方法获得相同累计频率时扫描电镜分析中孔孔径对应的 T_2；（4）采用线性和非线性幂指数模型分别标定 T_2 与其对应孔径，建立线性和非线性幂指数转换模型，如图 4–22 和图 4–23 所示。根据线性和非线性幂指数转换模型，T_2 谱可转换为孔径分布。

应用分段联合标定方法和线性及非线性幂指数模型标定了 29 块页岩样品核磁共振孔径分布（表 4–5），其中部分样品氮气吸附、扫描电镜、高压压汞和核磁共振孔径分布如图 4–24 所示，各孔径分布均采用核磁共振孔隙度归一化。标定结果显示，扫描电镜测试中孔孔径分布与核磁共振孔径分布具有很好的一致性，而氮气吸附分析的微小孔孔径分布通常低于核磁共振孔径分布。其原因可能是氮气吸附测试为粉末样品孔径分布，可能会破坏页岩部分原始孔隙，而核磁共振测试是柱塞样孔径分布，为页岩原始孔隙分布；同时，由于核磁共振孔隙度通常高于氮气吸附孔隙度，采用核磁共振孔隙度归一化可能导致氮气吸附孔径分布幅度降低；此外，二者差异也可能是氮气吸附和核磁共振测

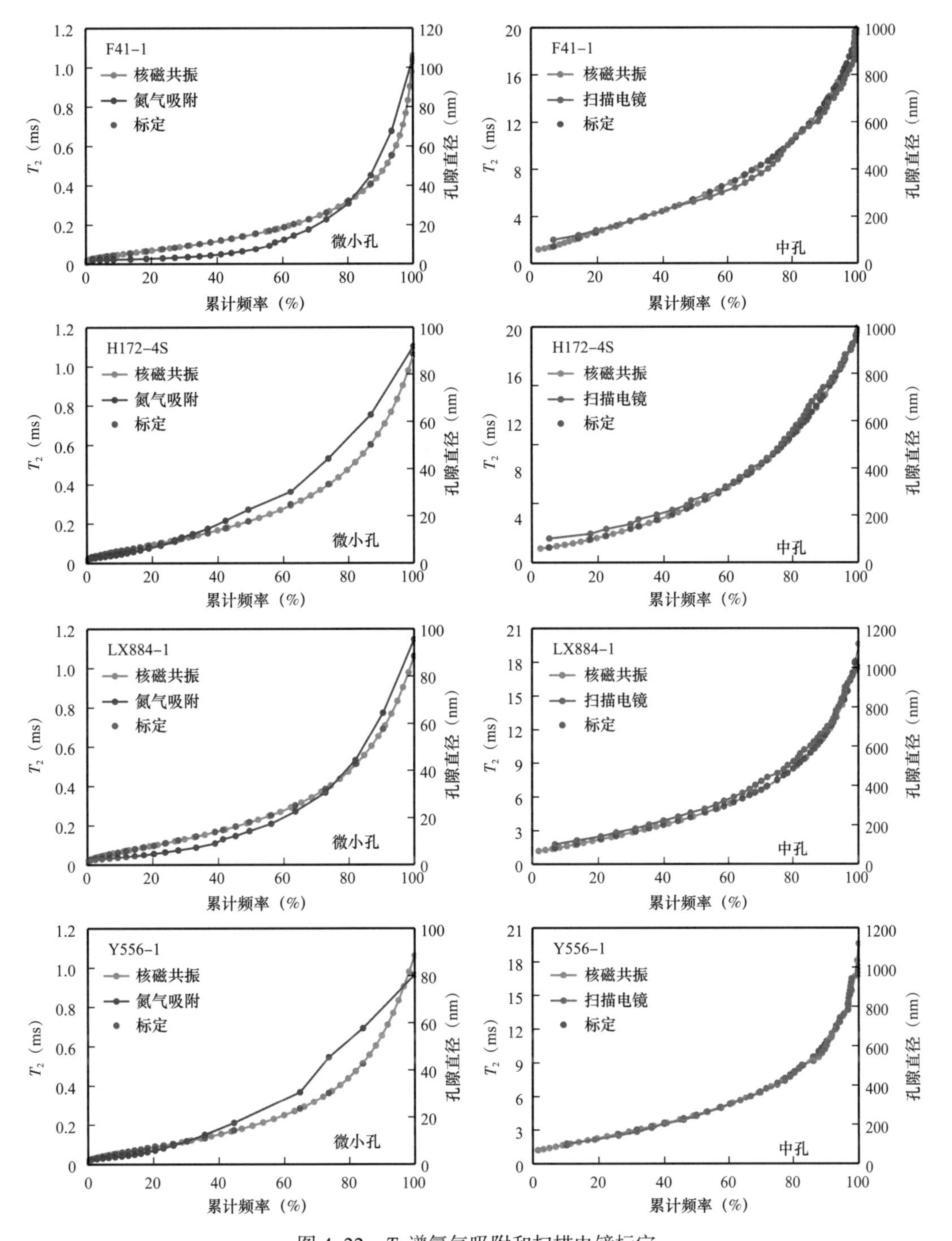

图 4-22　T_2 谱氮气吸附和扫描电镜标定

试原理差异导致。然而，高压压汞孔径分布与氮气吸附、扫描电镜和核磁共振均差异较大，表明高压压汞主要反映了页岩孔喉分布，而氮气吸附、扫描电镜和核磁共振主要刻画了页岩孔隙分布特征。同时表明页岩油储层孔隙分布范围较大，从纳米级至微米级孔隙均有发育，而孔喉主要分布在20nm以下，即页岩油储层中发育多尺度的孔隙主要被小尺度纳米级孔喉连通。因此，核磁共振结合高压压汞可能是一种有效、精确的页岩油储层孔隙结构表征方法。

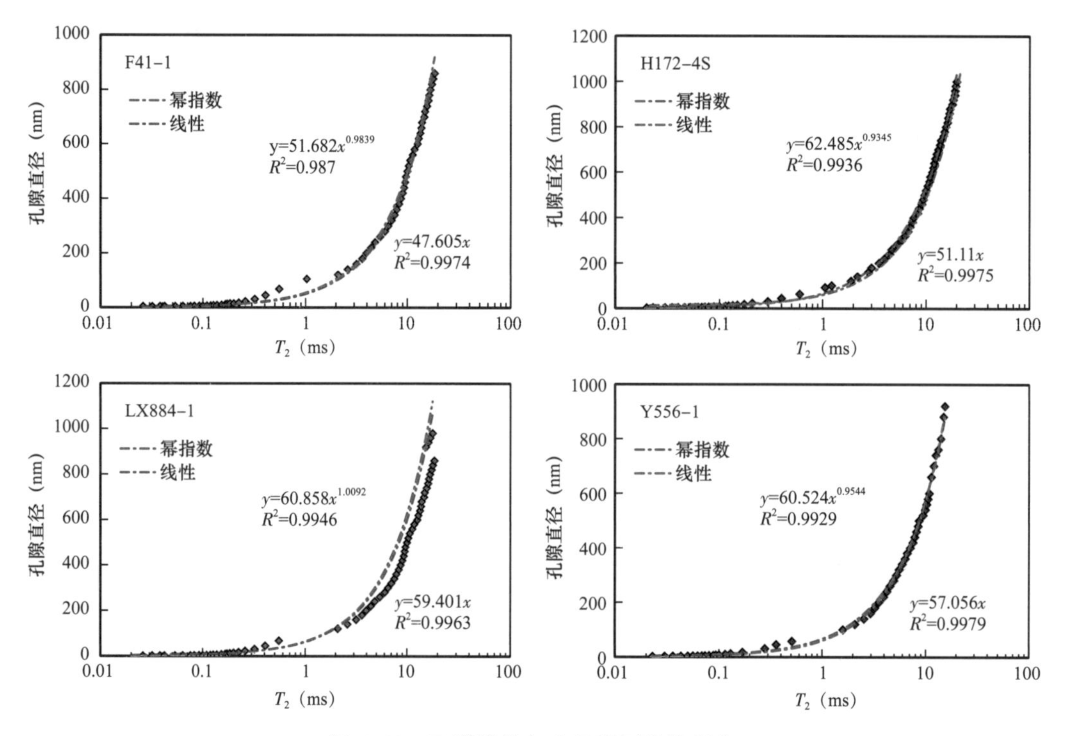

图4-23　T_2谱线性与非线性幂指数拟合

表4-5　T_2谱孔径分布标定结果

样品编号	F_s	线性转换模型			非线性幂指数转换模型				
		C	ρ_2	R^2	C_k	k	$\rho_{2,0}F_s$	$\rho_{2,0}$	R^2
B172-1	6	53.8924	8.9821	0.9204	58.9878	1.0513	48.3437	8.0573	0.9848
B172-2	6	49.6760	8.2793	0.9189	52.3920	1.1326	32.9595	5.4933	0.9669
B172-3	2	69.3220	34.6610	0.8635	47.9170	1.0908	34.7219	17.3609	0.9085
F169-5	6	20.2020	3.3670	0.9091	35.9840	0.8854	57.2165	9.5361	0.9426
F169-3	2	67.7950	33.8975	0.8585	46.3390	1.0762	35.3175	17.6587	0.9084
F169-4	2	52.9642	26.4821	0.9892	67.8400	0.9162	99.7705	49.8853	0.9977
F169-1	6	54.2110	9.0352	0.9729	49.9750	1.1046	34.5056	5.7509	0.9698
F169-2	6	54.3521	9.0587	0.9475	48.3470	1.1411	29.9290	4.9882	0.9641
F41-3	2	53.8160	26.9080	0.9930	42.8130	1.1140	29.1481	14.5740	0.9857
F41-1	2	48.4660	24.2330	0.9963	43.3650	1.0557	35.5436	17.7718	0.9894

续表

样品编号	F_s	线性转换模型			非线性幂指数转换模型				
		C	ρ_2	R^2	C_k	k	$\rho_{2,0}F_s$	$\rho_{2,0}$	R^2
F41-2	2	69.5163	34.7581	0.6999	70.1800	1.2060	33.9513	16.9757	0.9487
H172-1	6	37.9930	6.3322	0.9840	58.8160	0.8716	107.1937	17.8656	0.9903
H88-1	2	60.4160	30.2080	0.9532	56.9360	1.1080	38.3958	19.1979	0.9800
H88-2	2	65.1172	32.5586	0.9591	66.0235	1.0535	53.3664	26.6832	0.9917
L752-2	2	33.0050	16.5025	0.9625	40.3730	0.9856	42.6144	21.3072	0.9717
L752-3	2	53.6130	26.8065	0.9885	54.4590	1.0297	48.5284	24.2642	0.9935
L76-1	2	72.9246	36.4623	0.8352	61.2700	1.2284	28.5062	14.2531	0.9531
L76-2	2	59.1253	29.5626	0.9241	56.5210	1.1111	37.7576	18.8788	0.9650
LX884-1	4	68.9700	17.2425	0.9938	64.3780	1.0967	44.5918	11.1479	0.9944
Y556-1	4	56.4400	14.1100	0.9975	63.5900	0.9549	77.3683	19.3421	0.9934
Y556-2	4	48.2075	12.0519	0.9934	59.7180	0.9192	85.5518	21.3880	0.9945
Y556-3	6	41.7086	6.9514	0.9556	46.4490	0.9511	56.5826	9.4304	0.9832
N15-1	6	51.6150	8.6025	0.9840	66.6680	0.9187	96.6773	16.1129	0.9955
N5-3	2	87.9050	43.9525	0.7538	66.2520	1.3088	24.6322	12.3161	0.9429
F41-4S	2	32.4129	16.2064	0.9468	37.1440	0.9420	46.4033	23.2016	0.9793
H172-3S	6	34.1500	5.6917	0.9915	53.1480	0.8392	113.7914	18.9652	0.9855
H172-4S	6	51.1100	8.5183	0.9974	60.7500	0.9351	80.7853	13.4642	0.9936
LX884-2S	4	47.9770	11.9943	0.9974	47.3100	1.0159	44.5387	11.1347	0.9943
Y556-5S	4	36.6278	9.1570	0.9900	52.4510	0.8648	97.4124	24.3531	0.9902
平均值		52.8804	19.0542	0.9406	54.3585	1.0313	55.0381	16.9434	0.9744
标准偏差		14.4483	11.7474	0.0746	9.6043	0.014	26.9793	8.6424	0.0246

3. 线性与非线性幂指数模型对比

线性和非线性幂指数模型标定核磁共振孔径分布在中孔和大孔部分具有较好的一致性，但在微小孔部分存在一定差异（图 4-24）。为了进一步对比标定模型差异，分别计算了线性与非线性模型表面弛豫率，而这需要首先确定孔隙形状因子。页岩发育复杂且多样的孔隙类型，具有复杂多变的孔隙形态，而氮气吸附—脱附迟滞回线可反映页岩主要孔隙形态特征[11]。此外，扫描电镜也可直观显示页岩孔隙形态。因此，综合采用氮气吸附迟滞回线和扫描电镜微观观测确定页岩孔隙形态分布。氮气吸附—脱附迟滞回线共发育 4 种类型：H2 型、H3 型、H4 型和 H2—H3 混合型。H2 型页岩大量发育墨水瓶孔，即球形孔隙，同时扫描电镜显示该类页岩孔隙主要呈圆形或椭圆形（图 4-25a）。

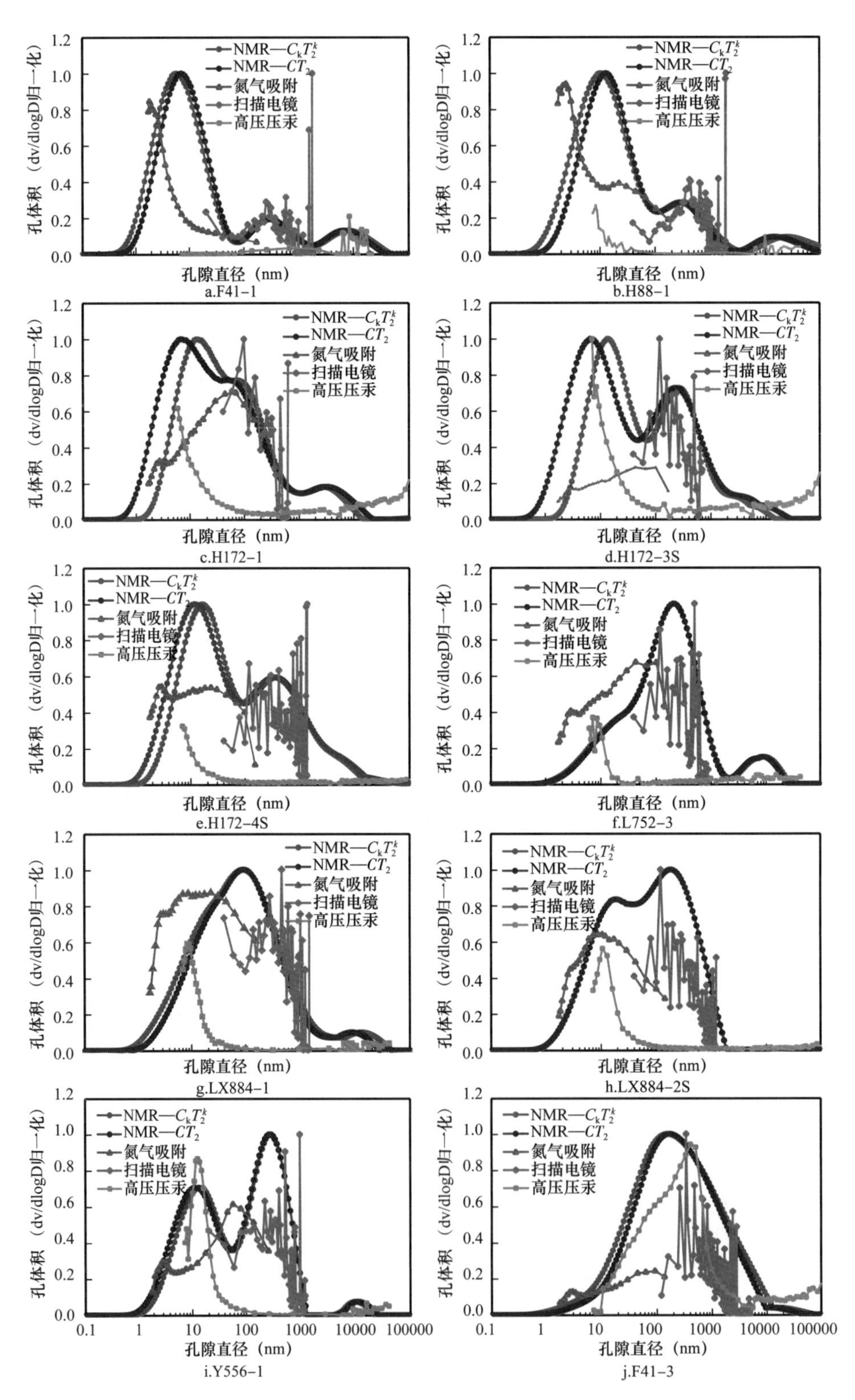

图 4-24 页岩孔径（孔喉）分布

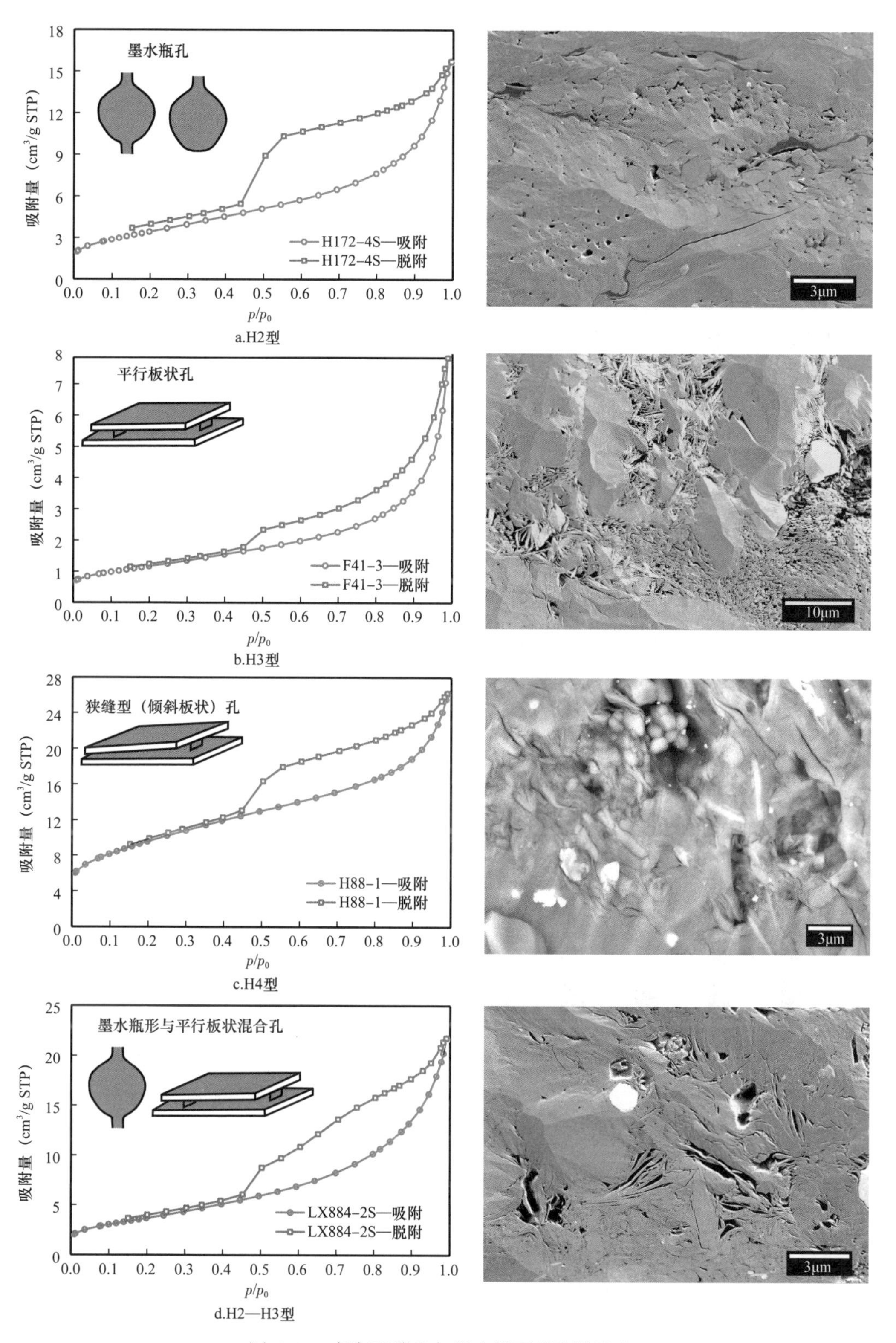

图 4-25　氮气吸附和扫描电镜页岩孔隙形态

H3 型页岩主要发育平行板状孔隙，与扫描电镜大量发育的板状孔隙具有很好的一致性（图 4–25b）。H4 型页岩孔隙主要为狭缝型或倾斜板状孔隙，对应于广发发育的黏土矿物狭缝型孔（图 4–25c）。H2—H3 混合型页岩同时发育墨水瓶形孔和平行板状孔，扫描电镜可观测到大量的圆形 / 椭圆形孔和板状孔隙（图 4–25d）。基于页岩孔隙形态可获取孔隙形状因子，球形、板状孔隙分别为 6 和 2，H2—H3 型页岩孔隙形状因子为球形孔隙和板状孔隙均值 4（表 4–5）。

线性模型转换系数 C 分布在 20.2020～87.9050μm/s，平均为 52.8804μm/s，具有很好的相关性，相关系数平均为 0.9406，分布在 0.6999～0.9975（表 4–5）。由孔隙形状因子计算线性转换模型表面弛豫率（ρ_2）介于 3.3670～43.9525μm/s，平均为 19.0542μm/s，不同样品差异较大，从 0～40μm/s 均有较多分布，标准偏差较大为 14.4483（图 4–26）。非线性幂指数模型转换系数 C_k 分布在 35.9840～70.1800，平均为 54.3585，具有更好的相关性，相关系数分布在 0.9084～0.9977，平均值高达 0.9744（表 4–5）。模型指数（k）与孔隙形状因子有关，随着孔隙形状因子增加，呈减小趋势（表 4–5）。非线性模型初始表面弛豫率（$\rho_{2,0}$）分布在 4.9853～49.8853μm/s，平均为 16.9434μm/s，分布相对较为集中，主要分布在 10～20μm/s，且同一井位样品通常具有相近的初始表面弛豫率（如 LX884–1 样品和 LX884–2S 样品），具有较小标准偏差仅为 8.6424（图 4–26）。前人研究表明，同一地区岩石样品应具有相似的表面弛豫率[152, 153]，因此非线性转换模型具有更高的转换精度和适用性。此外，当页岩 T_2 谱无标定孔径分布时，可采用线性模型转换系数均值，即 C=52.8804μm/s，标定 T_2 谱获取页岩近似孔径分布。

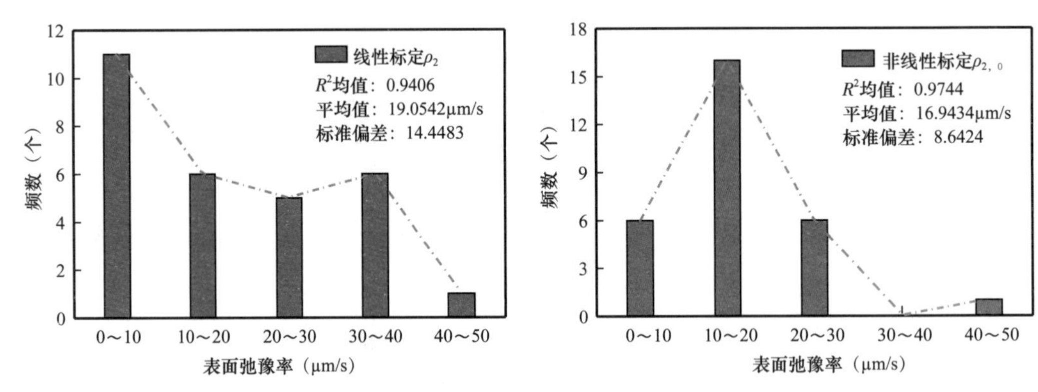

图 4–26　页岩线性和非线性模型核磁共振表面弛豫率分布

4. 核磁共振孔径分布

研究分析了 38 块页岩样品核磁共振孔径分布，其中 29 块样品采用非线性幂指数模型标定，而 9 块页岩样品采用线性转换系数均值近似标定（图 4–27）。标定核磁共振孔径分布三个峰与微小孔、中孔和大孔具有很好的一致性，表明页岩 T_2 谱标定结果能够有效、精确描述页岩孔径分布特征。

38 块页岩样品 T_2 谱几何平均值（$T_{2,gm}$）分布在 0.278～9.010ms，平均为 1.322ms，

对应平均孔隙直径介于11.58～508.40nm，平均为73.86nm（表4-6）。页岩孔隙以微小孔为主，微小孔含量分布在16.41%～97.83%，平均为65.91%，其次为中孔，介于1.35%～54.35%，平均为25.95%，大孔含量较低，平均为8.15%，分布在0.10%～29.24%（表4-6）。

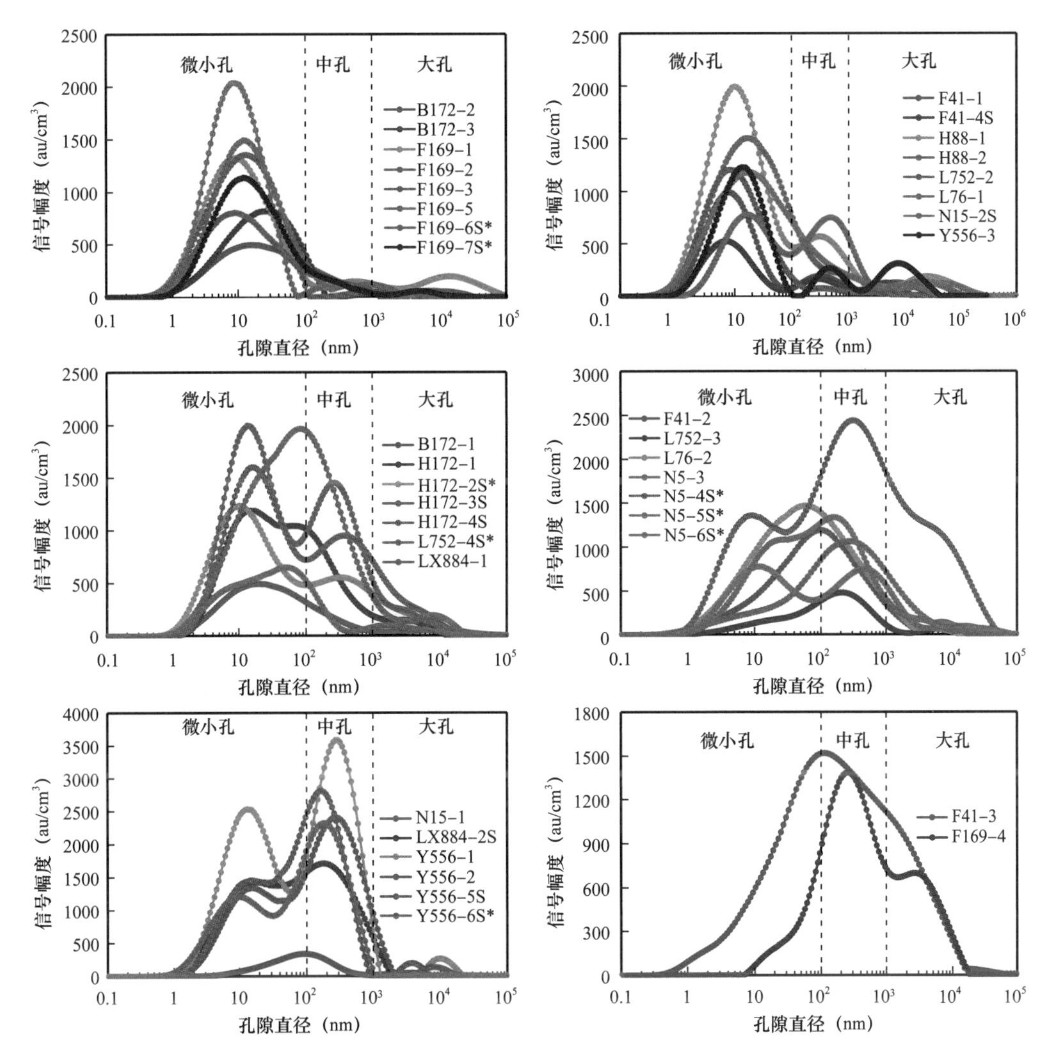

图4-27　页岩核磁共振孔径分布

* 表示线性近似标定

表4-6　页岩核磁共振孔隙结构参数

样品编号	$T_{2,\ gm}$（ms）	平均孔径（nm）	不同孔径段孔体积占比（%）		
			微小孔	中孔	大孔
B172-1	0.673	38.90	75.88	17.69	6.43
B172-2	0.308	13.80	89.46	7.12	3.42

续表

样品编号	$T_{2,gm}$（ms）	平均孔径（nm）	不同孔径段孔体积占比（%）		
			微小孔	中孔	大孔
B172-3	0.448	19.96	92.20	7.09	0.71
F169-5	0.278	11.58	93.40	4.59	2.01
F169-3	0.285	12.00	97.83	1.35	0.83
F169-4	9.010	508.40	16.41	54.35	29.24
F169-1	0.542	25.41	81.99	6.26	11.75
F169-2	0.433	18.60	84.83	10.93	4.25
F41-3	4.367	221.18	40.53	38.47	21.00
F41-1	0.450	18.67	79.34	11.26	9.40
F41-2	1.151	83.15	54.60	40.02	5.38
H172-1	0.879	52.56	69.34	24.71	5.95
H88-1	0.590	31.73	76.18	15.53	8.29
H88-2	0.621	39.97	77.38	14.56	8.06
L752-2	0.314	12.89	93.33	4.65	2.02
L752-3	2.669	149.65	40.31	50.53	9.16
L76-1	0.754	43.31	73.14	16.87	9.99
L76-2	1.028	58.28	64.16	31.06	4.78
LX884-1	1.154	75.33	60.01	33.77	6.21
Y556-1	1.122	70.98	51.16	46.53	2.31
Y556-2	1.695	97.00	45.12	50.91	3.98
Y556-3	1.007	46.76	75.13	8.97	15.90
N15-1	1.406	91.17	57.83	35.46	6.71
N5-3	2.212	187.26	33.75	49.56	16.68
F169-6S*	0.299	15.81	93.18	6.72	0.10
F169-7S*	0.404	21.36	88.53	8.80	2.66
F41-4S	0.797	30.00	71.84	16.40	11.76
H172-2S*	0.879	46.48	66.38	22.85	10.77
H172-3S	1.143	59.46	60.30	33.05	6.65

续表

样品编号	$T_{2,\ gm}$（ms）	平均孔径（nm）	不同孔径段孔体积占比（%）		
			微小孔	中孔	大孔
H172-4S	1.225	73.45	58.94	28.48	12.58
L752-4S*	0.710	37.55	77.66	14.88	7.46
LX884-2S	1.275	60.55	58.48	39.53	1.99
N15-2S*	0.405	21.42	52.90	34.92	12.18
N5-4S*	1.577	83.39	35.72	37.13	27.15
N5-5S*	4.246	224.53	52.90	34.92	12.18
N5-6S*	1.590	84.08	53.94	38.43	7.62
Y556-5S	1.196	61.23	56.36	41.94	1.71
Y556-6S*	1.109	58.64	54.00	45.69	0.31

* 表示线性近似标定。

二、页岩孔隙连通性表征

（一）自发渗吸—核磁共振评价页岩孔隙连通性

自发渗吸是润湿相流体在毛细管力的作用下自发吸入孔隙驱替非润湿相的过程[116]。自发渗吸最初阶段毛细管力最强，润湿相流体被迅速吸入孔隙网络，随着润湿相流体吸入量增加，毛细管力逐渐下降。在双对数坐标系下，累计润湿相吸入量与自吸时间形成自吸斜率。自吸斜率可定量评价孔隙连通性，孔隙连通性好的岩石自吸斜率可达到 0.5，而孔隙连通性差的岩石自吸斜率通常小于 0.5[113]。核磁共振技术可实时有效监测页岩流体自吸过程，因此采用自发渗吸与核磁共振监测相结合，实时动态监测页岩自吸油（正十二烷）过程不同尺度孔隙自吸和流体迁移动态变化，揭示页岩孔隙网络连通性。

本书共进行了 13 块页岩样品自发渗吸—核磁共振分析，页岩自吸时间介于 100～2022min，每个样品依次测试不同自吸饱和度 T_2 谱 7～13 条。自吸最初阶段，页岩自吸油量随时间增加迅速增加，随后页岩自吸速率逐渐降低，直至达到平衡状态（图 4-28）。页岩样品孔隙结构越好，自吸速率越快，达到平衡状态越快。

在双对数坐标中，累计页岩自吸油量与自吸时间呈线性关系，表现为明显的三段分布：快速上升段、缓慢上升段和稳定段（图 4-29）。快速上升段润湿相流体经连通孔隙大量吸入页岩孔隙网络，快速上升段斜率可有效表征页岩孔隙连通性。快速上升段斜率（k_1）分布在 0.3047～0.4776，平均为 0.3980，均分布在小于 0.5 的范围内，反映了页岩相对较差的孔隙连通性。缓慢上升段反映了页岩第二阶段自吸特征，是页岩孔隙逐渐自吸饱和过程，其斜率（k_2）不反映页岩孔隙连通性，通常快速上升段斜率越高，缓慢上升段斜率越高，其值分布在0.1309～0.3440，平均为0.2422。稳定段反映了页岩自吸饱和过程，通常页岩孔隙连通性越好，即快速上升段斜率越大，稳定段斜率越小，分布在0.0099～0.2029，平均为0.0932。

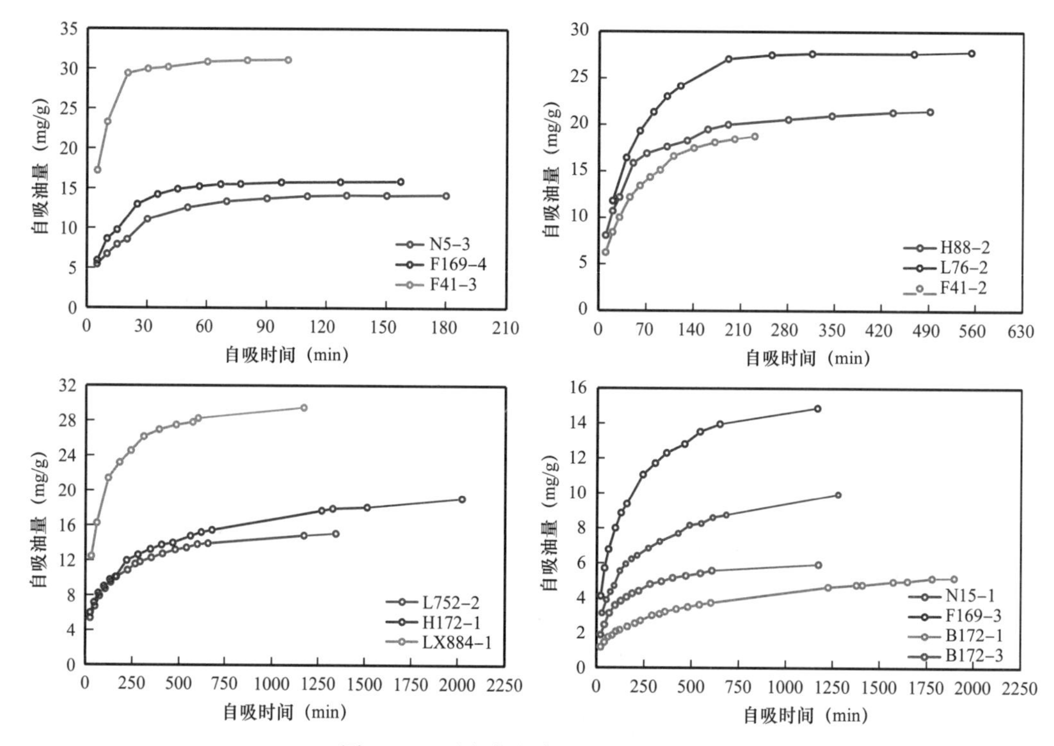

图4-28　页岩自发渗吸油量变化曲线

页岩自吸核磁共振测试可有效揭示页岩不同尺度孔隙流体自吸过程，根据页岩饱和油 T_2 谱特征，将自吸样品分为4类。第一类以p1峰为主，样品微小孔发育，中孔和大孔含量较低（B172-3、F169-3、H88-2和L752-2）。以p1峰为主页岩中孔和大孔主要作为连通微小孔渗流通道，孔隙自发渗吸时在毛细管力作用下流体优先进入中孔和大孔，且二者较快自吸饱和，然后流体自吸进入微小孔（图4-30a）。该类样品主要为微小孔流体自吸，自吸速率较低，快速上升段平均斜率为0.3905，孔隙连通性较差（图4-28和图4-29）。第二类以p1峰和p2峰为主，微小孔和中孔含量较高，大孔含量较低（B172-1、H172-1和LX884-1）。该类样品大孔作为流体自吸通道优先自吸，且很快饱和，同时由于微小孔孔径更小，毛细管力较大，优先吸入流体饱和，中孔自吸速率小于微小孔（图4-30b）。第二类页岩主要为微小孔和中孔自吸，自吸速率最慢，快速上升段斜率平均值为0.3480，孔隙连通性最差。

第三类以p2峰为主，含一定幅度p1峰，中孔含量较高（N15-1、N5-3、F41-2和L76-2）。与第二类样品相似，该类样品大孔含量较低，主要作为自吸流体渗流通道优先自吸饱和，而微小孔含量较低，且孔径较小，因此微小孔较快自吸饱和，中孔逐渐自吸

饱和，自吸速率衰减较慢（图 4-31a）。第三类样品主要表现为中孔自吸，自吸速率较高，快速上升段斜率平均为 0.4137，孔隙连通性较好。第四类以 p2 峰和 p3 峰为主，中孔和大孔发育，微小孔含量较低（F41-3 和 F169-4）。该类页岩流体自吸时，仅有部分大孔作为流体自吸通道，且很快自吸饱和，大孔由于孔径较大，毛细管力较小，大量孔隙难以自吸饱和，导致大孔自吸饱和度较低（图 4-15 和图 4-31b）。微小孔和中孔自吸与第三类页岩相似，微小孔较快自吸饱和，而中孔逐渐自吸饱和。第四类页岩以中孔自吸为主，自吸速率最高，自吸斜率最大，平均为 0.4568，孔隙连通性最好。

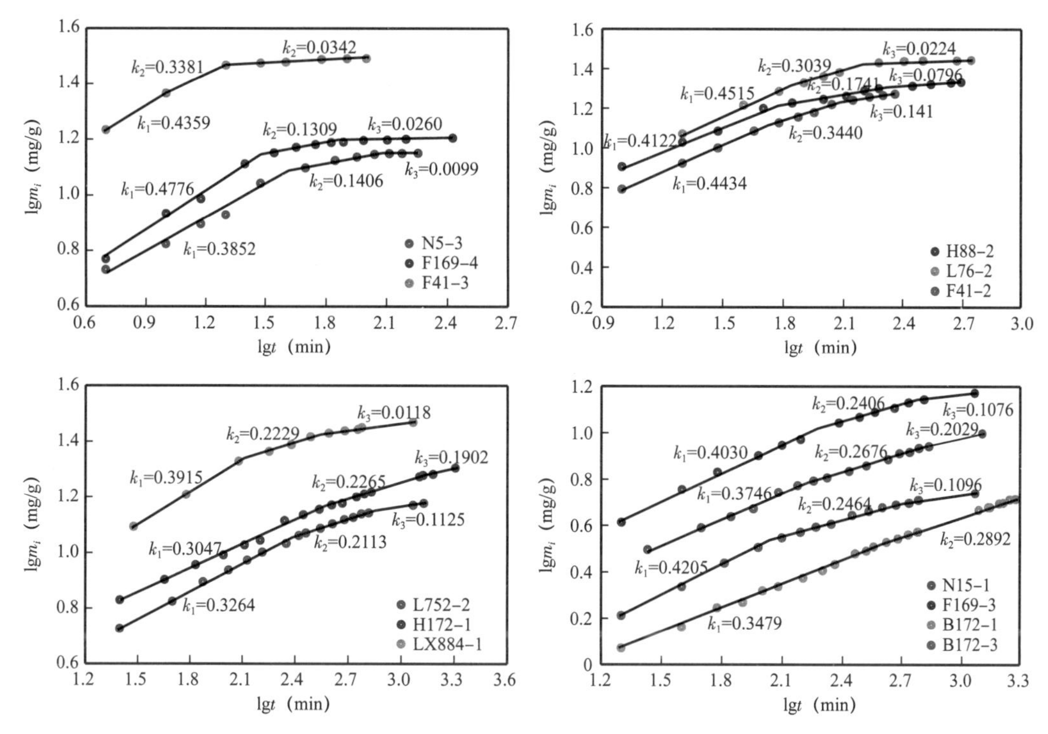

图 4-29　页岩自发渗吸斜率

k_1、k_2 和 k_3 分别表示三个阶段斜率；m_i、t 表示自吸油量和时间

（二）高压压汞分析页岩孔隙连通性

高压压汞是探测页岩连通孔隙的有效方法，可有效反映页岩可及孔隙度（连通孔隙度）、渗透率、有效迂曲度等特性。页岩孔隙连通性越好，连通孔隙度及其所占比例越高，渗透率越高，有效迂曲度越低。东营凹陷 26 块页岩样品高压压汞连通孔隙度分布在 0.96%～12.14%，平均为 5.30%（表 4-9）。核磁共振孔隙度反映了页岩总孔隙度，因此高压压汞连通孔隙度与核磁共振孔隙度比值可反映页岩孔隙连通性，该值介于 0.27～1.07，平均为 0.62，相对较小，反映了页岩较差的孔隙连通性。

根据进汞曲线，应用 Katz 和 Thompson（KT）方法[126, 127]可定量计算页岩基质渗透率：

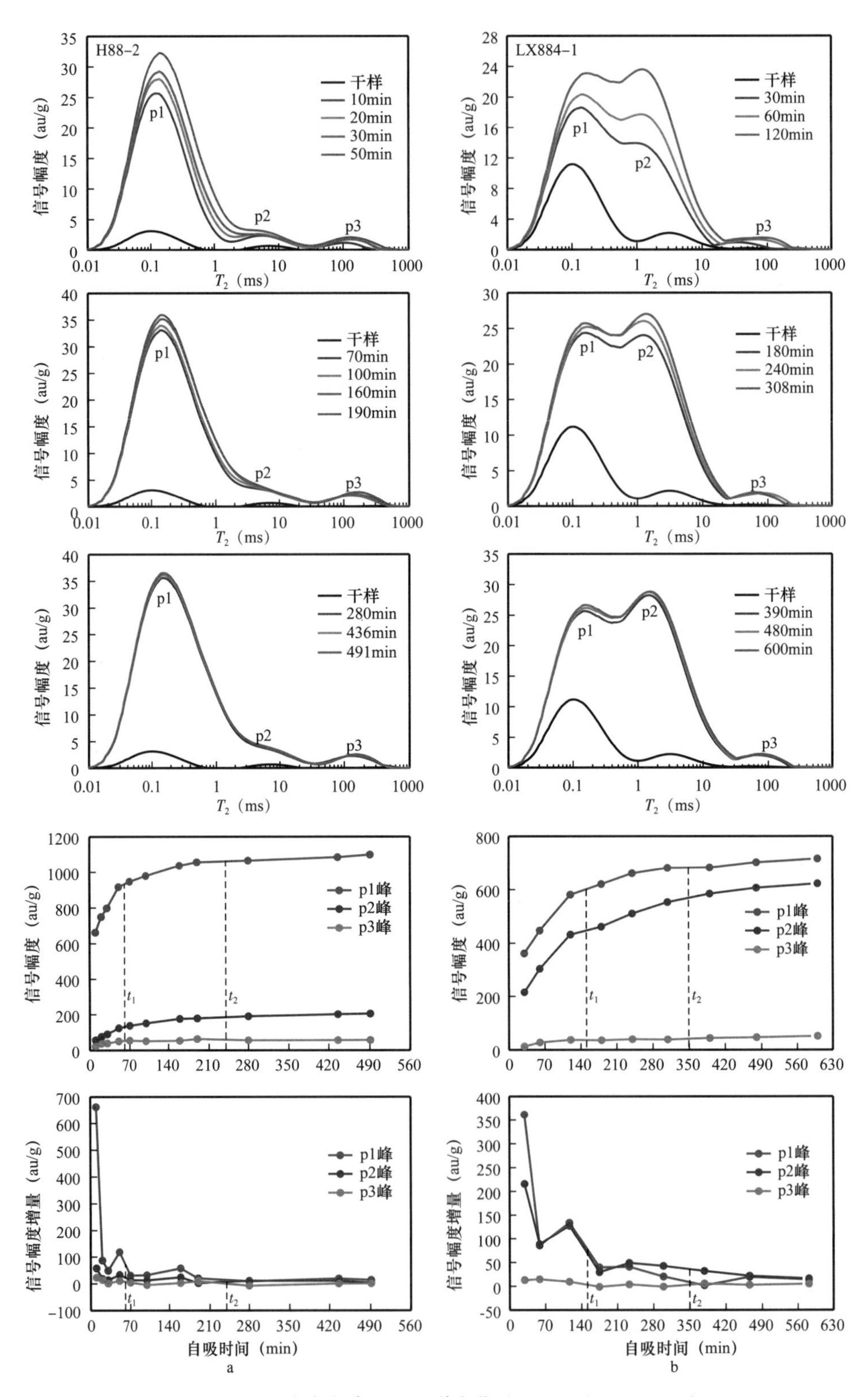

图 4-30　页岩自发渗吸—T_2 谱变化（H88-2 和 LX884-1）

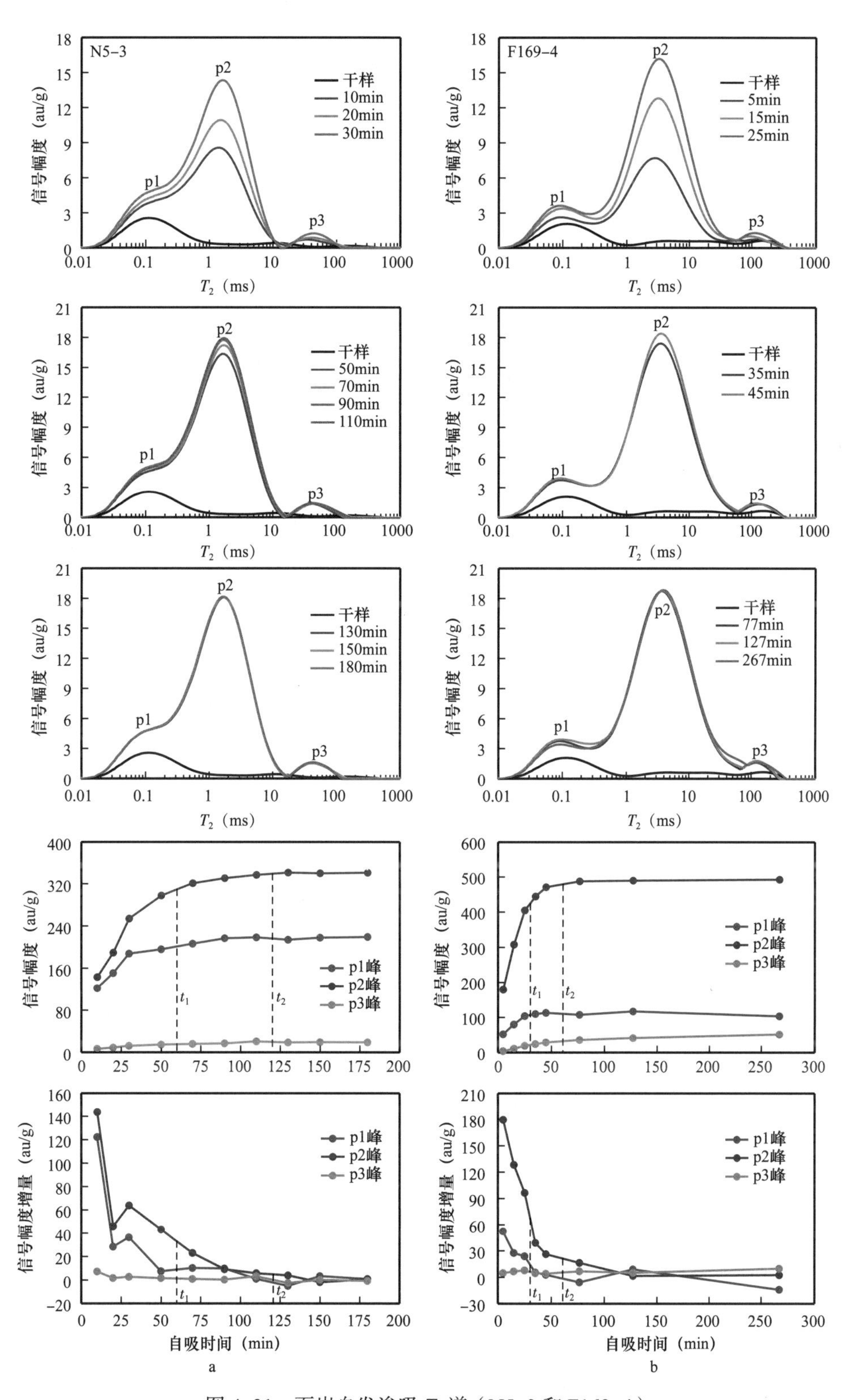

图 4-31 页岩自发渗吸 T_2 谱（N5-3 和 F169-4）

$$K = \frac{1}{89}\frac{L_{\max}}{L_c}\phi S_{L_{\max}} \tag{4-13}$$

式中，K 为绝对渗透率，D；$L_{\max}$ 为最大液压导率时的孔喉直径，μm；L_c 为临界孔喉直径，μm；ϕ 为孔隙度；$S_{L_{\max}}$ 为 $L_{\max}$ 时的汞饱和度。

高压压汞计算页岩渗透率的关键是确定 L_c 和 $L_{\max}$。L_c 为累计孔体积与进汞压力曲线临界压力（p_c）对应的孔喉直径。当进汞压力小于 p_c 时，随着进汞压力增加累计孔体积（进汞量）缓慢增加，当进汞压力大于 p_c 时，进汞压力增加累计孔体积迅速增加（图 4-32a）[126]。$L_{\max}$ 指累计孔体积 × 孔径 ^{3} 与孔隙直径曲线最大值对应的孔喉直径，即最佳渗流孔径（图 4-32b）[127]。计算结果显示，页岩高压压汞渗透率分布在 1×10^{-9}～73439×10^{-9}D，主要分布在小于 20×10^{-9}D，渗透率极低，表明页岩较差的孔隙连通性（表 4-9）。

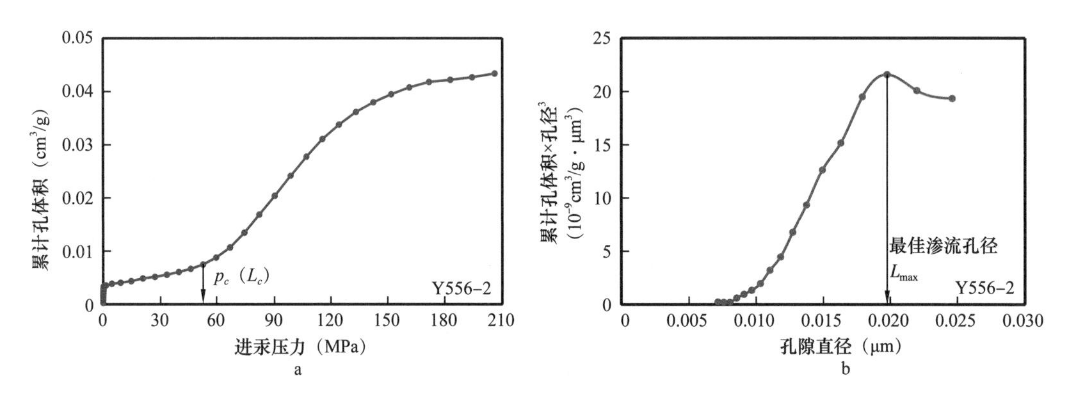

图 4-32　高压压汞计算页岩基质渗透率确定 L_c 和 $L_{\max}$

基于高压压汞渗透率，有效迂曲度（τ）通过下式计算得到[128，129]：

$$\tau = \sqrt{\frac{\rho}{24K\left(1+\rho V_t\right)}\int_{r_{c,\min}}^{r_{c,\max}} r_c^2 f_v\left(r_c\right)\mathrm{d}r_c} \tag{4-14}$$

式中，ρ 为汞的密度，g/cm^3；V 为孔体积，cm^3/g；r_c 为孔喉半径，μm；$\int_{r_{c,\min}}^{r_{c,\max}} r_c^2 f_v\left(r_c\right)\mathrm{d}r_c$ 表示孔喉体积概率密度分布函数。

同时通过下式可获取几何孔道迂曲度（L_e/L）[158]：

$$\tau = \frac{1}{\phi}\left(\frac{L_e}{L}\right)^2 \tag{4-15}$$

式中，L_e 和 L 分别为流体分子在给定的两点间运移的实际距离和直线距离。

页岩有效迂曲度介于 4.64～534.79，平均为 172.73（表 4-7，图 4-34），几何孔道迂曲度分布在 6.13～38.83，平均为 21.25。较高的有效迂曲度及几何孔道迂曲度反映了页岩相对较差的孔隙连通性。

表 4-7　页岩孔隙连通性参数

样品编号	k_1	k_2	k_3	渗透率（10^{-9}D）	τ	L_e/L	ϕ_M（%）	ϕ_M/ϕ_N
B172-1	0.3479	0.2892		1	534.79	23.20	1.01	0.33
B172-2				7	264.54	28.59	3.09	0.58
B172-3	0.4205	0.2734	0.1189	56	101.99	17.69	3.07	0.77
F169-1				19	6.20	6.13	6.06	0.77
F169-3	0.403	0.2406	0.1076	6	198.94	25.68	3.31	0.52
F169-4	0.4776	0.1309	0.0260	46994	5.53	6.79	8.32	1.06
F169-5				2	333.59	26.53	2.11	0.27
F41-2	0.4434	0.344	0.1410	318	44.03	18.68	7.92	1.07
F41-3	0.4359	0.3381	0.0342	73439	4.64	7.50	12.14	0.98
F41-4S				3	372.71	22.35	1.34	0.49
H172-1	0.3047	0.2118	0.1796	11	265.24	29.89	3.37	0.43
H172-3S				7	377.01	38.83	4.00	0.33
H172-4S				8	289.38	31.27	3.38	0.32
H88-1				6	148.71	21.51	3.11	0.28
H88-2	0.4122	0.1741	0.0796	22	92.89	21.03	4.76	0.53
L752-2	0.3264	0.2113	0.1125	5	314.48	29.08	2.69	0.48
L752-3				2	480.25	21.42	0.96	0.38
L76-1				17	33.71	11.86	4.17	0.51
L76-2	0.4515	0.3039	0.0244	560	24.44	13.68	7.65	0.77
LX884-1	0.3915	0.2229	0.0818	17	157.18	34.11	7.40	0.59
LX884-2S				48	82.28	23.86	6.92	0.57
N15-1	0.3746	0.2676	0.2029	2	211.48	18.08	1.55	1.06
N5-3	0.3852	0.1406	0.0099	2434	16.46	8.86	4.77	0.72
Y556-1				77	47.10	23.42	11.65	0.58
Y556-2				61	19.44	14.58	10.94	0.77
Y556-5S				120	64.02	27.82	12.09	0.81

注：k_1、k_2 和 k_3 分别表示自发渗吸快速上升段、缓慢上升段和稳定段斜率；ϕ_M 表示高压压汞连通孔隙度；ϕ_N 表示核磁共振孔隙度。

页岩自发渗吸斜率与高压压汞连通孔隙比、基质渗透率、有效迂曲度、几何孔道迂曲度具有较好的一致性，均反映了页岩较差的孔隙连通性（图 4–33a 至 d）。页岩高压压汞基质渗透率越高，连通孔喉比越大，有效迂曲度和几何孔道迂曲度越小，自发渗吸快速上升段斜率越高，孔隙连通性越好。缓慢上升段斜率与渗透率、连通孔隙比和迂曲度等无明显相关性，进一步表明其值大小不反映页岩孔隙连通性。而稳定段斜率与渗透率呈负相关，与有效迂曲度和几何孔道迂曲度呈正相关，表明页岩孔隙连通性越好，页岩自吸饱和越快，稳定段斜率越小。页岩孔隙连通性与高压压汞连通孔体积和平均孔喉直径密切相关，连通孔体积越大，平均孔喉直径越大，孔隙连通性越好（图 4–33e 和 f）。

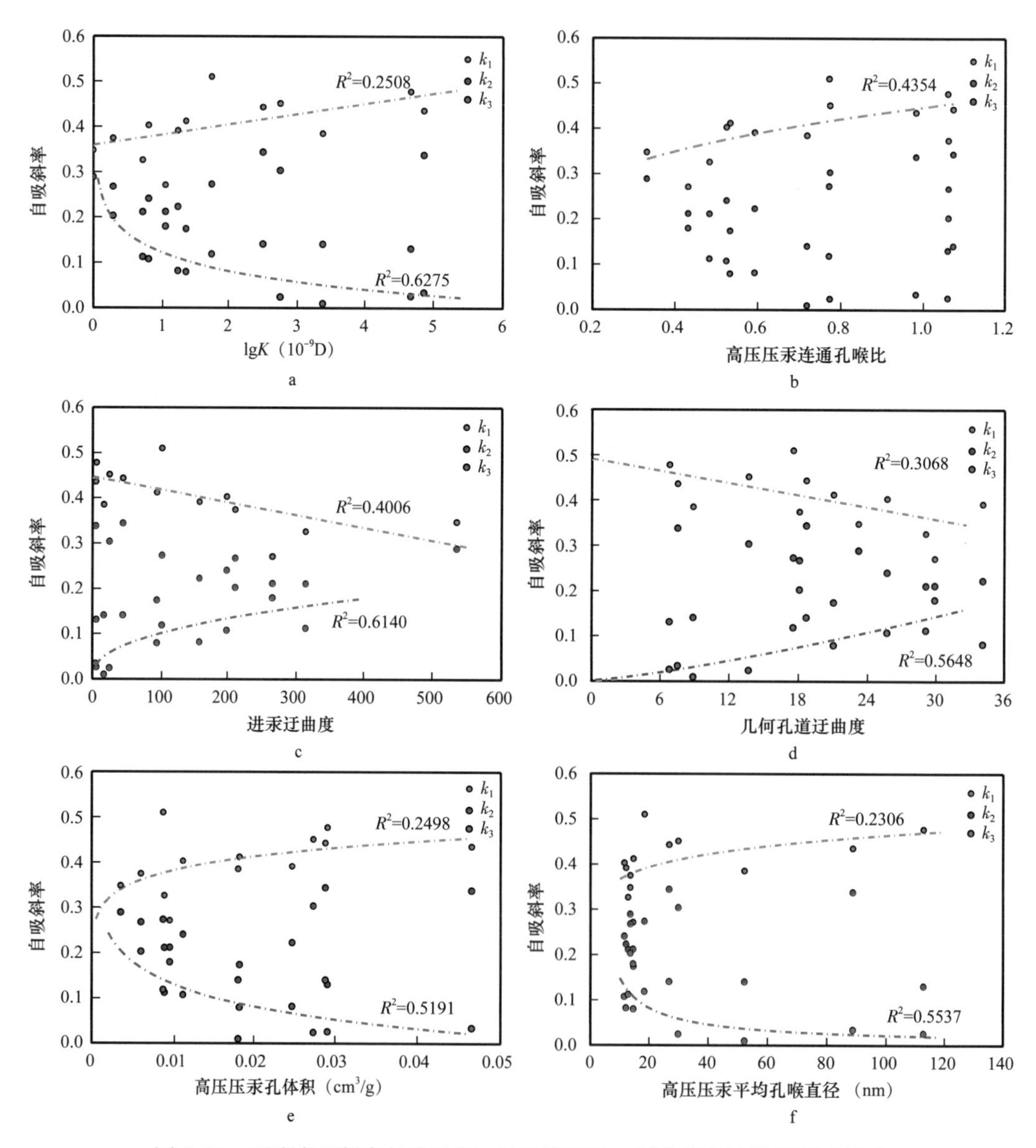

图 4–33　页岩自吸斜率与渗透率、连通孔喉比、迂曲度相关性及影响因素

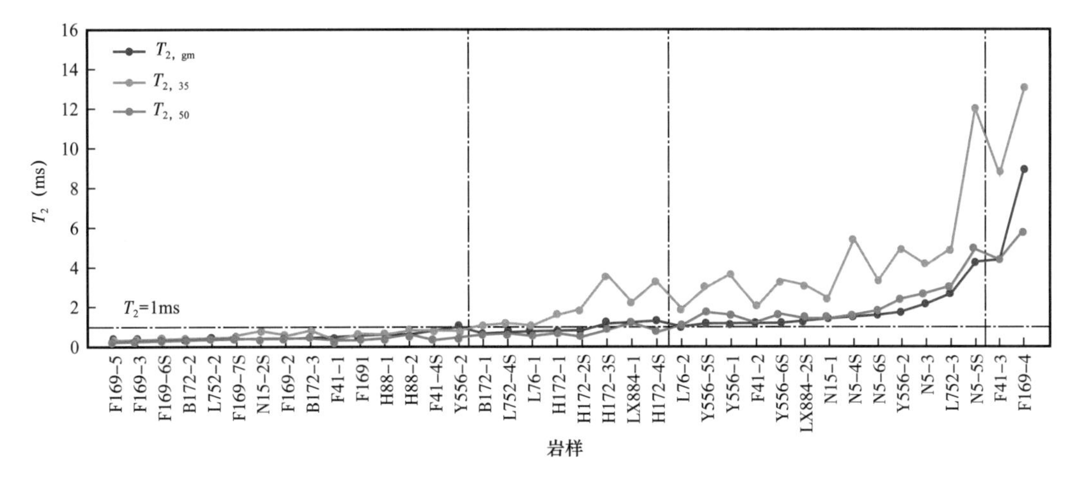

图 4-34　页岩核磁共振参数 $T_{2,\ gm}$、$T_{2,\ 35}$ 和 $T_{2,\ 50}$ 分布

三、页岩储层分级及非均质性定量评价

（一）页岩储层分级评价

T_2 谱可有效指示页岩孔隙结构差异，不同孔隙结构页岩 T_2 谱分布特征不同，具有不同的 T_2 谱孔隙结构参数。$T_{2,\ gm}$ 是表征页岩孔隙结构的关键参数，反映了 T_2 谱分布的整体特性。高压压汞孔隙结构参数分析中，p_{c50} 指进汞饱和度 50% 时对应的进汞压力，是描述进汞曲线形态的关键参数。r_{35} 是进汞饱和度为 35% 对应的孔喉半径，是表征储层渗透性的关键参数。p_{c50} 和 r_{35} 可有效反映储层孔隙结构特征。因此，参考 p_{c50} 和 r_{35}，构建了 $T_{2,\ 35}$ 和 $T_{2,\ 50}$ 两个核磁共振 T_2 谱孔隙结构参数[65]，二者分别表示由大到小累计孔体积曲线 35% 和 50% 时对应的 T_2。不同孔隙结构页岩 $T_{2,\ gm}$、$T_{2,\ 35}$ 和 $T_{2,\ 50}$ 具有显著差异，据此可将页岩储层划分为四级（图 4-34）。

Ⅰ级页岩储层 T_2 孔隙结构参数最大，$T_{2,\ gm}$、$T_{2,\ 35}$ 和 $T_{2,\ 50}$ 均大于 1ms，且 $T_{2,\ gm}>T_{2,\ 50}$，T_2 谱以 p2 峰和 p3 峰为主，中孔和大孔发育，含量最高，二者平均含量分别为 46.41% 和 25.12%，微小孔较少，平均含量为 28.47%，发育样品较少（图 4-35a，表 4-8，表 4-9）。Ⅰ级页岩储层具有最大孔隙分布，$T_{2,\ gm}$ 最高，平均为 6.74ms，平均孔隙直径为 364.79nm，具有较高的核磁共振孔隙度，平均为 10.11%。发育较好的氮气吸附迟滞回线类型（H3 型），BET 表面积和氮气吸附孔隙度最小，平均分别为 2.83m²/g 和 2.14%，平均孔径较高，平均为 13.73nm，反映页岩微小孔发育较少。进汞曲线为Ⅲ型，孔喉直径最大，孔喉表面积最小，连通孔隙度最高，10nm 以下孔喉分布最少。

Ⅰ级页岩储层孔隙连通性最好，具有最高的自发渗吸快速上升段斜率（0.4568，平均值，下同）和连通孔喉比（1.02），最小的有效迂曲度（5.09）和几何孔道迂曲度（7.15）。Ⅰ级储层为最优页岩油储层，具有最大的孔隙（喉）直径，最小的 BET 表面积和最优的孔隙连通性，最有利于页岩油储集和渗流。

Ⅱ级页岩储层 $T_{2,\ gm}$、$T_{2,\ 35}$ 和 $T_{2,\ 50}$ 均大于 1 ms，但 $T_{2,\ gm}<T_{2,\ 50}$，T_2 谱以 p2 峰为主，含一定幅度 p1 峰，中孔含量相对较多，平均为 41.67%（31.06%～50.91%），微小孔含量相对较低，平均为 50.64%（33.75%～64.16%），发育样品较多（图 4–35b，表 4–8，表 4–9）。Ⅱ级页岩储层具有较大孔隙分布，$T_{2,\ gm}$ 较高，分布在 1.03～4.25ms，平均为 1.72ms，平均孔隙直径较高，平均值为 100.76nm，介于 58.28～224.53nm，具有最高的核磁共振孔隙度，平均为 10.64%，分布在 1.46%～21.31%。氮气吸附迟滞回线类型较好，主要为 H3 型和 H2—H3 混合型，具有较小的孔隙表面积，介于 2.24～15.11m^2/g，平均为 9.66m^2/g，最高的氮气吸附孔隙度，平均为 6.53% 和较大平均孔隙直径，平均为 11.95nm。进汞曲线类型较好，发育 I–2 和Ⅱ型，连通孔隙度较高，分布在 0.96%～19.07%，平均为 8.12%，10nm 孔喉发育较少，平均为 17.64%。Ⅱ级页岩储层孔隙连通性较好，k_1 较高，介于 0.3746～0.41515，平均为 0.4137，有效迂曲度和几何孔道迂曲度相对较低，平均值分别为 109.95 和 18.93，连通孔喉比较高，平均为 0.75。Ⅱ级页岩储层为相对较优页岩油储层，孔隙（喉）相对较大，具有最大的孔隙度和相对较小的孔隙表面积，孔隙连通相对较好，较有利于页岩油储集和渗流。

Ⅲ级页岩储层通常仅 $T_{2,\ 35}>$1ms，且 $T_{2,\ gm}>T_{2,\ 50}$，T_2 谱以 p1 峰为主，含一定幅度 p2 峰，微小孔含量较高，平均为 67.71%，分布在 58.94%～77.66%，中孔含量较低，平均为 24.04%，发育样品较多（图 4–35c，表 4–8，表 4–9）。Ⅲ级储层孔隙较小，$T_{2,\ gm}$ 较小，平均为 0.92ms，平均孔隙直径较小，介于 37.55～75.33nm，平均为 53.38nm，具有较小的核磁共振孔隙度，平均为 8.28%，分布在 3.05%～12.49%。氮气吸附迟滞回线类型较差，以 H2 型为主，BET 表面积较高（11.15m^2/g），氮气吸附孔隙度较大（4.95%），平均孔径较小（8.71nm），反映页岩微小孔较为发育。进汞曲线以Ⅰ–1 型和Ⅰ–2 型为主，孔喉较小，连通孔隙度较低，平均为 3.89%，小于 10nm 孔喉含量较高，平均为 28.92%。Ⅲ级页岩储层孔隙连通性最差，具有最小的 k_1（0.3480）和连通孔喉比（0.42），最大的有效迂曲度（276.22）和几何孔道迂曲度（28.19）。Ⅲ级页岩储层为不利的页岩油储层，孔隙（喉）较小，孔隙表面积较大，较不利于页岩油储集和渗流。

Ⅳ级页岩储层 $T_{2,35}<$1ms，T_2 谱呈典型 p1 峰发育，以微小孔为主，微小孔含量最高，平均高达 83.17%，分布在 52.90%～97.83%，中孔和大孔含量较低，平均分别为 10.61% 和 6.22%，样品分布最多（图 4–35d，表 4–8，表 4–9）。Ⅳ级页岩储层孔隙最小，$T_{2,\ gm}$ 平均仅为 0.48ms，平均孔隙直径最小，分布在 11.58～46.76nm，平均为 22.66nm，核磁共振孔隙度最小，平均为 6.30%。氮气吸附迟滞回线类型最差，以 H4 型和 H2 型为主，BET 表面积最大，氮气吸附孔隙度较高，而平均孔隙直径最小，反映了该类页岩大量发育微小孔。进汞曲线以Ⅰ–1 型为主，其次为 I–2 型，连通孔隙度最低，平均为 2.78%，小于 10nm 连通孔喉含量最高，分布在 12.21%～66.67%，平均为 37.78%。Ⅳ级页岩储层孔隙连通性较差，k_1 和连通孔喉比较低，有效迂曲度和几何孔道迂曲度较高。Ⅳ级页岩储层为最差页岩油储层，孔隙及喉道最小，孔隙度最低，孔隙连通性较差，页岩油难以有效富集和流动。

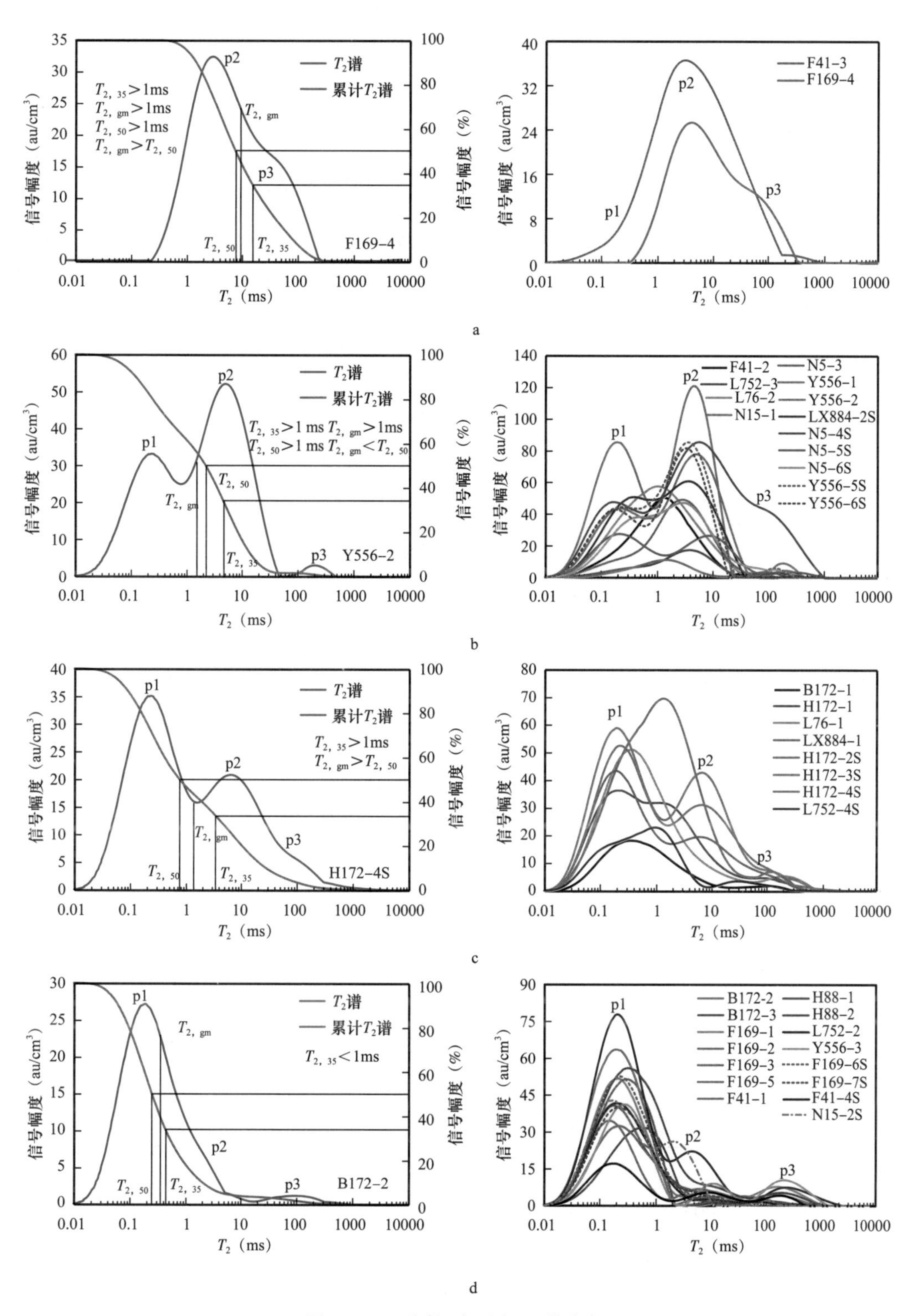

图 4-35 不同级次页岩 T_2 谱分布

表 4-8　页岩核磁共振、氮气吸附、高压压汞孔隙结构参数分布

储层分级	样品编号	核磁共振		氮气吸附				高压压汞			
		$T_{2,\ gm}$（ms）	ϕ_N（%）	迟滞回线类型	S_{NA}（m^2/g）	ϕ_{NA}（%）	D_{aN}（nm）	进汞曲线类型	S_M（m^2/g）	ϕ_M（%）	d_c <10nm
Ⅰ级	F41-3	4.37	12.37	H3	4.15	2.81	11.68	Ⅲ	2.09	12.14	0.25
	F169-4	9.10	7.85	H3	1.51	1.46	15.77	Ⅲ	1.03	8.32	0.63
Ⅱ级	F41-2	1.15	7.38	H3	10.58	5.60	8.50	Ⅱ	4.31	7.92	5.97
	L752-3	2.67	2.52	H3	2.24	1.75	11.62	Ⅰ-2	0.95	0.96	39.94
	L76-2	1.03	9.89	H3	12.28	6.69	8.88	Ⅱ	3.66	7.65	5.45
	LX884-2S	1.28	12.20	H2-H3	13.20	7.88	10.17	Ⅰ-2	7.73	6.92	24.54
	N15-1	1.41	1.46	H2	3.96	3.96	16.32	Ⅰ-2	10.54	2.40	42.70
	N5-3	2.21	6.64	H3	5.72	3.22	8.94	Ⅱ	1.75	1.55	3.72
	N5-4S	1.58	6.47	H2-H3	3.06	3.88	19.57				
	N5-5S	4.25	21.31	H3	5.72	4.26	13.00	Ⅰ-2	7.10	19.07	8.02
	N5-6S	1.59	9.26	H3	14.53	6.00	6.94				
	Y556-1	1.12	19.96	H2-H3	14.78	12.54	13.09	Ⅰ-2	11.47	11.65	15.14
	Y556-2	1.70	14.13	H2-H3	10.03	10.34	16.36	Ⅰ-2	10.78	10.94	12.44
	Y556-5S	1.20	14.86	H2-H3	15.11	9.61	11.00	Ⅰ-2	12.63	12.09	18.45
	Y556-6S	1.11	12.21	H2-H3	14.35	9.18	10.90				
Ⅲ级	B172-1	0.67	3.05	H2	8.74	3.74	7.01	Ⅰ-2	1.03	1.01	35.06
	H172-1	0.81	7.81	H2	9.53	5.25	9.20	Ⅰ-1	2.60	3.37	24.08
	H172-2S	0.88	7.94	H2	4.33	1.89	11.43				
	H172-3S	1.14	12.24	H2	4.33	2.95	11.43	Ⅰ-1	2.98	4.00	21.73
	H172-4S	1.22	10.51	H2	12.43	5.80	7.81	Ⅰ-1	3.16	3.38	29.97
	L752-4S	0.71	3.95	H2	3.64	1.78	7.40				
	L76-1	0.75	8.25	H3	33.70	9.40	4.94	Ⅰ-2	4.34	4.17	24.85
	LX884-1	1.15	12.49	H2-H3	12.53	8.79	10.43	Ⅰ-2	8.18	7.40	37.82
Ⅳ级	B172-2	0.31	5.34	H2	8.74	7.22	4.81	Ⅰ-1	2.88	3.09	38.83
	B172-3	0.45	3.98	H2	25.49	2.39	8.12	Ⅰ-2	1.87	3.07	12.21
	F169-1	0.54	7.89	H2	28.91	8.66	4.44	Ⅰ-1	9.78	6.06	60.41
	F169-2	0.43	4.78	H2	26.74	7.65	4.22	Ⅰ-1		0.24	66.67

续表

储层分级	样品编号	核磁共振		氮气吸附				高压压汞			
		$T_{2,\ gm}$ (ms)	ϕ_N (%)	迟滞回线类型	S_{NA} (m^2/g)	ϕ_{NA} (%)	D_{aN} (nm)	进汞曲线类型	S_M (m^2/g)	ϕ_M (%)	d_c <10nm
Ⅳ级	F169-3	0.28	6.31	H4	17.92	6.53	5.65	Ⅰ-2	3.85	3.31	41.36
	F169-5	0.28	7.96	H2	29.14	8.03	4.32	Ⅰ-1	2.24	2.11	36.85
	F169-6S	0.30	6.39	H4	25.92	7.91	4.87				
	F169-7S	0.40	6.31	H4	19.28	6.46	5.37				
	F41-1	0.45	4.53	H4	3.02	0.64	3.28	Ⅰ-1		0.83	
	F41-4S	0.80	2.71	H4	2.65	0.70	4.15		0.62	1.34	15.00
	H88-1	0.59	11.16	H4	34.00	9.83	4.76	Ⅰ-2	2.95	3.11	28.13
	H88-2	0.62	8.92	H4	20.40	7.45	6.04	Ⅰ-2	5.00	4.76	38.21
	L752-2	0.31	5.56	H4	21.99	6.47	4.54	Ⅰ-1	2.74	2.69	40.17
	N15-2S	0.40	6.79	H2	11.88	6.42	8.72				
	Y556-3	1.01	5.87	H2	3.35	1.84	8.61				

注：S_{NA} 表示氮气吸附 BET 孔隙表面积；ϕ_{NA} 表示氮气吸附孔隙度；D_{aN} 表示氮气吸附平均孔隙直径；S_M 表示高压压汞孔喉表面积；d_c<10nm 表示孔喉直径小于 10nm 孔喉占比。

表 4-9 不同级次页岩孔径分布及孔隙连通性

储层分级	核磁共振孔径分布				孔隙连通性			
	平均孔径 (nm)	微小孔 (%)	中孔 (%)	大孔 (%)	k_1	τ	L_e/L	ϕ_M/ϕ_N
Ⅰ级	221.18～508.40[①] (364.79)	16.41～40.53 (28.47)	38.47～54.35 (46.41)	21.00～29.24 (25.12)	0.4359～0.4776 (0.4568)	4.64～5.53 (5.09)	6.79～7.50 (7.15)	0.98～1.06 (1.02)
Ⅱ级	58.28～224.53 (100.76)	33.75～64.16 (50.64)	31.06～50.91 (41.67)	0.31～27.15 (7.69)	0.3746～0.4515 (0.4137)	16.46～480.25 (109.95)	8.86～27.82 (18.93)	0.38～1.07 (0.75)
Ⅲ级	37.55～75.33 (53.38)	58.94～77.66 (67.71)	14.88～33.77 (24.04)	5.95～12.58 (8.26)	0.3047～0.3915 (0.3480)	33.71～534.79 (276.22)	11.86～38.83 (28.19)	0.32～0.59 (0.42)
Ⅳ级	11.58～46.76 (22.66)	52.90～97.83 (83.17)	1.35～34.92 (10.61)	0.10～15.90 (6.22)	0.3264～0.4205 (0.3905)	6.20～32.71 (203.78)	6.13～29.08 (22.07)	0.27～0.77 (0.52)

① 分别表示最小值、最大值和平均值。

T_2谱可有效将页岩储层分为四级，从Ⅳ级到Ⅰ级储层，页岩孔隙结构逐渐变好，孔隙度、孔隙（喉）大小均呈增加趋势（图4-36）。页岩T_2谱储层分级与氮气吸附和高压压汞孔隙结构分类具有很好的一致性，T_2谱储层类型越好，氮气吸附迟滞回线和高压压汞进汞曲线类型越好，表明T_2谱储层分级能够很好反映页岩孔隙结构特征，划分页岩储层级次。此外，T_2谱储层分级仅需3个T_2谱孔隙结构参数，且不同级次页岩储层T_2谱分布差异显著，简单易用。也可将其推广至核磁共振测井，根据核磁共振测井T_2谱分布可直接划分储层级次，寻找页岩油有利储集层段。

不同级次页岩有机质和无机矿物组成不同，Ⅳ级储层有机质含量最低，TOC平均值为1.25%，分布在0.51%～2.74%，S_1平均值仅为0.42mg/g，以贫有机质页岩为主（图4-36，表4-10）。Ⅲ级储层有机质含量较高，TOC平均值最高，平均为2.28%，S_1较高，平均为2.17mg/g。Ⅱ级储层TOC分布与Ⅲ级储层相似，含量较高，平均为2.07%，但S_1较低，平均为0.91mg/g。Ⅰ级储层TOC相对较低，平均为1.24%，但S_1最高，平均为2.75mg/g，表明Ⅰ级储层可能有烃类运移进入，为最优页岩油储层。

无机矿物组成显示，从Ⅳ级到Ⅰ级储层，页岩孔隙结构逐渐变好，黏土矿物含量逐渐降低，从Ⅳ级储层平均值（41.8%）逐渐减小至Ⅰ级储层平均值（10.5%）（图4-36，表4-10）。硅质矿物由Ⅳ级至Ⅱ级储层含量相似，变化较小，平均值分布在28.5%～33.4%，而Ⅰ级储层硅质矿物含量最高，平均为77.6%。由于Ⅰ级储层以硅质矿物为主，其钙质矿物含量较低，而从Ⅳ级至Ⅱ级储层，钙质含量含量逐渐增加，平均值由21.7%逐渐增加至36.7%，表明黏土矿物含量降低、硅质和钙质矿物含量增加，页岩储集物性变好。因此，有利页岩油储层为高TOC或S_1、高硅质矿物或钙质矿物、低黏土矿物页岩，结合页岩岩相分布，即为富（含）有机质钙质或富硅质泥页岩。

表4-10　不同级次页岩有机质丰度及矿物组成

储层分级	有机质		矿物组成（%）		
	TOC（%）	S_1（mg/g）	黏土矿物	硅质矿物	钙质矿物
Ⅰ级	1.19～1.28[①] （1.24）	1.41～4.09 （2.75）	7.8～13.2 （10.5）	74.0～81.2 （77.6）	11.0～12.8 （11.9）
Ⅱ级	0.16～4.55 （2.07）	0.09～4.69 （0.91）	2.6～43.7 （25.7）	8.1～64.9 （32.0）	10.7～77.8 （36.7）
Ⅲ级	0.32～3.37 （2.28）	0.09～4.11 （2.17）	30.0～52.6 （40.0）	14.1～53.0 （28.5）	10.6～50.1 （26.2）
Ⅳ级	0.51～2.74 （1.25）	0.10～1.70 （0.42）	14.8～58.2 （41.8）	21.5～48.3 （33.4）	3.6～36.9 （21.7）

① 分别表示最小值、最大值和平均值。

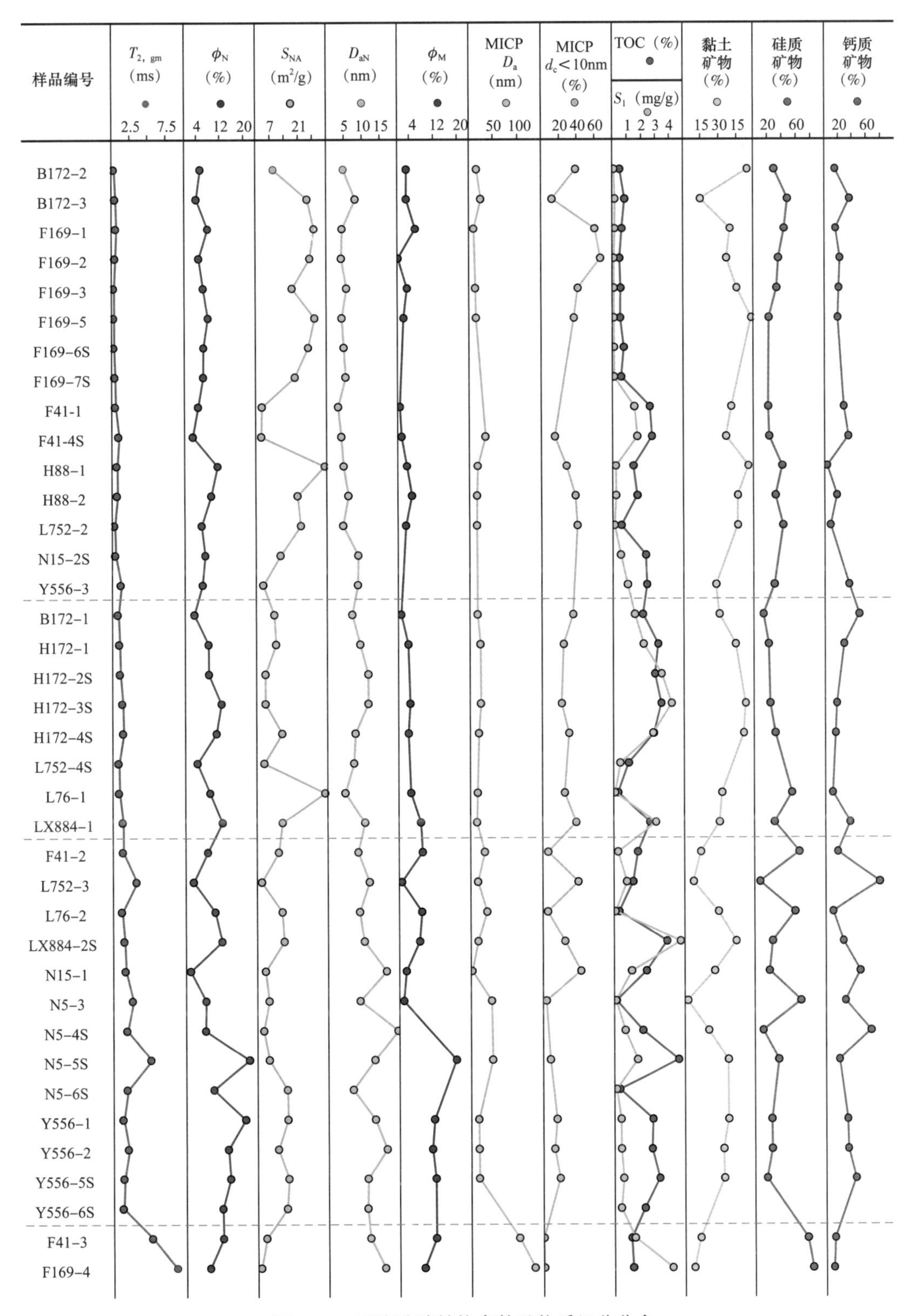

图 4-36　页岩孔隙结构参数及物质组分分布

（二）页岩孔隙结构非均质性定量评价

分形理论是定量描述多孔介质孔隙结构复杂性和非均质性的有效方法，但纳米级孔隙发育和孔隙结构极其复杂的页岩储层使得单一分形维数难以有效刻画其全部特征。多重分形（Multi-fractal，又称多标度分形或多重分形测度）通过对广义维数、多重分形谱和奇异指数分析，获取众多参数可完整刻画页岩多尺度孔隙结构信息，有效反应孔隙结构复杂性及非均质性。T_2 谱是计算孔隙结构多重分形的有效方法，可定量评价页岩微观孔隙结构非均质性和复杂性[65, 131]。

1. T_2 谱多重分析计算

基于广义维数的 T_2 谱多重分形计算过程如下：

计算多重分形时，页岩饱和油核磁共振 T_2 谱具有 N 个 T_2，N 应等于 2^n。本书中 n=8，即 T_2 谱具有 256 个 T_2。T_2 谱可被分为具有相同尺度 r（$r=N\times 2^{-j}$，$j\leqslant n$）大小的 N_T 部分，而第 i 部分的概率 $P_i(r)$ 可表述为[65]：

$$P_i(r)=\frac{V_i(r)}{\sum_{i=1}^{N_T}V_i(r)} \tag{4-16}$$

式中，$V_i(r)$ 表示第 i 部分核磁共振孔体积。

如果孔隙分布具有多重分形特征，每个单元概率 $P_i(r)$ 和尺度 r 存在如下关系[132]：

$$P_i(r):\ r^{\alpha_i} \tag{4-17}$$

式中，α_i 表示奇异指数，不同子集对应的奇异指数 α 不同。

$N_\alpha(r)$ 表示具有相同和接近奇异指数 α（$\alpha\pm d\alpha$）概率 $P_i(r)$ 的个数，其与尺度 r 关系如下：

$$N_\alpha(r)\propto r^{-f(\alpha)} \tag{4-18}$$

式中，$f(\alpha)$ 被称为多重分形谱。

多重分形计算时，首先应获取尺度 r 的 q 阶距 $N(q, r)$：

$$N(q,r)=\sum_{i=1}^{N_T}P_i^q(r)\propto r^{\tau(q)} \tag{4-19}$$

式中，$\tau(q)$ 称为质量指数，其与 $P_i(r)$ 和 r 存在如下关系：

$$\tau(q)=-r\lim_{r\to 0}\frac{\lg\sum_{i=1}^{N_T}P_i^q(r)}{\lg r} \tag{4-20}$$

根据 $P_i(r)$ 和 q，广义维数 D_q 可由下式计算[132]：

$$D_q=\begin{cases}\dfrac{1}{q-1}\lim\limits_{r\to 0}\dfrac{\lg\sum\limits_{i=1}^{N_T}P_i^q\left(r\right)}{\lg r}=\dfrac{\tau\left(q\right)}{q-1},q\neq 1\\ \lim\limits_{r\to 0}\dfrac{\sum\limits_{i=1}^{N_T}P_i\left(r\right)\ln P_i\left(r\right)}{\ln r},q=1\end{cases} \tag{4-21}$$

广义维数 D_q 反映了每个盒子的整体奇异性，是 q 的严格单调递减函数。多重分形谱 f（α）和奇异指数 α 可由阶距 q 和广义维数 D_q 根据 Legendre 变化得到[133]：

$$f\left(\alpha\right)=\alpha q-\tau\left(q\right) \tag{4-22}$$

或

$$\alpha=\frac{\mathrm{d}\tau\left(q\right)}{\mathrm{d}q} \tag{4-23}$$

根据选定的 q 即可计算得到分形体的 q—D_q 和 α—f（α）分布曲线，二者可有效描述孔隙结构非均质性和复杂性。

2. 页岩 T_2 谱多重分析特征

阶距 q 设定范围为 -20～20，间隔为 0.5，因此 D_{-20} 为 D_{min}，D_{20} 为 D_{max}，共分析了 38 个页岩样品 T_2 谱多重分形，不同级次储层 q—D_q 和 α—f（α）分布曲线如图 4-37 所示。不同级次储层 D_q 均随 q 增加呈单调递减，当 q<0 时，D_q 均随 q 增加迅速降低，且不同样品 D_q 差异较大。当 q>0 时，D_q 均随 q 增加缓慢降低，不同样品 D_q 差异较小。页岩 T_2 谱 α—f（α）分布曲线均呈现左偏态，当 q<0 时，f（α）随 α 增加迅速增加，当 q>0 时，f（α）随 α 增加缓慢降低。

多重分形 q—D_q 分布曲线可获取众多表征孔隙结构参数，如 D_0、D_1、D_2、D_{min}、D_{max} 和 D_1/D_0 等（图 4-38）。其中 D_0 指容量维数表征孔隙结构分布的平均特征，反映孔隙结构复杂性，D_1 称为信息维数，而 D_2 称为关联维数，D_1/D_0 指示孔隙度对于孔径的分散程度。页岩样品均呈现 D_0>D_1>D_2，表明页岩饱和油 T_2 谱具有典型的多重分形特征。D_0 较高，分布在 0.88～1.00，平均为 0.95，表明页岩孔隙结构较为复杂。D_1 分布在 0.79～0.95，平均为 0.87，D_2 分布趋势 D_1 相似，介于 0.76～0.94，平均为 0.85。D_{min} 与 D_{max} 分布趋势相反，D_{min} 介于 1.74～4.00，平均为 2.25，D_{max} 分布在 0.70～0.87，平均为 0.78。D_1/D_0 相对较高，分布在 0.84～0.97，平均为 0.92，表明页岩各尺度孔隙均有发育。

多重分形谱奇异指数可有效刻度孔隙结构非均质性，α_{max} 和 α_{min} 分别表示多重分形谱奇异指数最大值和最小值，$\Delta\alpha$ 为 α_{max} 与 α_{min} 差值，即 $\Delta\alpha=\alpha_{max}-\alpha_{min}$，$\alpha_0$ 指示 q 等于 0 时奇异指数，而多重分形谱偏度 $A=$（$\alpha_0-\alpha_{min}$）/（$\alpha_{max}-\alpha_0$）（图 4-38）。$\Delta\alpha$ 和 α_0 指示孔隙结构非均质性，其值越大孔隙结构非均质性越强。页岩样品 $\Delta\alpha$ 相对较小，分布在 1.08～2.82，平均为 1.60，明显小于致密砂岩储层[65]，反映页岩孔隙结构非均质性相对

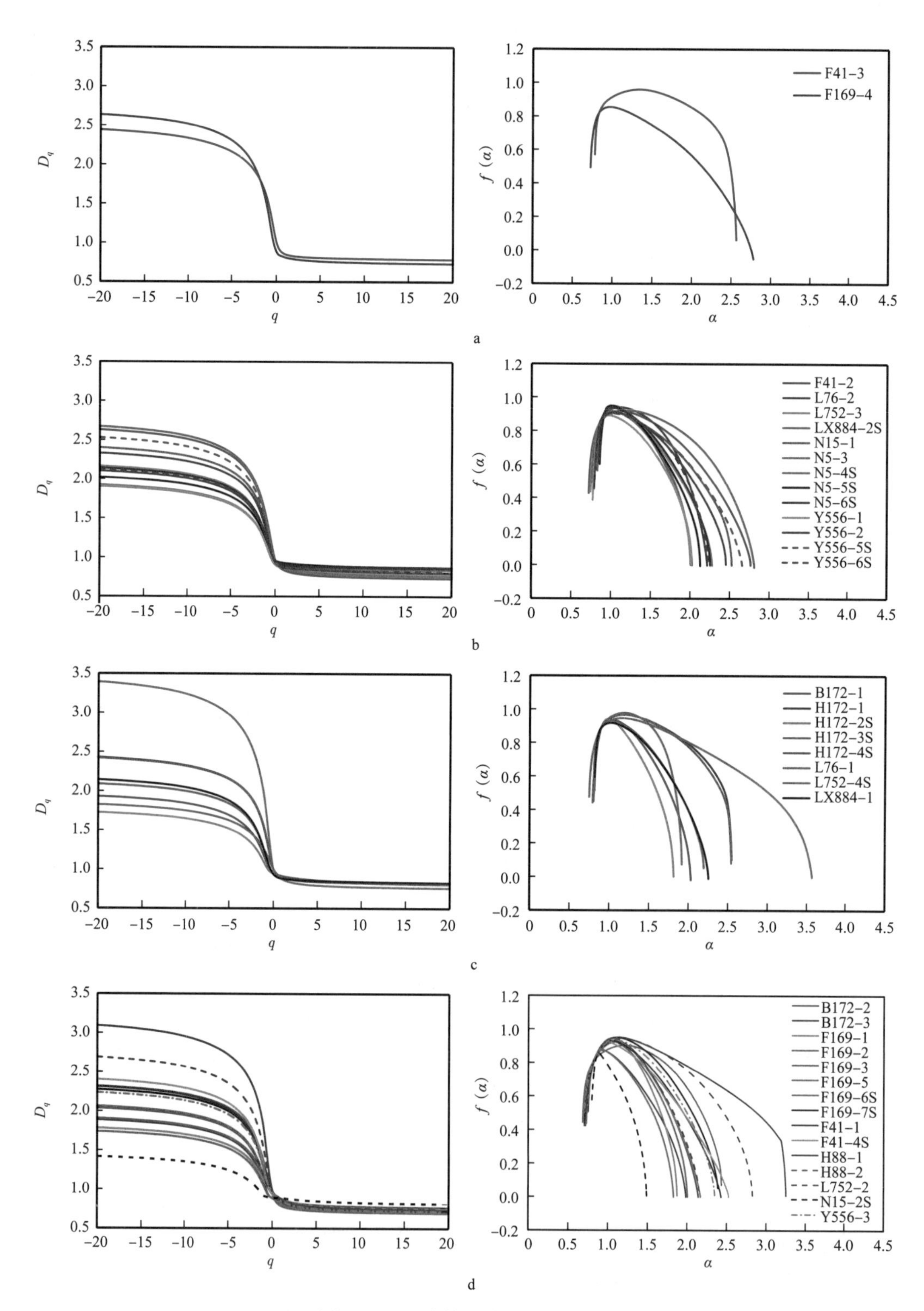

图 4-37　页岩储层多重分形特征

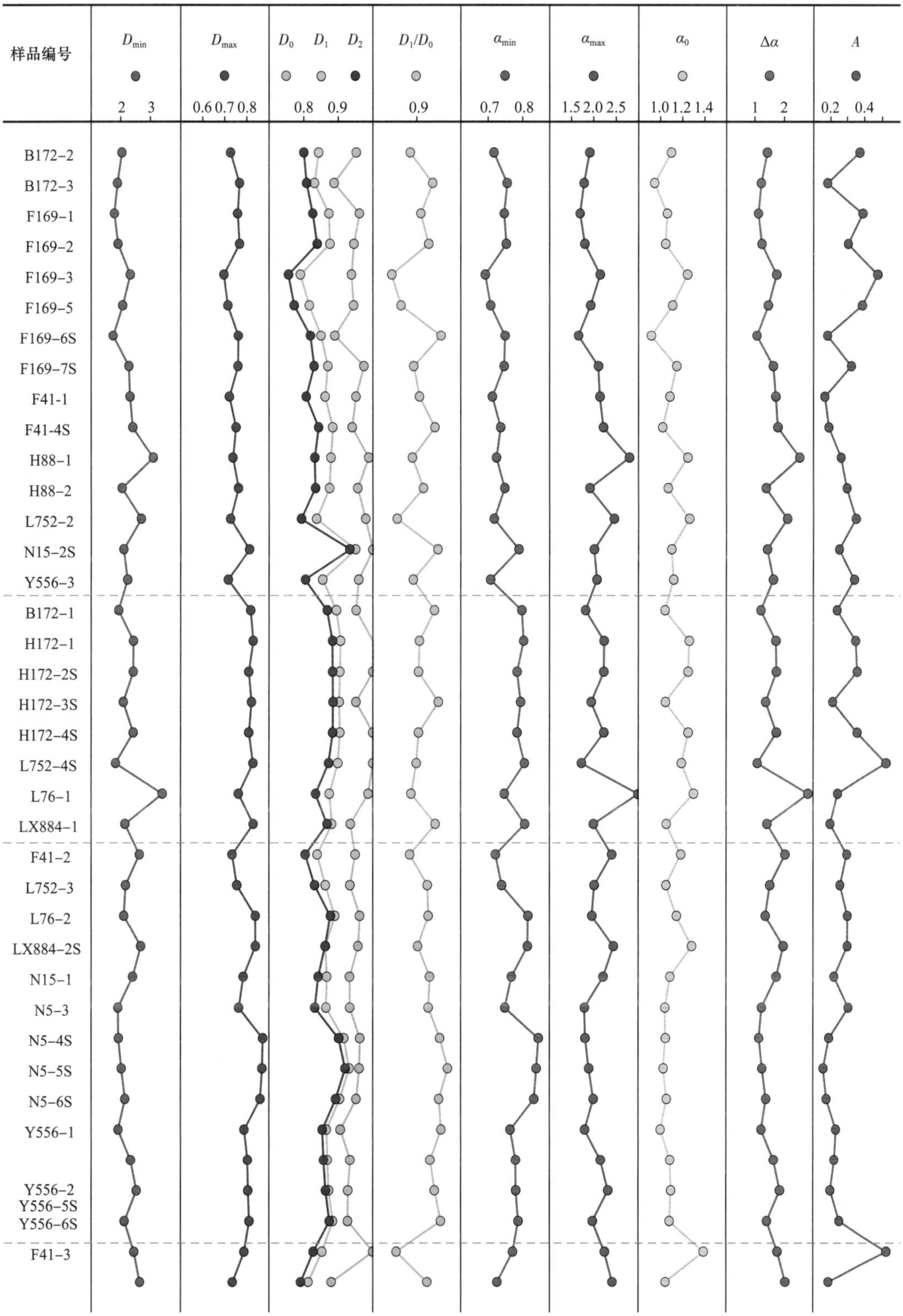

样品编号

D_{min}　2　3

D_{max}　0.6　0.7　0.8

D_0　D_1　D_2　0.8　0.9

D_1/D_0　0.9

α_{min}　0.7　0.8

α_{max}　1.5　2.0　2.5

α_0　1.0　1.2　1.4

$\Delta\alpha$　1　2

A　0.2　0.4

B172-2
B172-3
F169-1
F169-2
F169-3
F169-5
F169-6S
F169-7S
F41-1
F41-4S
H88-1
H88-2
L752-2
N15-2S
Y556-3
B172-1
H172-1
H172-2S
H172-3S
H172-4S
L752-4S
L76-1
LX884-1
F41-2
L752-3
L76-2
LX884-2S
N15-1
N5-3
N5-4S
N5-5S
N5-6S
Y556-1
Y556-2
Y556-5S
Y556-6S
F41-3

图 4-38　页岩多重分形参数分布

较弱。α_0 介于 0.92～1.39，平均为 1.12。页岩样品 A 均小于 1，指示孔隙分布低指数和较弱波动。

不同级次储层多重分形参数分布不同，反映其孔隙结构复杂性及非均质性不同（图 4-38，表 4-11）。由Ⅳ级至Ⅰ级储层，孔隙结构变好，D_0 先增加后降低，Ⅲ级储层最高，平均为 0.98，孔隙结构最复杂，使其孔隙连通性最差，Ⅱ级和Ⅰ级储层 D_0 较低，平均为 0.94，储层类型变好，孔隙结构复杂性降低。Ⅰ级储层主要由大孔和中孔构成，微小孔含量较低，不同尺度孔隙含量差异较大，导致 D_1/D_0 最低，平均为 0.89。其次Ⅳ级储层主要有微小孔构成，不同尺度孔隙含量差异亦较大，使其 D_1/D_0 较低，分布在 0.84～0.96，平均为 0.90。Ⅱ级和Ⅲ级储层微小孔、中孔和大孔均有发育，不同尺度孔隙含量差异较小，各尺度孔隙含量分布较均一，使得二者 D_1/D_0 较高，平均值分别为 0.93 和 0.92。

表 4-11　不同级次页岩多重分形参数分布

储层分级	D_0	D_1	D_2	D_1/D_0	α_0	$\Delta\alpha$	A
Ⅰ级	0.88～1.00[①]（0.94）	0.81～0.85（0.83）	0.79～0.83（0.81）	0.85～0.92（0.89）	1.05～1.39（1.22）	1.79～2.05（1.92）	0.19～0.53（0.36）
Ⅱ级	0.91～0.96（0.94）	0.84～0.93（0.88）	0.80～0.92（0.86）	0.88～0.97（0.93）	1.00～1.29（1.09）	1.16～2.04（1.54）	0.16～0.31（0.24）
Ⅲ级	0.94～1.00（0.98）	0.87～0.91（0.90）	0.83～0.89（0.87）	0.89～0.95（0.92）	1.04～1.30（1.18）	1.10～2.82（1.65）	0.20～0.52（0.31）
Ⅳ级	0.89～1.00（0.95）	0.79～0.95（0.86）	0.76～0.94（0.82）	0.84～0.96（0.90）	0.92～1.26（1.10）	1.08～2.53（1.58）	0.18～0.47（0.31）

① 分别表示最小值、最大值和平均值。

$\Delta\alpha$ 和 α_0 反映页岩孔隙结构非均质性，二者分布趋势相似（图 4-38，表 4-11）。Ⅰ级储层孔隙结构非均质性最强，$\Delta\alpha$ 和 α_0 最高，平均值分别为 1.92 和 1.22。其次为Ⅲ级储层，复杂的孔隙结构使其具有较强的非均质性，$\Delta\alpha$ 分布在 1.10～2.82，平均为 1.65，α_0 介于 1.04～1.30，平均为 1.18。Ⅱ级和Ⅳ级储层非均质性较弱，其中 $\Delta\alpha$ 平均值分别为 1.54 和 1.58，α_0 平均值分别为 1.09 和 1.10。此外，D_0—α_0 交会图可有效指示页岩孔隙结构多重分形特征和非均质性。页岩样品 D_0 与 α_0 均分布在 45° 线上部，表明页岩孔隙结构满足多重分形。同时 D_0—α_0 点距离 45° 线越远，孔隙结构非均质性越强，

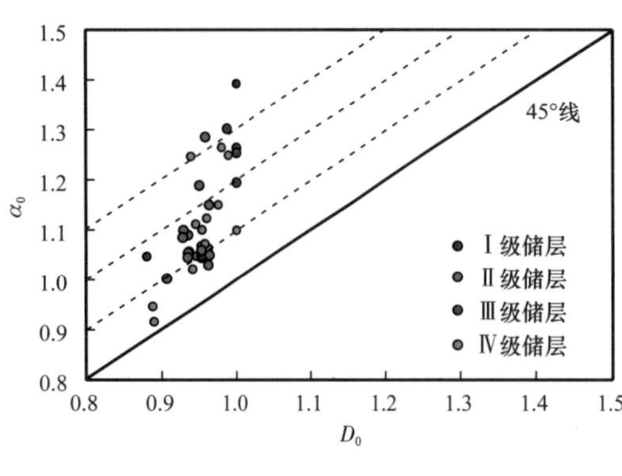

图 4-39　页岩 D_0—α_0 交会图

Ⅰ级储层和Ⅲ级储层 D_0—α_0 点距 45° 线最远反映了二者较强的非均质性，而Ⅱ级和Ⅳ级储层距 45° 线较近，表明二者孔隙结构非均质性较弱。

3. 页岩多重分形影响因素分析

页岩孔隙结构多重分形特征与物质组成密切相关，有机质及无机矿物矿物组成影响页岩孔隙结构复杂性及非均质性。容量维数 D_0 越高孔隙结构越复杂，D_1/D_0 越高孔隙含量分布越均一，D_0 与黏土矿物含量呈正相关，黏土矿物含量越高 D_0 越大，表明黏土矿物含量越高孔隙结构越复杂（图 4–40a）。D_0 与钙质矿物含量呈负相关，D_0 随钙质含量增加而降低，即钙质矿物含量越高，页岩孔隙结构越简单（图 4–40b）。D_1/D_0 与硅质矿物含量呈负相关，硅质矿物含量增加 D_1/D_0 降低（图 4–40c）。因此，高硅质矿物含量导致Ⅰ级储层 D_1/D_0 较低。而 D_1/D_0 随钙质矿物含量增加而增加，表明钙质矿物含量越高，页岩不同尺度孔隙含量越均一（图 4–40d）。Ⅱ级和Ⅲ级储层钙质矿物含量较高，因此其 D_1/D_0 较高，孔隙分布较均一。

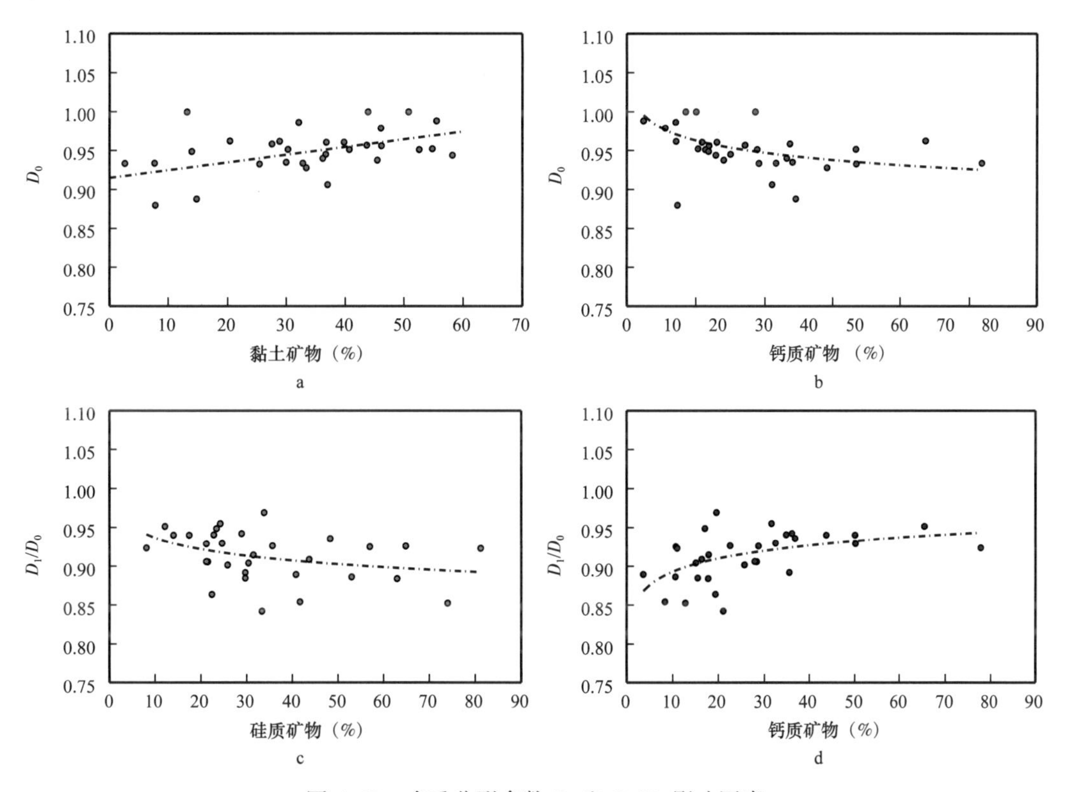

图 4–40　多重分形参数 D_0 和 D_1/D_0 影响因素

α_0 和 $\Delta\alpha$ 越高孔隙结构非均质性越强，α_0 和 $\Delta\alpha$ 均与钙质矿物呈正相关，表明钙质矿物含量越高孔隙结构非均质性越弱，Ⅱ级储层钙质矿物含量最高，使得其孔隙结构非均质性最弱（图 4–41a 和 b）。α_0 和 $\Delta\alpha$ 与页岩有机质成熟度 T_{max} 均呈正相关性，即页岩有机质成熟度越高，孔隙结构非均质性越强（图 4–41c 和 d）。页岩有机质成熟度增加，有机孔隙含量逐渐增加，而无机孔隙含量则逐渐降低，使得页岩孔隙分布更加复杂，导致其孔隙结构非均质性增强[10]。页岩矿物组成与多重分形特征显示，钙质矿物含量越高孔隙结构越简单，非均质性越弱，结合页岩岩相划分结果，表明钙质页岩为较好页岩油储层。

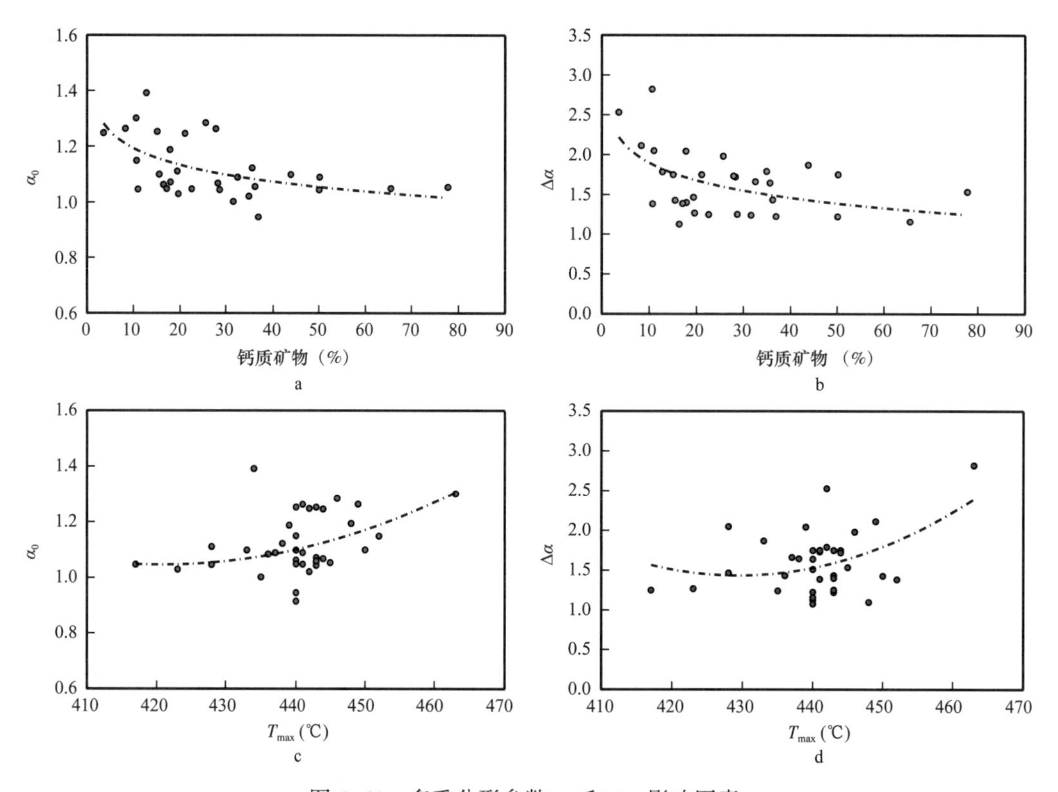

图 4–41　多重分形参数 α_0 和 $\Delta\alpha$ 影响因素

第三节　页岩孔渗性分析

孔隙度和渗透率是页岩储集特性的综合反映，控制着页岩油气的储集和渗流特性。核磁共振可有效探测孔隙流体信号而不受岩石骨架影响，是分析储层孔隙度的有效方法[70]。然而，页岩富含纳米级孔隙、黏土矿物和有机质等，导致其核磁共振测试信号组成复杂，不仅包括孔隙流体信号，也含有岩石骨架氢核信号（如黏土矿物结构水、干酪根等），导致页岩核磁共振孔隙度误差较大。通过改变测试参数（等待时间和回波间隔）或与页岩有机质和矿物组分耦合可获取与氦气孔隙度相近的页岩核磁共振孔隙度[22, 23]，但忽略测试参数尤其是回波间隔增加对页岩纳米级孔隙测试和页岩黏土矿物水化破裂的影响。核磁共振也可估算储层渗透率分布，Coates 和 SDR 模型被广泛用于计算储层核磁共振渗透率[70]。

一、孔隙度

饱和样品核磁共振宏观磁化矢量与样品所含流体体积成正比，需要将测量得到信号幅度刻度为样品孔隙流体体积，进而可获取核磁共振孔隙度。因此，核磁共振孔隙度测试的关键为流体体积与信号幅度标线方程建立。由于页岩核磁共振测试采用正十二烷（nC_{12}）饱和，通过测试不同体积 nC_{12} 标样信号幅度，即可建立 nC_{12} 体积与信号幅度标线方程。nC_{12} 核磁共振信号幅度随其体积增加呈线性增加，自由状态 nC_{12} T_2 弛豫时间约为 1500ms，标线方程为：

$$V_C=0.1817M_0 \tag{4-24}$$

式中，V_C 表示 nC_{12} 体积，mL；M_0 表示 nC_{12} 核磁共振信号幅度，au（图 4–42a 和 c）。

然而，nC_{12} T_2 自由弛豫时间较大，核磁共振弛豫衰减较慢，使得标样测试时间较长而样品温度升高，导致核磁共振测试精度和效率降低。水添加弛豫剂（如硫酸铜）可显著降低自由弛豫时间，加快弛豫，提高测试精度和效率。不同体积硫酸铜水溶液标样信号幅度随体积增加呈线性增加，可建立水氢核信号幅度标线方程：

$$V_w=0.1694M_0 \tag{4-25}$$

式中，V_w 表示硫酸铜水溶液标样体积，mL（图 4–42b 和 c）。

根据 nC_{12} 和水标线方程即可建立饱和 nC_{12} 页岩氢指数校正系数（1.0726），由硫酸铜水溶液标样标定页岩核磁共振孔隙度：

$$\phi_N=\frac{V_p}{V_R}\times100\%=\frac{kM_0}{V_R}\times100\% \tag{4-26}$$

式中，V_R 表示样品体积，ml；V_p 表示样品孔隙体积，mL。

为了验证页岩核磁共振孔隙度测试准确性，根据 nC_{12} 密度计算了页岩 nC_{12} 湿重孔隙度（图 4–42d）：

$$\phi_w=\frac{V_p}{V_R}\times100\%=\frac{m_C/\rho_C}{V_R}\times100\%=\frac{m_w-m_o}{V_R\rho_C}\times100\% \tag{4-27}$$

式中，m_C 表示页岩饱和正十二烷质量，g；m_w 表示饱和油页岩样品质量，g；m_o 表示干燥页岩样品质量，g；ρ_C 表示正十二烷流体密度，g/cm^3。

理论上湿重孔隙度和核磁共振孔隙度均反映了孔隙流体体积与岩石体积之比，二者应具有相似值。计算结果显示，页岩核磁共振孔隙度与湿重孔隙度具有极好的一致性，斜率为 1.0071，接近于 1，并且具有极高的相关系数（0.9940）（图 4–43a），这表明核磁共振孔隙度具有很高的准确性，能够精确反映页岩孔隙度分布。同时，也表明建立的饱和油页岩去干样基底方法能够精确获取反映页岩储集特性的 T_2 谱分布。东营凹陷 38 块页岩样品核磁共振孔隙度分布在 1.46%～21.31%，平均为 8.38%，孔隙度在 6.00%～8.00% 分布最多（图 4–43b）。

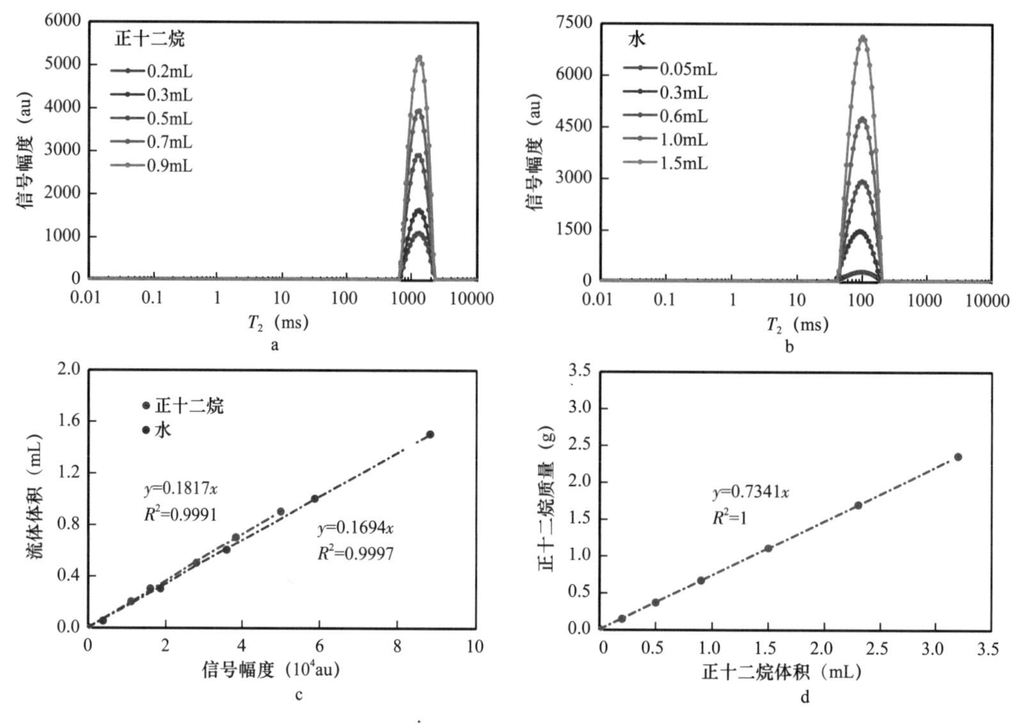

图 4-42　页岩核磁共振孔隙度和湿重孔隙度标定

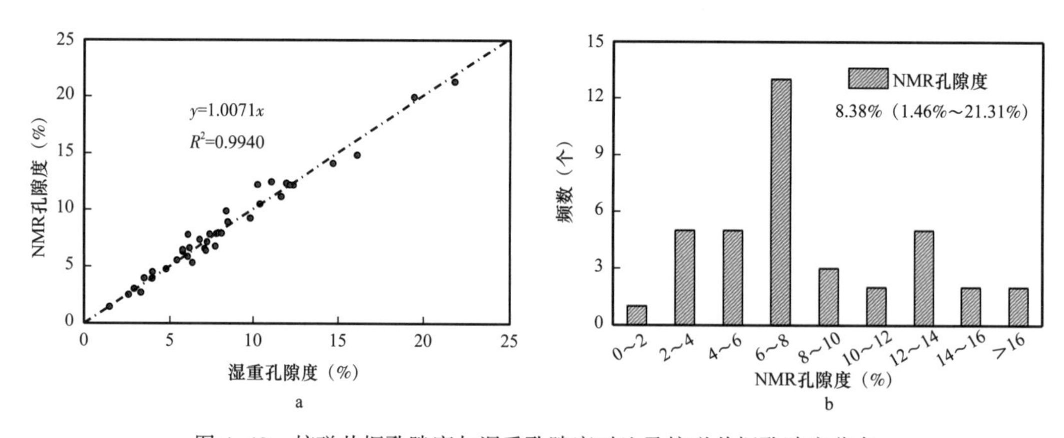

图 4-43　核磁共振孔隙度与湿重孔隙度对比及核磁共振孔隙度分布

二、渗透率

核磁共振渗透率估算是基于实验与理论模型及二者相互关系的结合，Coates 模型和 SDR 模型是最常用的核磁共振渗透率计算模型[70]。Coates 模型又称为自由流体模型，是基于 Timur-Coates 方程建立的渗透率评价模型，其广义形式如下：

$$K_C = \left(\frac{\phi_N}{c_1}\right)^{a_1} \left(\frac{FFI}{BVI}\right)^{b_1} \quad (4-28)$$

式中，K_C 表示 Coates 模型计算核磁共振渗透率，10^{-6}D；ϕ_N 表示核磁共振孔隙度，%；FFI 表示可动流体百分数，%；BVI 表示束缚流体百分数，%；a_1，b_1，c_1 为拟合参数。FFI/BVI 由可动流体百分数计算得到。

式（4-28）两边同时取对数可得：

$$\lg K_C = a_1 \lg \phi_N + b_1 \lg \frac{FFI}{BVI} - a_1 \lg c_1 \tag{4-29}$$

采用多元线性回归即可由氦气渗透率标定获取 a_1、b_1 和 c_1 拟合参数。标定结果显示，相关系数达到 0.978，具有很好的相关性，a_1、b_1 和 c_1 分别为 1.707、0.584 和 0.997。因此，Coates 模型为：

$$K_C = \left(\frac{\phi_N}{0.997}\right)^{1.707} \left(\frac{FFI}{BVI}\right)^{0.584} \tag{4-30}$$

SDR 模型（又称为 T_2 平均值模型），具有多种定义形式，其中广义 SDR 模型如下：

$$K_S = c_2 \phi_N^{a_2} T_{2,gm}^{b_2} \tag{4-31}$$

式中，K_S 表示 SDR 模型计算核磁共振渗透率，10^{-6}D；$T_{2,\ gm}$ 表示饱和流体核磁共振 T_2 谱几何平均值，ms；a_2，b_2，c_2 为拟合参数。

式（4-31）两边同时取对数可得：

$$\lg K_S = a_2 \lg \phi_N + b_2 \lg T_{2,\ gm} + \lg c_2 \tag{4-32}$$

应用多元回归分析，采用氦气渗透率可标定 a_2、b_2 和 c_2 拟合参数值，其中 a_2=0.690、b_2=1.134 和 c_2=1.824，相关系数较高（0.870）。因此，SDR 模型计算页岩渗透率公式如下：

$$K_S = 1.824 \phi_N^{0.690} T_{2,\ gm}^{1.134} \tag{4-33}$$

以页岩氦气渗透率为基础，分别标定了核磁共振渗透率 Coates 模型和 SDR 模型，二者计算渗透率与氦气渗透率均具有很好的一致性（图 4-44）。但 Coates 模型可更精确地估算页岩渗透率，其既能适用于孔隙型储层，也可精确评价裂缝型储层（如 H88-2 和 Y556-3），而 SDR 模型仅可有效评价孔隙储型层渗透率，无法有效反映裂缝对渗透率的控制作用。因此，Coates 模型具有更好的适用性，应用标定 Coates 模型计算了 25 块页岩核磁共振渗透率。页岩核磁共振渗透率分布在 0.55×10^{6}～57.08×10^{-6}D，平均为 14.53×10^{-6}D，主要分布范围小于 20×10^{-6}D，反映了页岩较低的渗透性（图 4-45）。

核磁共振渗透率反映了页岩整体渗透性，而高压压汞估算渗透率则反映了页岩基质渗透率。页岩高压压汞渗透率介于 1×10^{-9}～73439×10^{-9}D，主要分布范围小于 10×10^{-9}D（图 4-46），明显小于核磁共振渗透率，但二者具有较好的一致性，表明二者均能有效反映页岩渗透性（图 4-47）。

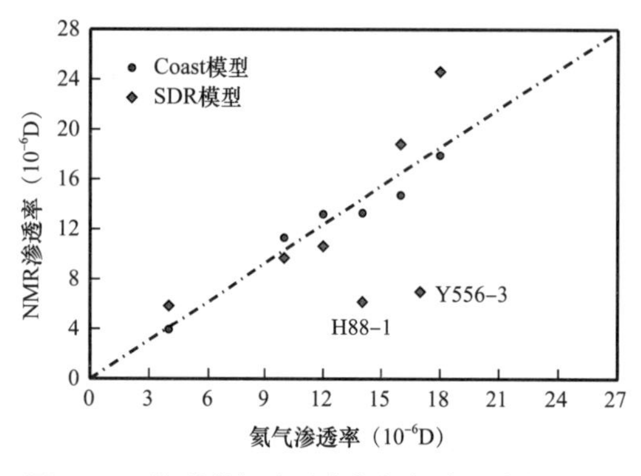

图 4-44　核磁共振渗透率与氦气渗透率相关性

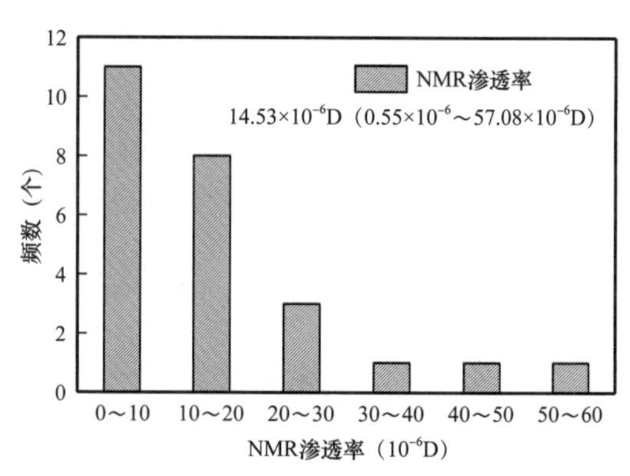

图 4-45　页岩样品核磁共振渗透率分布

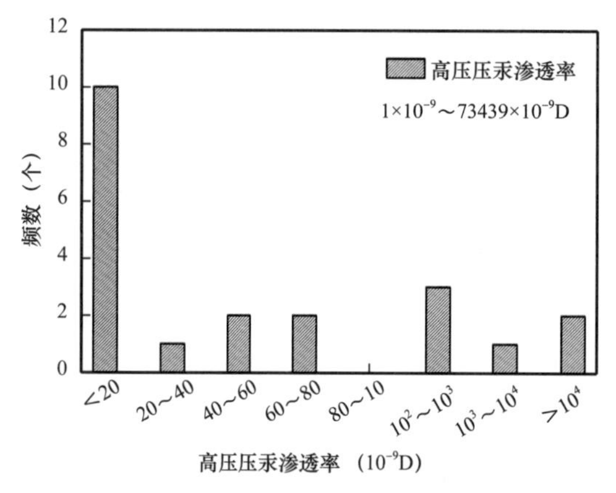

图 4-46　高压压汞基质渗透率分布

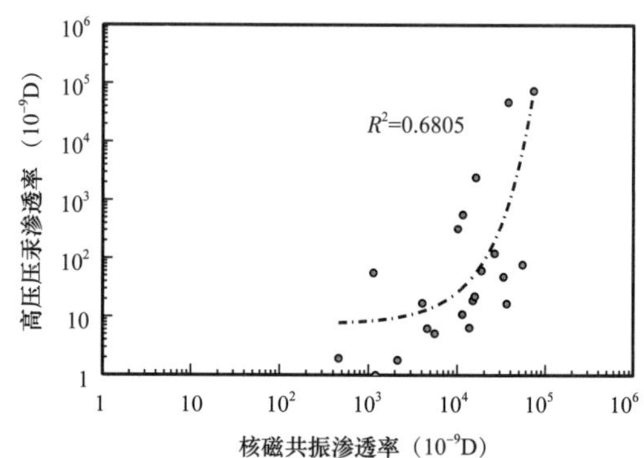

图 4-47　核磁共振与高压压汞渗透率相关性

三、孔渗影响因素分析

岩相是决定孔隙度和渗透率的物质基础，不同岩相泥页岩孔渗分布不同。基于核磁共振孔隙度和渗透率评价结果，分析了东营凹陷不同岩相泥页岩孔隙度和渗透率分布特征。泥页岩有机质含量越高，孔隙度和渗透率越高，富有机质泥页岩孔渗性最好，其次为含有机质泥页岩（图 4-48a 和 b）。泥页岩有机质含量越高，生烃过程产生有机酸越多，储层越易发生溶蚀产生次生孔隙，同时生烃增压亦有利于泥页岩原生孔隙保存[134，135]。泥页岩由块状构造到纹层状构造，孔隙度逐渐增加，纹层状页岩具有高孔隙度，但三者孔隙度分布接近，差异较小（图 4-48c）。而渗透率则先降低或后增加，块状泥岩渗透率最好，纹层状页岩次之，因此纹层状页岩和块状泥岩孔渗性相对较好（图 4-48d）。不同矿物组成泥页岩孔隙度分布不同，钙质泥页岩孔隙度最高，其次为富泥质、硅质和富硅质泥页岩，而钙质和富硅质泥页岩渗透率最高，因此钙质和富硅质泥页岩孔渗性较好。结合泥页岩岩相划分及分布，纹层状富有机质钙质页岩和块状含有机质富硅质泥岩具有较好的孔渗性，为最优页岩油储层。

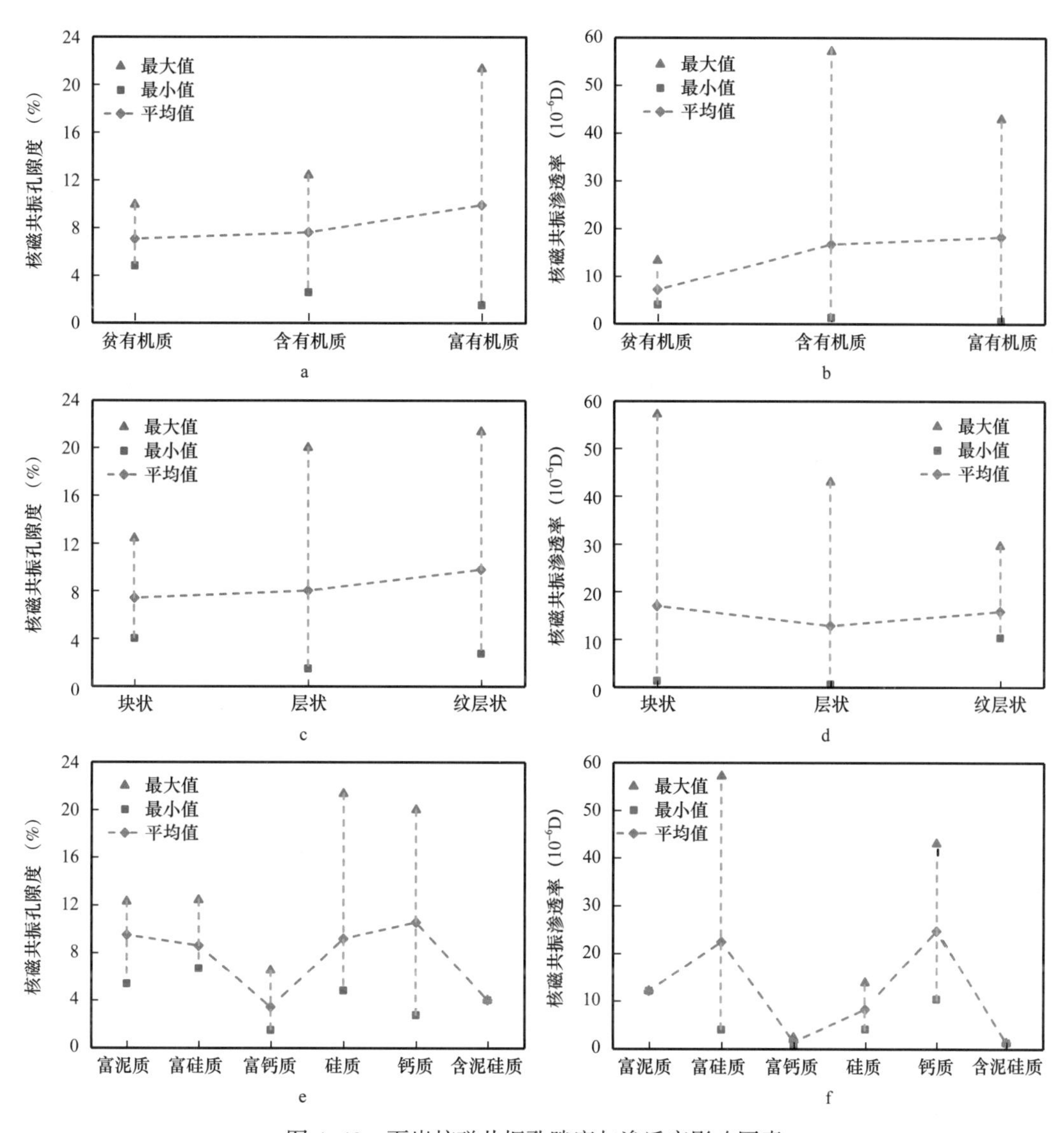

图 4-48　页岩核磁共振孔隙度与渗透率影响因素

第五章

页岩油赋存规律研究

页岩油赋存规律，即石油在页岩中的赋存状态，不同状态石油所占比例、赋存孔径及相互转换条件，是制约页岩油能否有效开发的关键因素，直接决定页岩滞留石油的可动性和可动量。然而，目前尚未建立有效反映页岩原始孔隙结构石油赋存的研究方法，而吸附态与游离态石油的显著差异，为页岩油赋存规律核磁共振表征提供契机。本章将采用核磁共振技术结合热重和离心分析揭示页岩油赋存状态及不同状态页岩油的含量、赋存储集空间及相互转换规律，建立页岩油赋存模式。

第一节　页岩油赋存状态分析

一、页岩油赋存状态核磁共振识别

在单一孔隙流体的常规储层中，T_2 谱表征岩石储集物性特征。然而，页岩含有多种复杂氢核组分，孔隙流体与有机质、黏土矿物结构水等组分质子 T_2 重叠分布，导致单一 T_2 谱分布难以揭示页岩全部氢核弛豫特征[136]。而多维核磁共振技术可有效识别不同氢核质子弛豫特征，获取不同质子贡献的额外分辨率[137—139]。T_1—T_2 技术可获取页岩不同氢核弛豫信息，T_1/T_2 是吸附质—吸附剂相互作用强度的直接反映[140]，因此 T_1—T_2 谱可能是识别不同状态页岩油的有效方法。然而，页岩油储层氢核组分及其赋存状态复杂多样，使得 T_1—T_2 难以直接揭示不同状态页岩油弛豫特征，应首先建立页岩油储层不同氢核组分 T_1—T_2 识别图版。通过分析页岩及其组分（黏土矿物和干酪根）T_2 和 T_1—T_2 特征，建立页岩油储层氢核组分 T_1—T_2 识别图版，结合离心实验探索 T_1—T_2 分析页岩油赋存状态。

（一）不同氢核组分核磁共振弛豫特征

1. 黏土矿物水核磁共振弛豫特征

水是多种矿物的重要组成部分，通常矿物中水可分为三种类型：吸附水、结晶水和结构水（羟基 /OH——）[74]。矿物内部或颗粒间亦可能存在束缚水和自由水。因此，黏土矿物可能存在 5 种不同类型水，且不同水脱失温度不同。束缚水脱失温度约为 60℃，吸附水在 110℃时几乎可被完全除去，结晶水脱失温度较高，为 200～500℃，结构水

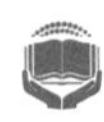

脱失温度最高，为 600～800℃[74]。通过测试分析原始状态、饱和水、60℃、110℃和600℃加热黏土矿物（蒙皂石、伊利石、高岭石和绿泥石）核磁共振 T_2 谱和 T_1—T_2 谱，即可揭示黏土矿物不同类型水的弛豫特征。

蒙皂石具有最大的 BET 表面积（96.563m^2/g）和总孔体积（319.30cm^3/g）（表 5-1），同时其晶体间和表面均能吸附水。因此，原始状态蒙皂石含有大量束缚水，发育显著的 T_2 和 T_1—T_2 谱峰，T_2 峰值约为 0.23ms，T_1/T_2 分布在 0.48～8.70（图 5-1a 和 f）。饱和水蒙皂石呈现明显的单峰分布，T_2 峰值约为 2ms，反映了蒙皂石颗粒间自由水弛豫特征（图 5-1f）。在 T_1—T_2 谱中，自由水信号分布集中，T_1/T_2 约为 1.1（图 5-1b）。60℃真空加热后蒙皂石 T_2 峰值约为 0.1ms，T_1/T_2 较大分布在 0.23～154，为蒙皂石吸附水弛豫特征（图 5-1c 和 f）。110℃真空加热后吸附水几乎完全除去，表明 110℃加热蒙皂石主要反映了结晶水弛豫特征。蒙皂石结晶水 T_2 谱分布显示其峰值约为 0.1ms，而 T_1—T_2 谱峰中心则位于 T_2，约为 0.04ms 处，明显小于一维 T_2 谱（图 5-1d 和 f）。T_1—T_2 谱中结晶水 T_1 呈带状分布，T_1/T_2 范围较大，分布在 0.25～5000（图 5-1d）。600℃加热后蒙皂石仅发育较小的 T_2 谱，其峰值约为 0.09ms，而 T_1 分布范围较大，分布在 0.01～100ms，T_1/T_2 为 0.11～1000，反映了结构水弛豫特征（图 5-1e 和 f）。

表 5-1　氮气吸附分析黏土矿物孔隙结构参数

样品名称	代码	质量（g）	BET 表面积（m^2/g）	总孔体积（$10^{-3}cm^3/g$）	平均孔径（nm）
蒙皂石	STx-1b	8.78	96.563	319.30	13.228
伊利石	IMt-2	10.13	19.738	31.60	6.403
高岭石	KGa-1b	8.19	12.271	138.70	45.224
绿泥石	CCa-2	8.94	4.922	10.54	8.567

伊利石仅能在颗粒表面吸附水，且具有较小的 BET 表面积（19.738m^2/g）和总孔体积（31.60cm^3/g）（表 5-1）。因此，原始状态伊利石为束缚水和结晶水的综合响应，T_2 峰值约为 0.15ms（图 5-2f）。T_1—T_2 呈双峰分布，束缚水信号显著，T_1/T_2 分布在 0.2～100，结晶水信号较弱，T_2 峰值约为 0.04ms（图 5-2a，色标表示 T_1—T_2 谱信号幅度，无量纲，下同）。与蒙皂石相比，饱和水伊利石具有较小的 T_2（峰值约为 1.6ms）和较大 T_1/T_2（约为 3）（图 5-2b）。由于伊利石孔隙表面积较小，吸附水含量较低，使得其 60℃加热后 T_1—T_2 谱为吸附水与结晶水弛豫信号叠加，T_2 峰值约为 0.06ms，T_1/T_2 分布在 0.17～5000（图 5-2c 和 f）。110℃干燥伊利石主要反映了结晶水弛豫特征，T_2 最短，与蒙皂结晶水相似，峰值约为 0.04ms，T_1 分布范围较大，介于 0.01～200ms，使得 T_1/T_2 较高，最高可达 5000（图 5-2d 和 f）。600℃干燥伊利石 T_2 和 T_1—T_2 分布显示了结构水弛豫特征，T_2 峰值约为 0.1ms，T_1/T_2 最高，分布在 0.1～20000（图 5-2e 和 f）。

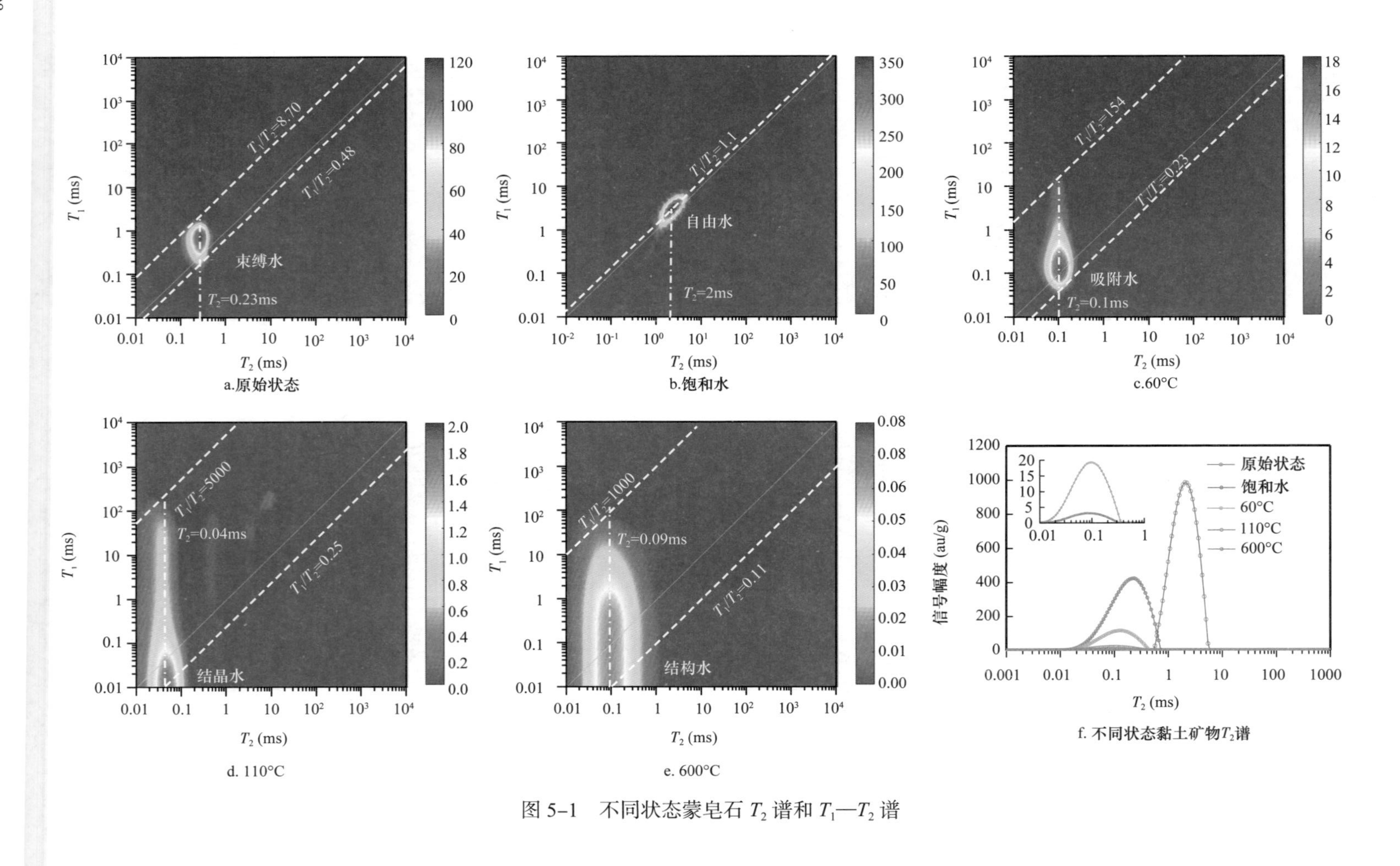

图 5-1 不同状态蒙皂石 T_2 谱和 T_1—T_2 谱

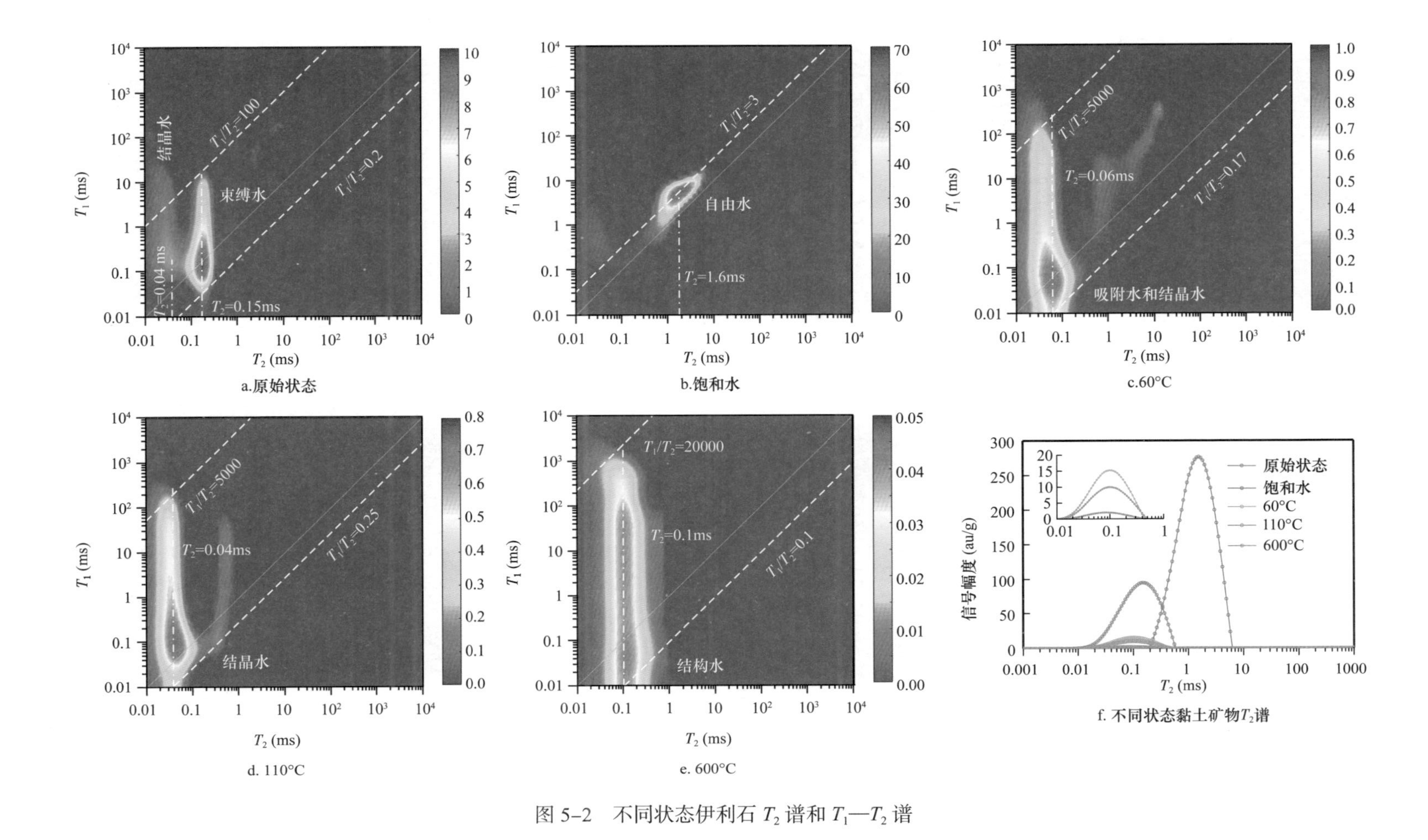

图 5-2　不同状态伊利石 T_2 谱和 T_1—T_2 谱

高岭石发育较小的孔隙表面积（12.271m^2/g）和较大的总孔体积（138.70cm^3/g），使其平均孔径最高（45.224nm）。较大的总孔体积使得原始状态高岭石束缚水信号显著，T_2 峰值约为 0.21ms，T_1/T_2 分布在 0.5～50（图 5-3a 和 f）。最大的平均孔径使得饱和水高岭石 T_2 最高，峰值约为 6.3ms，T_1/T_2 与蒙皂石相似，约为 1.2（图 5-3c 和 f）。60℃干燥高岭石 T_2 和 T_1—T_2 分布显示了吸附水弛豫特征，具有较小 T_2，峰值约为 0.06ms，T_1/T_2 分布范围较大（0.5～1000）（图 5-3c 和 f）。110℃干燥高岭石主要反映了结晶水弛豫特征，T_2 较小，峰值约为 0.07ms，T_1 分布范围较大，T_1/T_2 较高，介于 0.14～5000（图 5-3d 和 f）。600℃干燥高岭石的 T_2 和 T_1—T_2 分布仅反映了结构水弛豫特征，T_2 峰值约为 0.12ms，T_1/T_2 介于 0.08～2000（图 5-3e 和 f）。

绿泥石具有最小的孔隙表面积（4.922m^2/g）和总孔体积（10.54cm^3/g），使其吸附水能力明显小于其他黏土矿物。因此，绿泥石束缚水含量较低，其原始状 T_2 和 T_1—T_2 分布为束缚水、吸附水和结晶水弛豫信号的综合响应，T_2 谱呈单峰分布，峰值约为 0.11ms，T_1—T_2 中心位于 T_1/T_2—2 的直线上，T_1/T_2 较大，分布在 0.09～3000（图 5-4a 和 f）。饱和水绿泥石具有最大的 T_2 峰值（约为 7.4ms）和较高的 T_1/T_2（约为 2.4），显示绿泥石颗粒间自由水弛豫特征（图 5-4b 和 f）。60℃干燥绿泥石 T_2 峰值约为 0.12ms，T_1/T_2 较高，分布在 0.08～2500，反映了绿泥石吸附水弛豫特征（图 5-4c 和 f）。110℃干燥绿泥石与其他黏土矿物弛豫特征差异显著，其 T_1—T_2 呈明显的双峰分布，T_1—T_2 谱峰中心分别位于 $T_2\approx0.2$ms、T_1/T_2—100 线和 $T_2\approx0.1$ms、T_1/T_2—1.1 线（图 5-4d）。600℃干燥绿泥石揭示了结构水弛豫特征，T_2 峰值约为 0.3ms，T_1/T_2 较低，介于 0.03～700（图 5-4e）。

2. 干酪根及其赋存流体核磁共振弛豫特征

页岩样品干燥干酪根 T_2 谱分布范围小于 1ms，其中 H172-1 干酪根 T_2 峰值约为 0.13ms，Y556-1 岩样干酪根峰值约为 0.07ms（图 5-5a 和 c）。H172-1 有机质成熟度 T_{max} 为 441℃，处于成熟阶段，而 Y556-1 有机质成熟度为 431℃，处于低成熟阶段。T_1—T_2 谱显示，H172-1 岩样洗油干燥干酪根 T_1—T_2 谱分布中心位于 T_2 约为 0.07ms，T_1/T_2 为 20，T_1/T_2 较高，而 Y556-1 岩样洗油干燥干酪根 T_1/T_2 较低，约为 1.4（图 5-6a 和 d），反映了干酪根由低成熟到成熟 T_1/T_2 呈增加趋势[50]。

饱和水干酪根 T_2 谱呈双峰分布，由显著的右峰和较小的左峰构成，右峰峰值约为 20ms，左峰约为 0.2ms，分别反映了干酪根颗粒间和孔隙内水的弛豫特征（图 5-5b 和 d）。饱和水干酪根 T_1—T_2 谱呈线性分布，位于 T_1/T_2—1.7 的直线上，仅反映了干酪根颗粒间水分布（图 5-6b 和 e）。由于页岩油储层分离干酪根为油润湿，因此饱和水干酪根可用于分析游离流体核磁共振弛豫特征。饱和干酪根部分水挥发后，所有流体 T_2 均小于 20ms，T_1—T_2 谱呈线性分布，位于平行于 T_1/T_2=1 的直线上（图 5-5b 和 d，图 5-6c 和 f）。因此，孔隙系统中游离流体 T_1—T_2 谱呈线性分布，且位于平行于 T_1/T_2=1 的直线上。

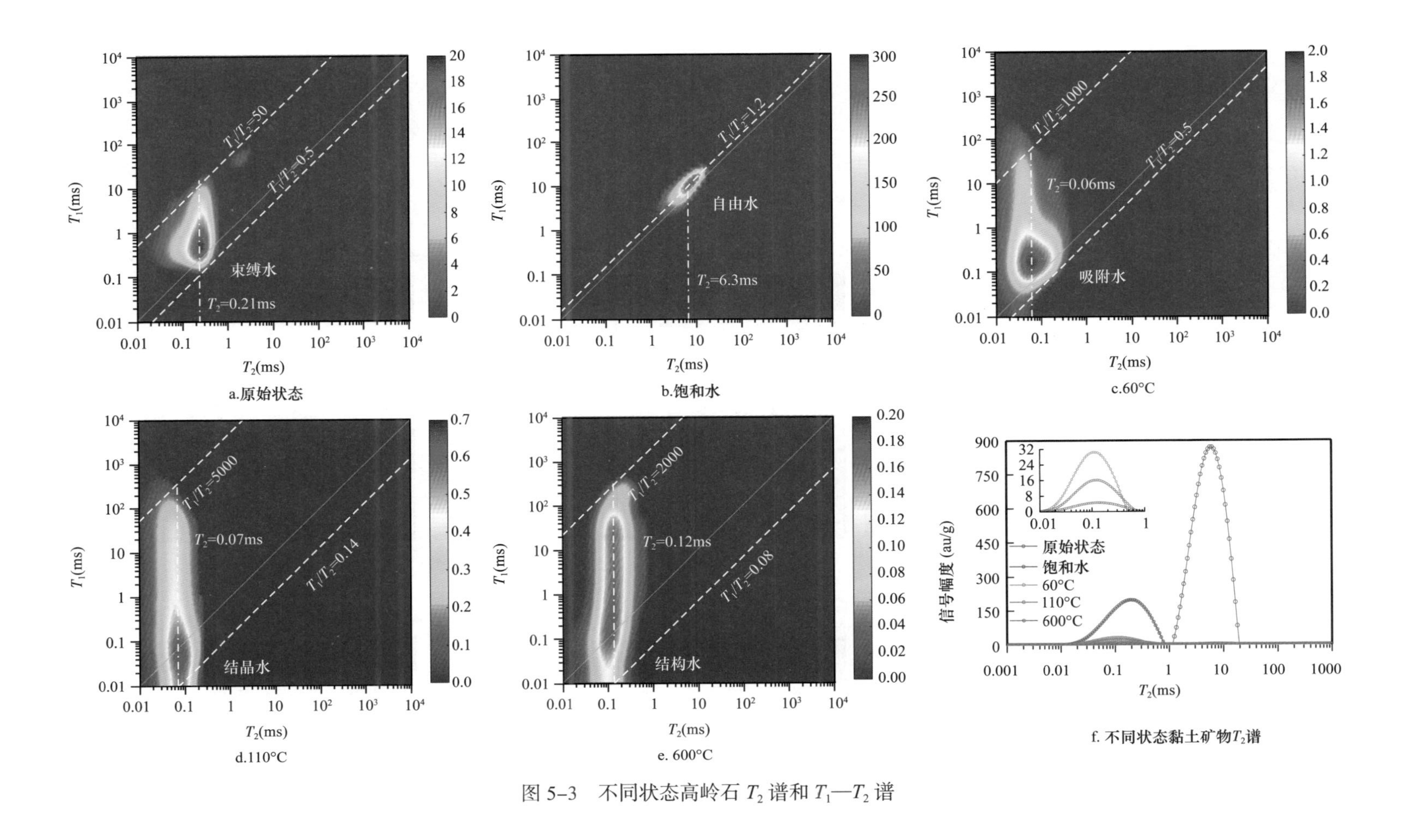

图 5-3　不同状态高岭石 T_2 谱和 T_1—T_2 谱

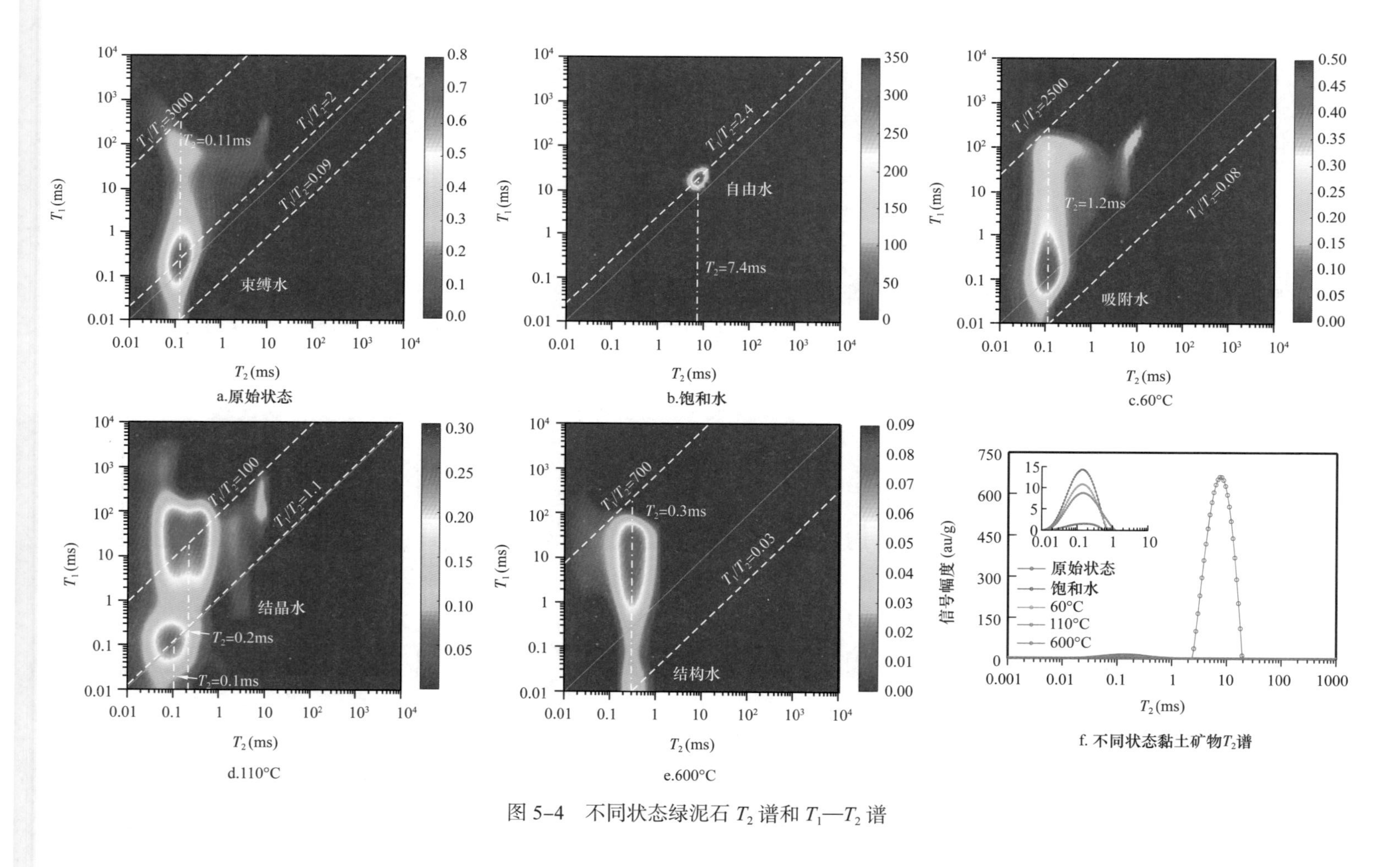

图 5-4 不同状态绿泥石 T_2 谱和 T_1—T_2 谱

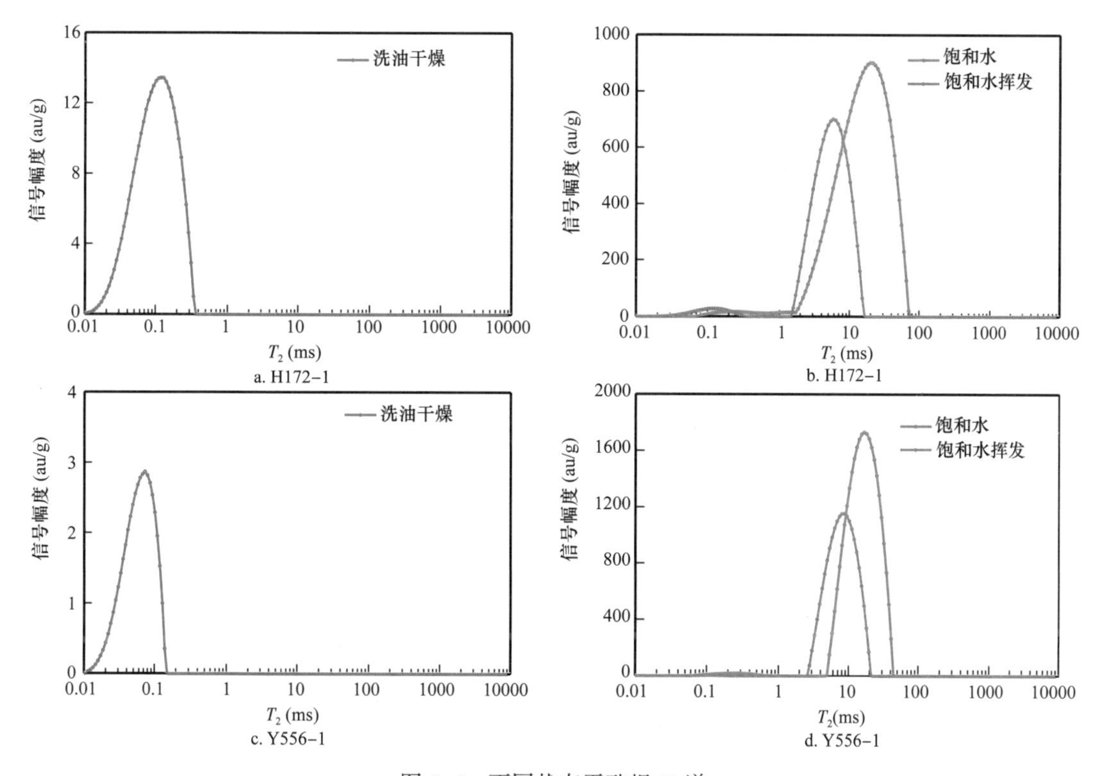

图 5-5　不同状态干酪根 T_2 谱

3. 不同状态页岩核磁共振弛豫特征

为了揭示页岩不同氢核组分弛豫特征，系统测试分析了页岩原始状态、洗油干燥、饱和油及饱和水 T_2 和 T_1—T_2 分布。当黏土矿物含量大于 30% 时，原始状态页岩 T_2 谱呈双峰分布，由显著的左峰和微弱的右峰构成，其中左峰主要分布范围小于 1ms，反映了黏土矿物束缚水弛豫特征，而右峰分布在大于 2ms，主要反映了孔隙残余油或水弛豫信号（图 5-7a 至 c）。黏土矿物含量较低时，原始状态页岩（F169-4）T_2 谱幅度降低，且呈多峰分布，主要显示了孔隙残余流体弛豫信号（图 5-4d）。高黏土矿物（>30%）页岩原始状态 T_1—T_2 分布与原始状态伊利石相似，均由 T_2 峰值约为 0.2ms 显著束缚水峰和 T_2 峰值约 0.04ms 微弱结晶水峰构成，表明页岩黏土矿物主要有伊利石构成（图 5-2a，图 5-8）。低黏土矿物页岩原始状态 T_1—T_2 分布发育显著的残余流体峰，T_2 峰值约为 3ms，而 T_1 谱呈带状分布，显示了固态（或类固态）氢核弛豫特征[140]（图 5-8）。干燥页岩样品 T_1—T_2 谱呈双峰分布，由 T_2 峰值约为 0.04ms 的左峰和大于 0.2ms 的右峰构成，其中左峰信号幅度较高，与 110℃干燥伊利石分布一致，表明左峰主要源于黏土矿物结晶水，而右峰信号幅度极低，其信号可能源于页岩洗油干燥未去除的强结合的油或水（图 5-8）。

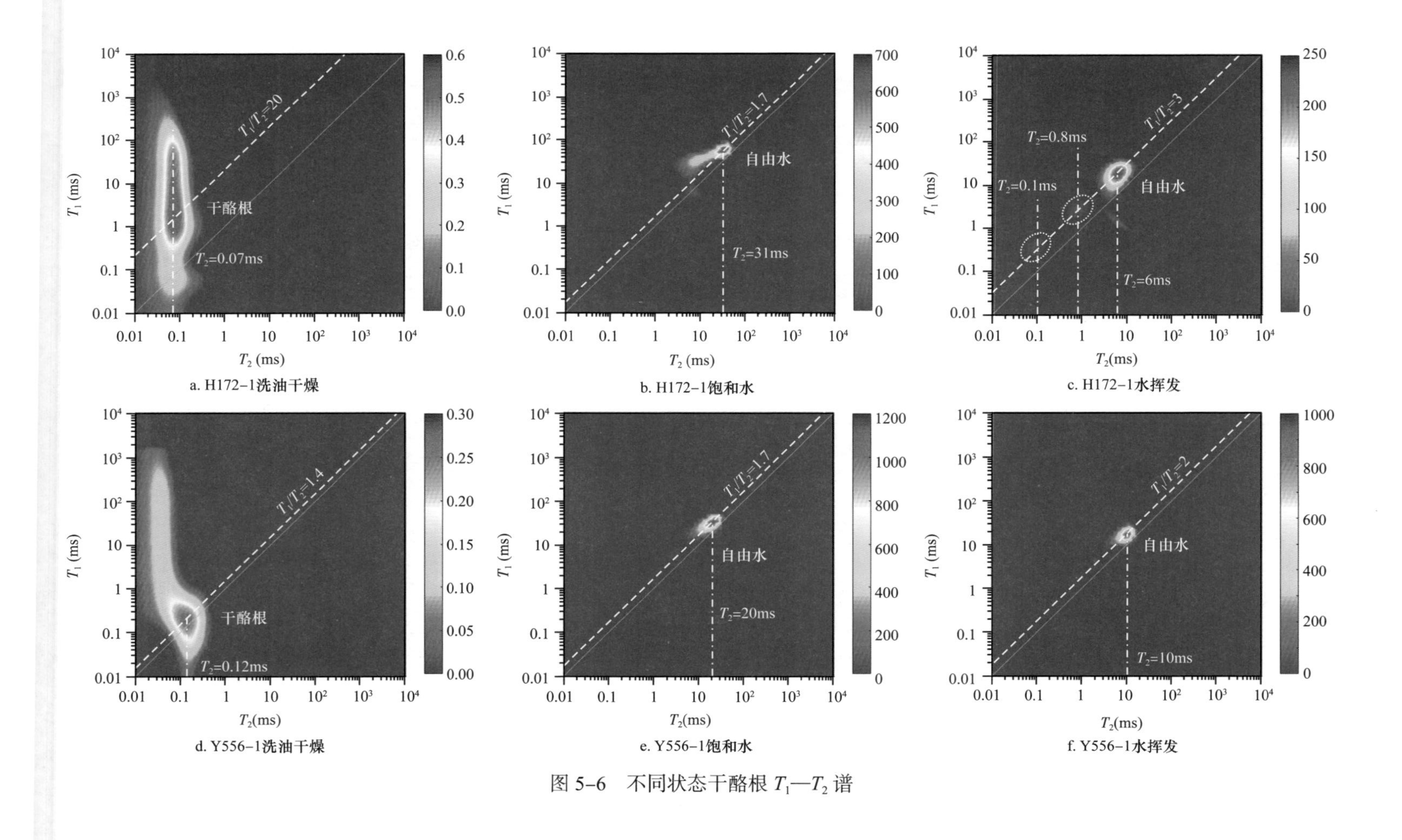

a. H172-1洗油干燥　b. H172-1饱和水　c. H172-1水挥发

d. Y556-1洗油干燥　e. Y556-1饱和水　f. Y556-1水挥发

图 5-6　不同状态干酪根 T_1—T_2 谱

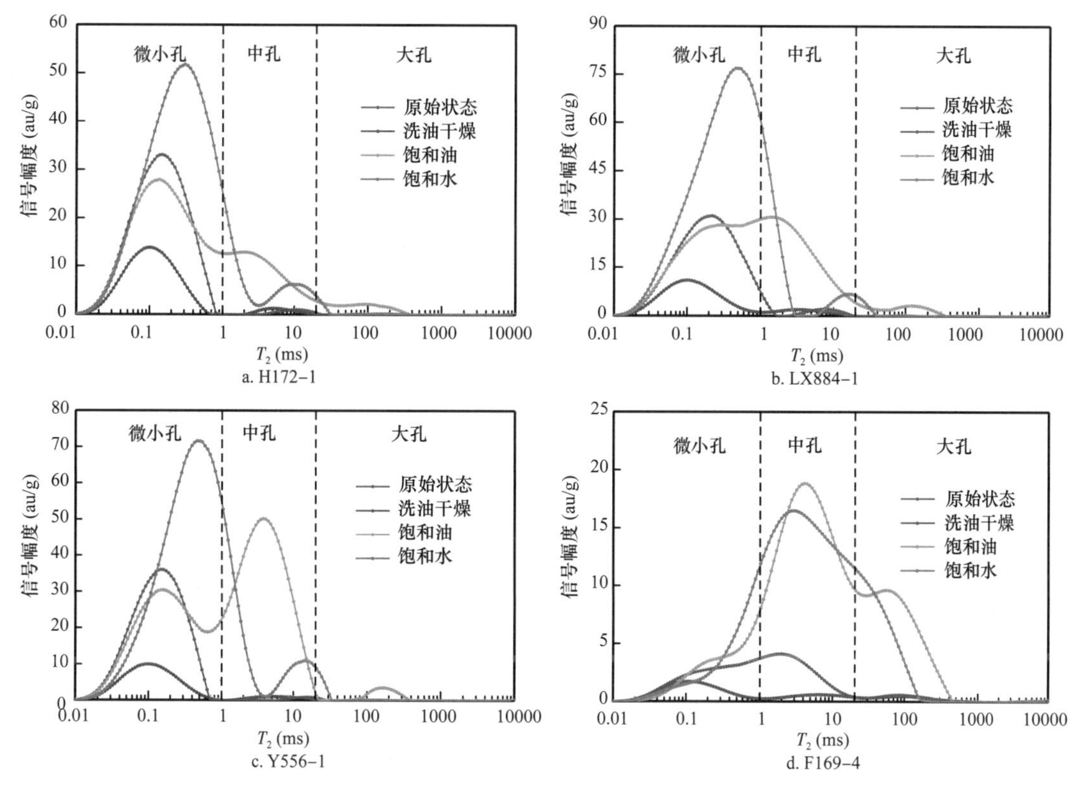

图 5-7 不同状态页岩 T_2 谱

饱和油页岩 T_1—T_2 谱分布可分为三部分：结晶水（T_2<0.1ms）、纳米级孔隙油（0.1ms<T_2<20ms）和大孔隙油（20ms<T_2）（图 5-8）。其中结晶水 T_2 峰值最小，约为 0.04ms，T_1 呈带状分布，可动性最差，显示了固态氢核弛豫特征。大孔隙油呈线性分布，位于 T_1/T_2～10 的直线上，即大孔隙油主要为游离油，可流动性最好。T_1 呈带状分布是纳米级孔隙油的典型特征，且孔隙越小 T_1/T_2 分布范围越大，揭示了类固态氢核（吸附油）对核磁共振弛豫的影响，说明吸附油主要赋存于页岩纳米级孔隙，且孔隙越小吸附油相对含量越高。高黏土矿物页岩饱和水 T_1—T_2 谱分布主要反映了页岩孔隙水分布，T_2 峰值约为 0.35ms 或 0.5ms，T_1/T_2 较高，介于 0.5～200，表明页岩孔隙水以束缚水为主，可动性较差（图 5-8）。低黏土矿物页岩 T_1—T_2 谱呈双峰分布，中心分别位于 T_2 为 4ms 和 30ms 处，其中大孔隙水 T_1—T_2 分布与游离油相似，表明 T_1—T_2 分布无法有效识别大孔隙游离油和水分布[141]。

4. 页岩核磁共振氢核识别图版

前人研究表明 T_2 谱峰值可指示黏土矿物类型[142, 143]，本书显示黏土矿物 T_2 谱峰值由高到低依次为：蒙皂石（0.23ms）、高岭石（0.2ms）、伊利石（0.15ms）和绿泥石（0.14ms）（图 5-1f、图 5-2f、图 5-3f、图 5-4f），但与 Matteson 等[143]分析结果差异较大。因此，简单 T_2 谱峰值可能难以直接有效识别黏土矿物类型，因为黏土矿物 T_2 谱峰

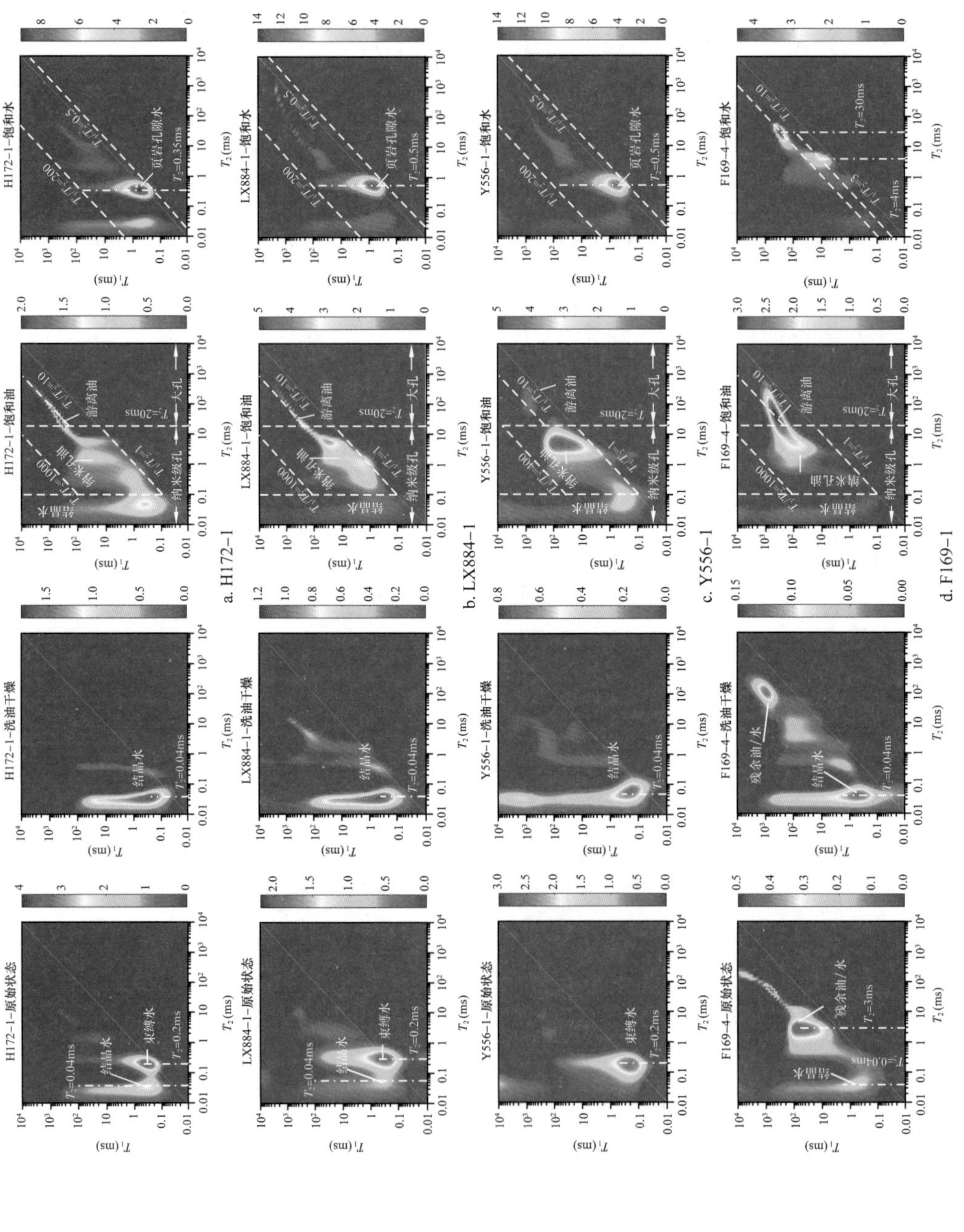

a. H172-1

b. LX884-1

c. Y556-1

d. F169-1

图 5-8　不同状态页岩 T_1—T_2 谱

值与其压实程度有关[143]。然而 T_1—T_2 谱分布蕴含着更加复杂多样的信息，可有效指示黏土矿物类型。不同类型黏土矿物矿物原始状态、60℃、110℃和600℃干燥 T_1—T_2 谱分布具有明显差异，尤其是原始状态和110℃干燥差异最为显著，可有效指示黏土矿物类型（图 5-1 至图 5-4）。干酪根 TOC 质量归一化和页岩原始状态及洗油干燥 T_1—T_2 谱分布如图 5-9 所示，表明页岩干酪根信号幅度远小于其黏土矿物束缚水或结晶水，因此页岩 T_1—T_2 谱分布通常难以有效观测干酪根弛豫特征。

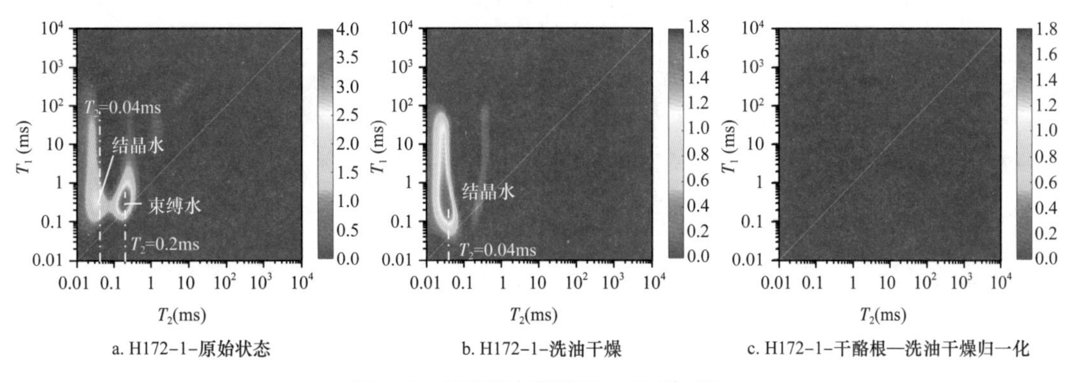

图 5-9　干酪根与页岩 T_1—T_2 谱对比

T_1—T_2 谱是指示不同类型氢核质子弛豫特征的有效方法，参考 Fleury 和 Romero-Sarmiento[50] 建立的气页岩 T_1—T_2 谱图版，建立了含油页岩（即页岩油储层）T_1—T_2 谱不同类型氢核识别图版，共包括 8 类页岩氢核质子，如图 5-10 所示。

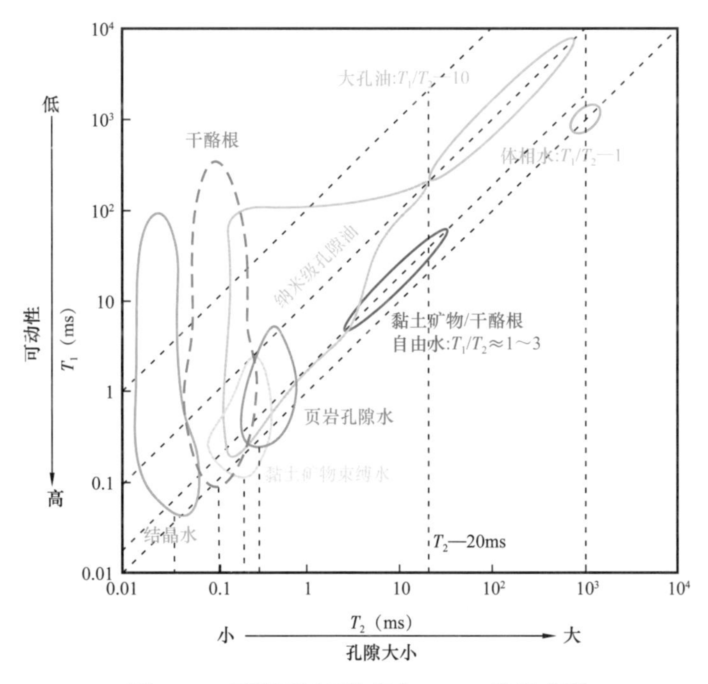

图 5-10　页岩不同氢核组分 T_1—T_2 谱模式图

自由流体：自由流体信号位于 T_1/T_2—1 的直线上，且其 T_2 等于自由弛豫时间（如纯水自由弛豫时间 T_{2b} 约为 3000ms）；大孔隙油：大孔隙油 T_1—T_2 谱呈线性分布，位于 T_1/T_2—10 的直线上，T_2 分布在 20ms 到自由弛豫时间；纳米级孔隙油：带状分布的 T_1 和变化范围较大的 T_2 分布范围是纳米级孔隙油的典型特征，反映了纳米级孔隙吸附油的弛豫特征；黏土矿物或干酪根自由水：二者分布特征相似，T_1—T_2 谱呈线性分布，位于相互平行的 T_1/T_2—1～3 的直线上；页岩孔隙水：高黏土矿物页岩孔隙水信号显著，中心位于 $T_2 \approx 0.5$ms，T_1/T_2—1 的直线附近；黏土矿物束缚水：与页岩孔隙水弛豫特征相似，但其 T_2 峰值较小，约为 0.2ms；干酪根：仅在高 TOC 页岩可观测到[144]，其 T_1/T_2 与有机质成熟度有关，成熟度增加，T_1/T_2 增加，T_2 峰值较小，约为 0.1ms；黏土矿物结晶水：T_2 峰值最小，约为 0.04ms，但 T_1 分布范围较大，T_1/T_2 较高，在洗油干燥（110℃）页岩 T_1—T_2 谱中分布显著。

（二）页岩油赋存状态

饱和油页岩 T_2 谱呈典型的三峰分布分别对应于微小孔（T_2＜1ms）、中孔（1ms＜T_2＜20ms）和大孔（T_2＞20ms）。不同离心力离心后页岩 T_2 谱分布显示，大孔主要蕴含可动油，随离心力增加几乎可完全排出，对应于离心力增加 T_2 谱大孔部分（20ms＜T_2）逐渐左移，并最终与页岩基底（干燥）信号重合（图 5-11）。中孔流体由可动油和束缚油组成，随着离心力增加可部分排出，孔隙越小（即 T_2 越小）可动油比例越低，而微小孔流体几乎不可动，不同离心力离心后 T_2 谱近于重合分布。

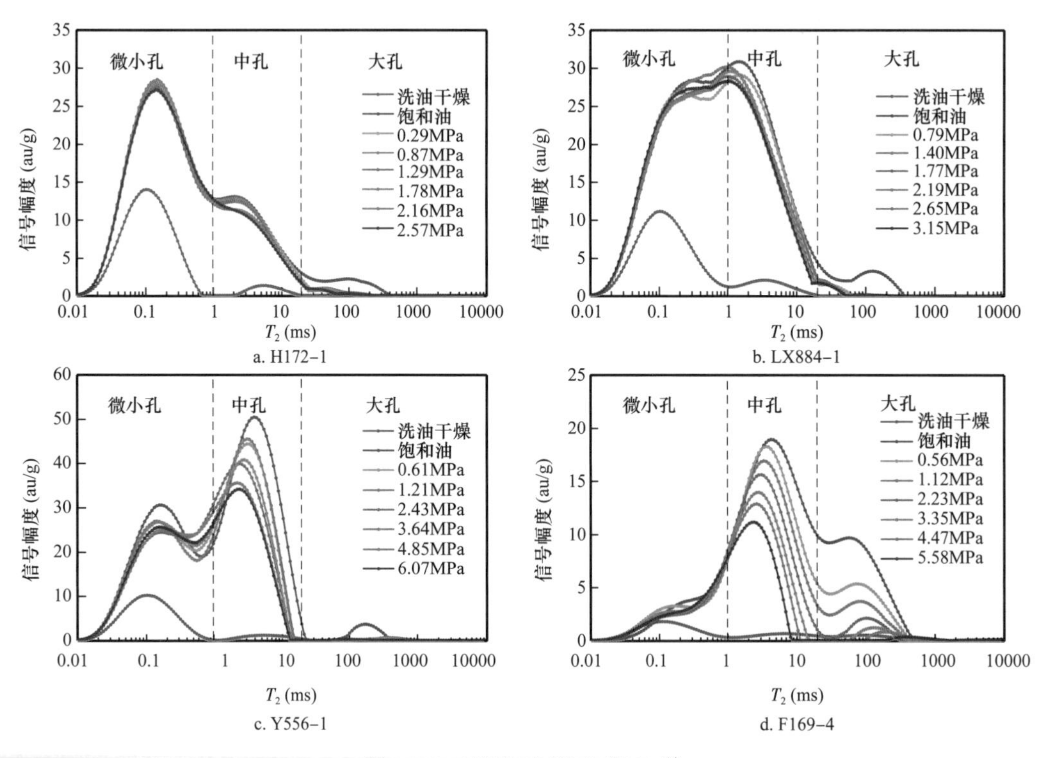

图 5-11　页岩不同饱和度 T_2 谱

不同饱和度页岩 T_1—T_2 谱分布可指示页岩油可动性和吸附 / 游离赋存状态。随离心力增加，大孔部分油信号逐渐减弱，而中孔和微小孔信号则相对增强（图 5-12、图 5-13）。此外，对于中孔和微小孔，孔隙越小，T_1 分布范围越大，T_1/T_2 越大。由于 T_1/T_2 是吸附剂与吸附质相互作用强度的直接指示，因此 T_1/T_2 越高，孔隙吸附油比例越高，即孔隙越小，吸附油比例越高。

如上所述，T_1—T_2 谱是指示页岩孔隙吸附—游离油分布的有效方法。基于页岩油储层不同氢核识别图版和不同离心力页岩 T_1—T_2 谱分布，建立了页岩油赋存状态核磁共振识别模式图。如图 5-14 所示，页岩吸附油主要赋存于纳米级孔隙，尤其是小于 100nm 的微小孔，并且吸附比例随着孔隙减小迅速增加。而大孔和中孔主要赋存游离油，由束缚油和可动油组成，孔径增加束缚油比例降低，可动油比例增加。即页岩微小孔主要赋存吸附油和束缚油，中孔主要为束缚油和可动油，吸附油含量较低，而大孔主要为可动油。

二、热重—核磁共振页岩吸附—游离油定量表征

页岩油按其赋存状态可以分为吸附油和游离油，而根据其可流动性又可将游离油分为束缚油和可动油。吸附油附着于页岩纳米级孔隙表面或有机质内部，表面强吸附力使其难以移动，具有最低的蒸汽压力；束缚油指赋存于页岩毛细管中的石油，由于毛细管力作用通常难以自由流动，具有低于正常状态的蒸汽压力；可动油主要赋存于大孔隙或裂隙内，易于流动，具有正常蒸汽压力[45]。因此，页岩孔隙系统中不同类型页岩油在热力作用下挥发难易程度不同，可动油最易挥发，其次为束缚油，吸附油与孔隙表面强附着最难挥发，同时不同类型页岩油相同温度下挥发速率不同，可动油挥发速率最高，束缚油次之，吸附油最小。因此，应用热重实验分析可有效区分页岩孔隙系统中不同类型页岩油含量。

作为无损、快速探测技术，核磁共振是动态监测热重过程页岩孔隙流体变化的有效方法，可对不同类型页岩油挥发过程进行无损识别，是揭示页岩可动油、束缚油和吸附油的动态挥发变化过程、赋存储集空间等特性的有效方法。因此，采用热重—核磁共振相结合，热重分析同时进行核磁共振测试 T_2 和 T_1—T_2，实时动态监测饱和油（nC_{12}）页岩孔隙流体挥发过程。通过 13 块页岩样品饱和油 60℃热重和核磁共振测实时监测分析，建立了页岩吸附—游离油热重—核磁共振联合定量评价方法，随后依次进行了页岩样品饱和油 90℃和 110℃热重分析。

（一）页岩吸附—游离油定量评价（60℃）

饱和油页岩热重分析实时记录样品质量变化，以分析不同时间页岩油挥发量。为了有效对比分析不同页岩样品相对含油量，将页岩油挥发量除以干燥样品质量标准化，60℃热重质量变化如图 5-15 所示。页岩油挥发量（即损失油量）随加热时间增加而增加，不同样品页岩油挥发速率不同，页岩油挥发速率取决于页岩孔隙结构，孔隙结构越好，页岩油挥发速率越高。

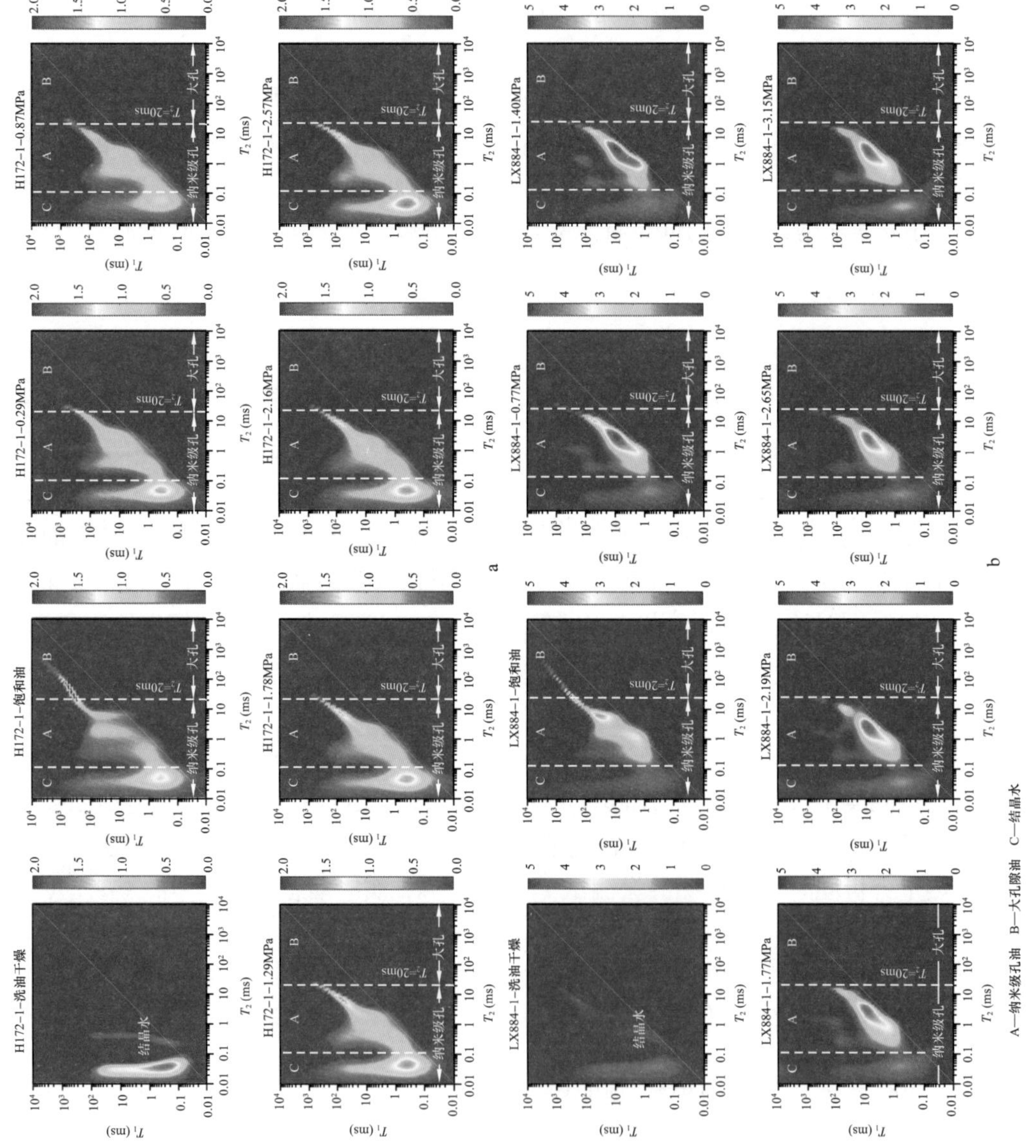

图 5-12 不同饱和度页岩 T_1—T_2 谱（H172-1 和 LX884-1）

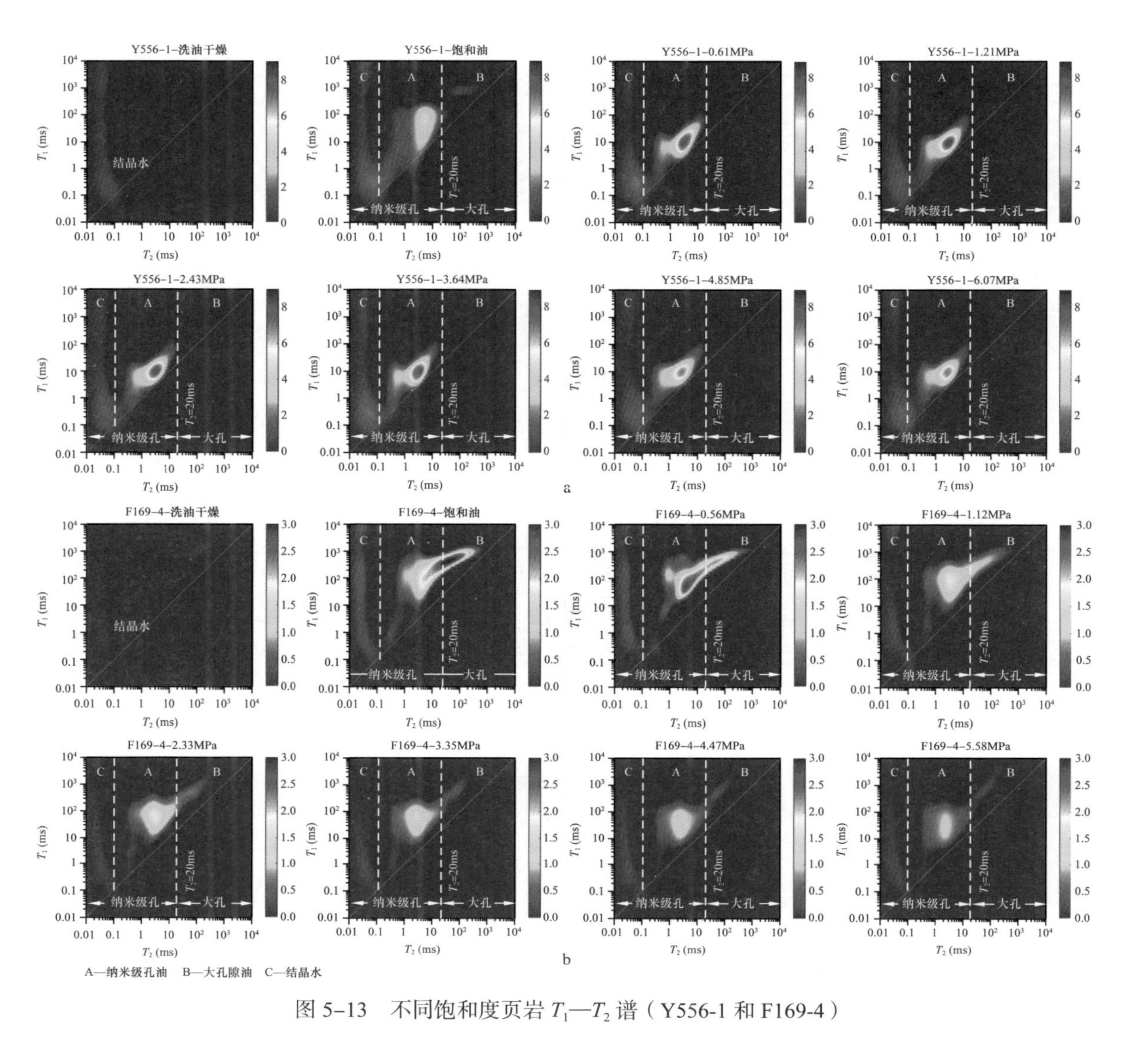

图 5-13 不同饱和度页岩 T_1—T_2 谱（Y556-1 和 F169-4）

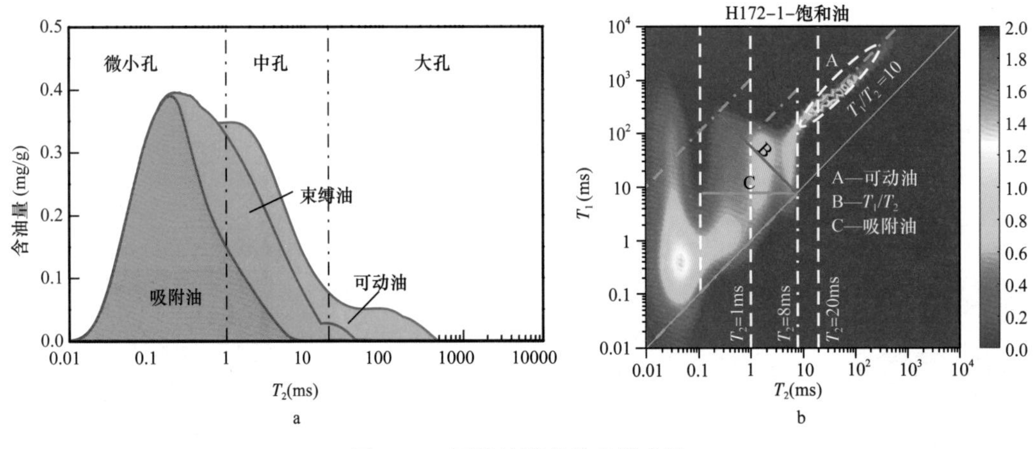

图 5-14　页岩油赋存状态模式图

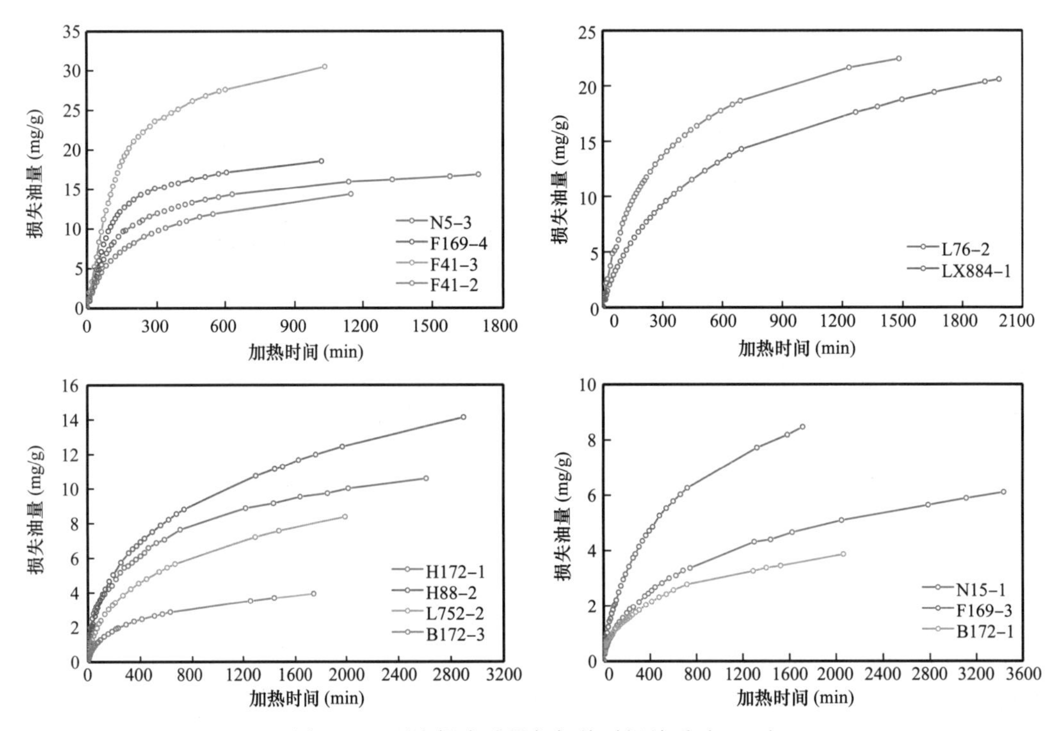

图 5-15　页岩损失油量与加热时间关系（60℃）

如果热重分析过程中油分子运动完全是由布朗运动引起的，则该运动过程粒子平均位移（$[z(t)-z(0)]^2$）的平方可用爱因斯坦方程表示，与时间（t）呈线性关系[146, 147]：

$$[z(t)-z(0)]^2=2D_0t \tag{5-1}$$

式中，$z(t)$ 与 $z(0)$ 分别为粒子在 t 时刻和 0 时刻的位置；D_0 为分子自由扩散系数。

然而，在页岩孔隙系统中油分子迁移受其孔隙壁面强烈影响，同时又包括可动油、束缚油和吸附油。因此，页岩孔隙系统中，油分子运动可能是由几个不同过程构成，即式（5-1）可转换为[148]：

$$\left[z(t_1)-z(0)_1\right]+\left[z(t_2)-z(0)_2\right]+\cdots+\left[z(t_i)-z(0)_i\right]=a_1\sqrt{t_1}+a_2\sqrt{t_2}+\cdots+a_i\sqrt{t_i} \quad (5-2)$$

式中，a_1，a_2，…，a_i 表示不同时间段粒子迁移速率，与页岩油赋存状态及储集空间大小有关。

归一化损失油量可表示粒子平均位移，式（5–2）可转换为[148]：

$$a_1\sqrt{t_1}+a_2\sqrt{t_2}+\cdots+a_i\sqrt{t_i}=\left(m_0-m_{ti}\right)/m_R \quad (5-3)$$

式中，m_0 和 m_{ti} 分别表示饱和油页岩质量和 t_i 时刻页岩质量；m_R 表示干燥页岩质量；（m_0–m_{ti}）/m_R 即为归一化页岩损失油量，mg/g。

根据式（5–3），页岩损失油量与加热时间的平方根呈现多段线性关系，即页岩损失油量与加热时间的平方根应位于几段不同斜率的直线上。如图 5–16 所示，13 个页岩样品在 60℃时损失油量与加热时间的平方根由 3 个线性段构成，随着加热时间增加，斜率逐渐降低。页岩油挥发过程不同时间段挥发斜率可识别页岩油的赋存状态，斜率由大到小分别代表可动油、束缚油和吸附油[148]。根据不同阶段页岩质量即可获得不同类型页岩油含量，13 块页岩样品总含油量介于 4.43～34.49mg/g，平均为 18.54mg/g，其中吸附油含量最高，分布在 2.58～17.61mg/g，平均为 8.40mg/g，吸附比例介于 23.65%～69.64%，平均为 49.70%。束缚油含量较低，平均为 4.28mg/g，分布在 1.69～6.43mg/g，束缚比例介于 14.49%～59.75%，平均为 26.57%。可动油含量最低，分布在 0～20.61mg/g，平均为 5.89mg/g，而可动比例介于 0～59.75%，平均为 23.73%。

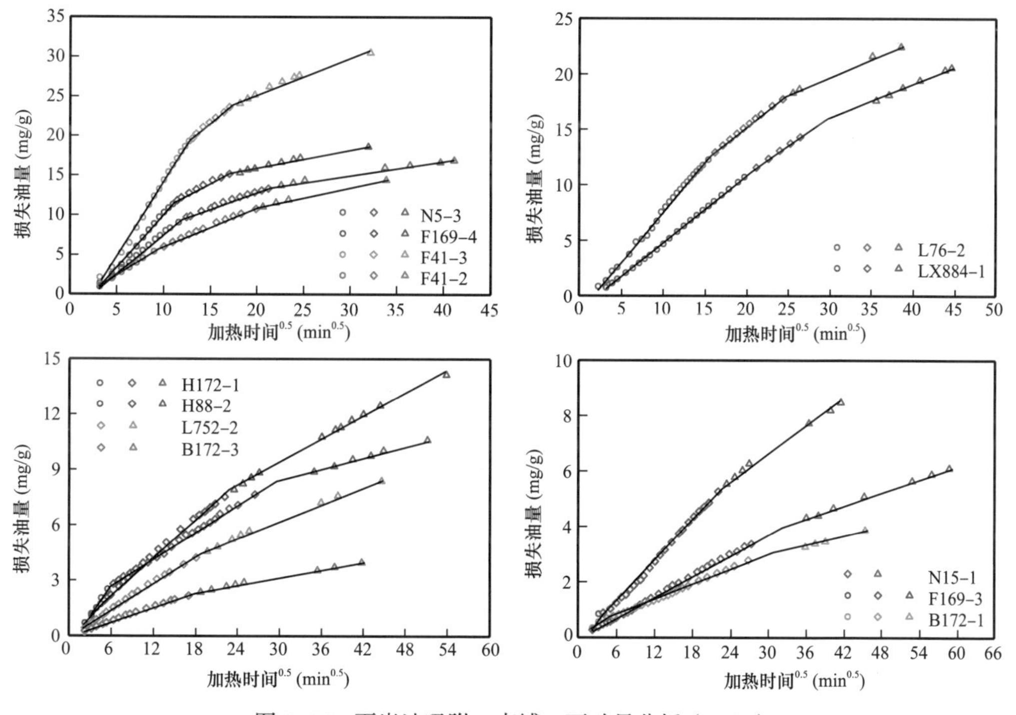

图 5–16 页岩油吸附—束缚—可动量分析（60℃）

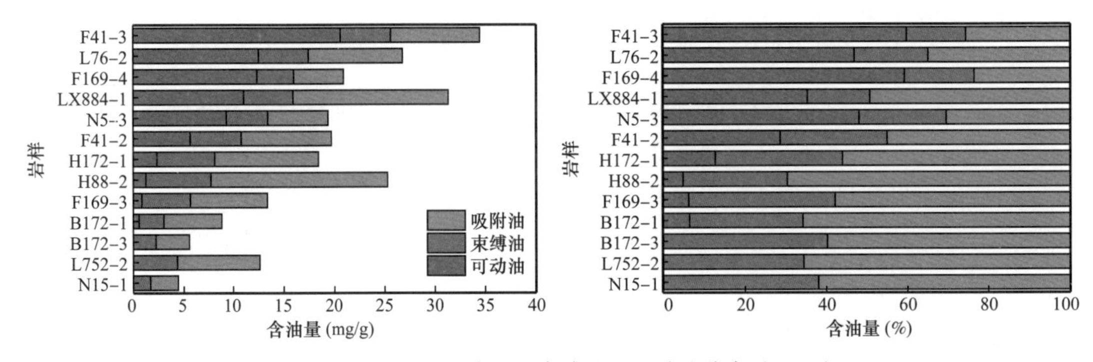

图 5-17　页岩油吸附油、束缚油、可动油分布（60℃）

（二）页岩油挥发过程核磁共振分析

采用核磁共振技术实时监测分析页岩油挥发过程，分别测试了 60℃不同加热时间页岩 T_2 谱和 T_1—T_2 谱，每个样品测试干燥、饱和油及不同加热时间 T_2 谱 11～14 个，干燥、饱和油和不同挥发阶段 T_1—T_2 谱 4 个，其中不同类型页岩样品 T_2 和 T_1—T_2 谱如图 5-18 至图 5-20 所示。不同加热时间页岩 T_2 谱变化可有效指示不同类型页岩油挥发过程。可动油挥发阶段，页岩 T_2 谱 p1 峰基本保持不变，p2 峰和 p3 峰逐渐降低，并且 p3 峰逐渐左移直至与洗油干燥 T_2 谱重合，表明页岩油可动油主要赋存于大孔和中孔。束缚油挥发阶段，p2 峰逐渐降低并左移，p1 峰变化较小，并逐渐稳定，即页岩束缚油主要赋存于中孔，微小孔含量较少。吸附油挥发阶段，p1 峰幅度显著降低，说明页岩吸附油主要赋存于微小孔。

以 N5-3 样品为例，当加热时间小于 115min 时，即可动油挥发阶段，p2 峰信号幅度迅速降低，由 429.64au/g 迅速减小至 191.37au/g，降低速率约为 2.07au/g/min，p3 峰逐渐消失与干燥样品重合，而 p1 峰基本保持不变或略有增加，信号幅度由 231.05au/g 略增至 245.08au/g，表明大孔和中孔表面也含少量吸附油，使得其中可动油挥发后 p1 峰信号幅度略有增加（图 5-18f）。加热时间介于 115～390min 时，主要为束缚油挥发阶段，p1 峰信号幅度先略有降低，由 245.08au/g 减小至 230.75au/g，而后保持稳定，约为 230au/g，而 p2 峰信号幅度进一步降低，但减小速率降低，由 191.37au/g 逐渐减小至 78.27au/g，降低速率约为 0.98au/g/min。当加热时间大于 390min 时，主要为吸附油挥发，挥发速率较低，主要表现为 p1 峰信号幅度缓慢减小，由 23003au/g 逐渐降低至 160.95au/g，降低速率约为 0.05au/g/min，p2 峰信号幅度也缓慢降低，且降低速率与 p1 峰相近，约为 0.05au/g/min，表明不同储集空间相同状态页岩油挥发速率相近，因此根据挥发速率可有效识别不同状态页岩油分布。

T_1—T_2 谱可指示页岩油赋存状态，不同挥发阶段页岩 T_1—T_2 谱分布如图 5-19、图 5-20 所示。饱和油 T_1—T_2 谱分布反映了页岩所有孔隙度流体分布，包括可动油、束缚油和吸附油，束缚油挥发阶段 T_1—T_2 谱分布则反映了束缚油和吸附油分布，而吸附油挥发阶段仅含有吸附油弛豫信号。因此，不同挥发阶段页岩 T_1—T_2 谱分布可有效反应不同

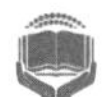

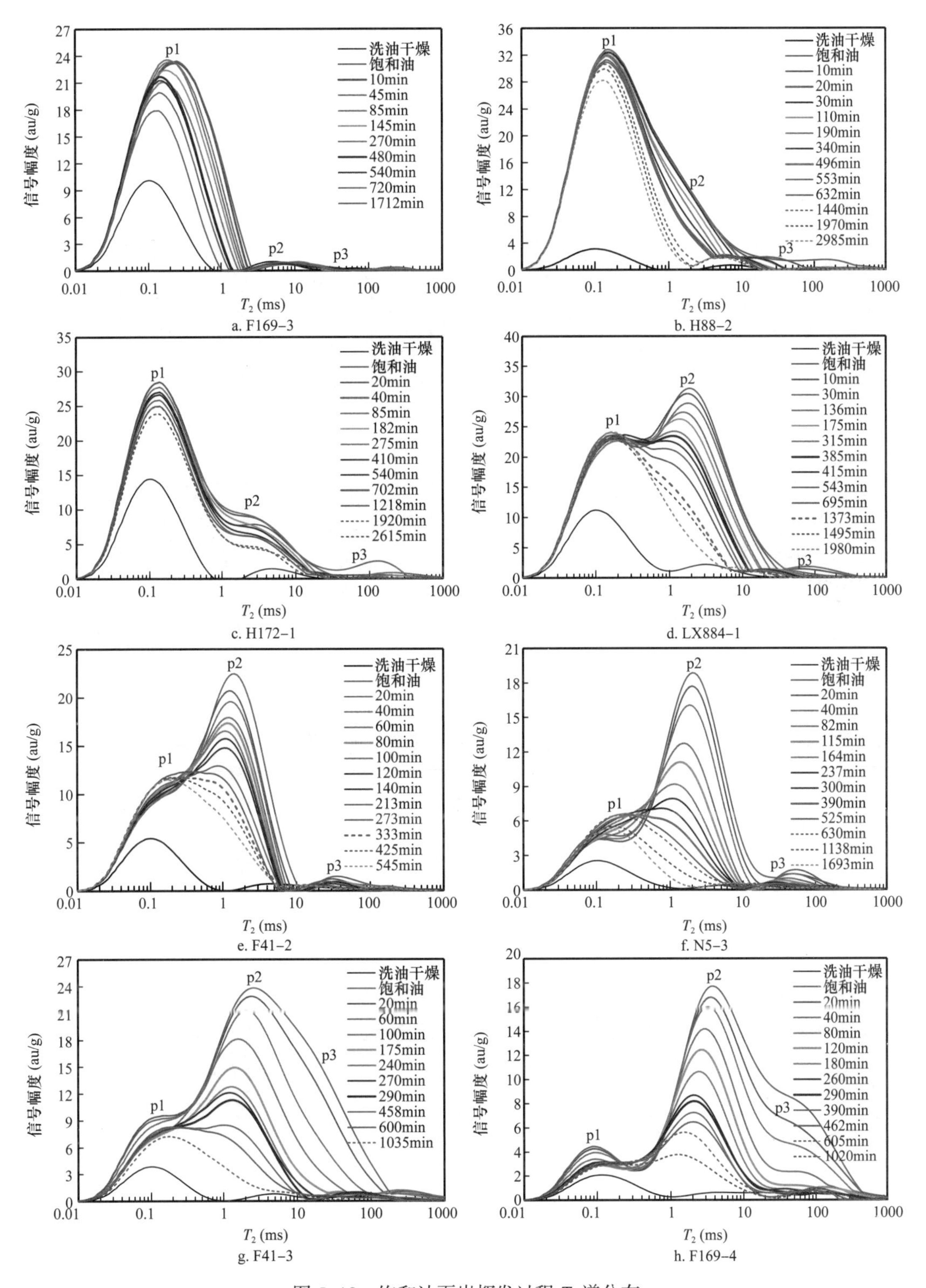

图 5-18　饱和油页岩挥发过程 T_2 谱分布

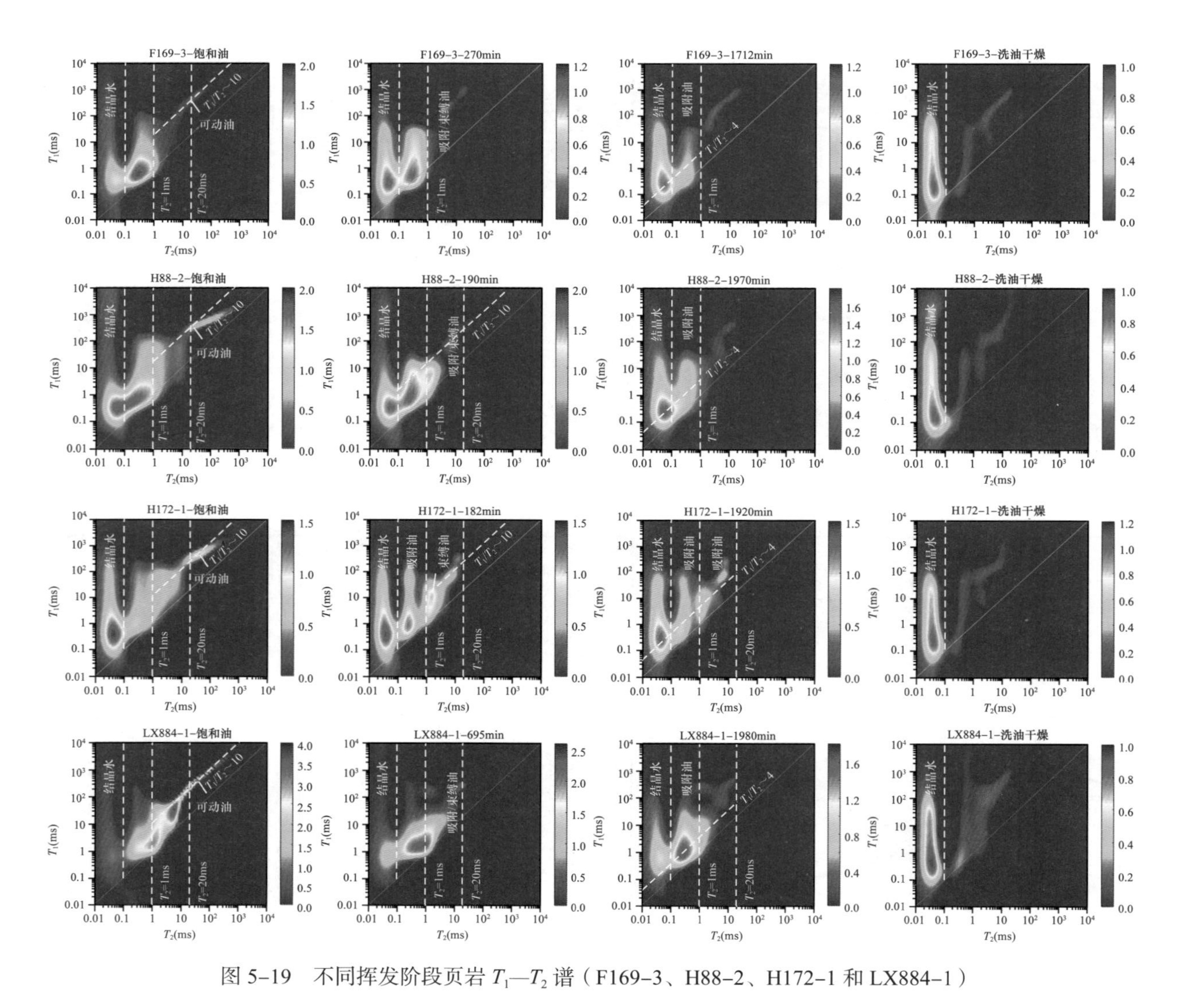

图 5-19 不同挥发阶段页岩 T_1—T_2 谱（F169-3、H88-2、H172-1 和 LX884-1）

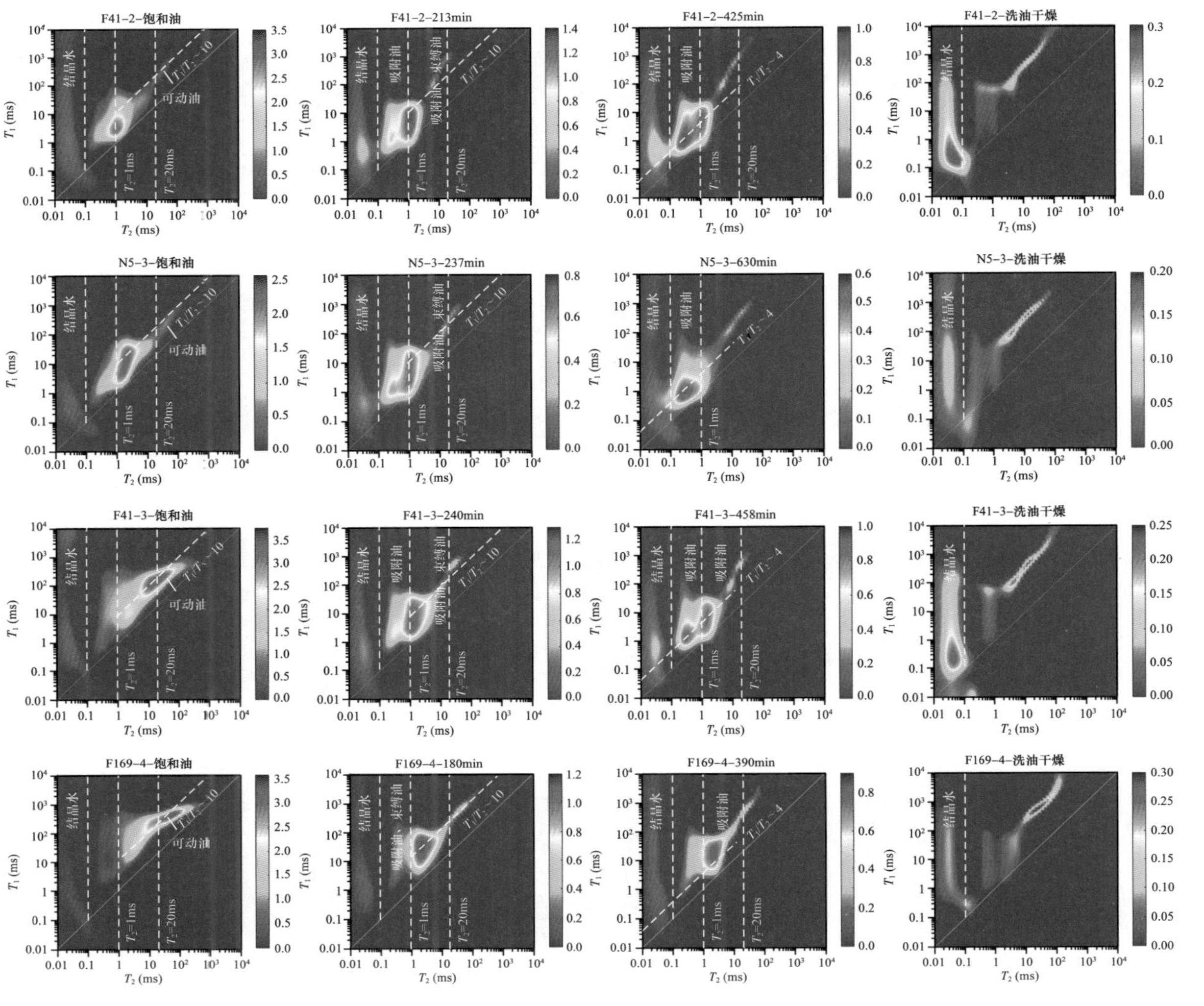

图 5-20　不同挥发阶段页岩 T_1—T_2 谱（F41-2、N5-3、F41-3 和 F169-4）

类型页岩油弛豫特征。饱和油与束缚油阶段 T_1—T_2 谱分布揭示了页岩可动油 T_1—T_2 弛豫特征，页岩可动油 T_1—T_2 谱呈典型的线性分布，位于 T_1/T_2—10 的直线上。吸附油挥发阶段仅反映了吸附油弛豫特征，吸附油 T_1 呈带状分布，T_2 主要分布范围小于 1ms，T_1/T_2 分布范围较大，中心位于 T_1/T_2—4 的直线上，反映了类固态吸附氢核弛豫特征。束缚油 T_1—T_2 谱分布与吸附油相似，T_1 分布较大，表明其可动性较差，但其中心位于 T_1/T_2—10 的直线上，与可动油一致，反映了页岩游离油 T_1—T_2 谱分布的相似性，即游离油 T_1—T_2 中心均分布在 T_1/T_2—10 的直线上。T_2 谱和 T_1—T_2 谱分布说明热重分析能够有效区分页岩可动油、束缚油、吸附油。

（三）页岩油吸附—游离评价模型标定及应用

分子动力学模拟显示，页岩油分子有序的吸附在孔隙表面，而孔隙中央则以游离态存在[42, 149]。页岩油以吸附和游离状态赋存于页岩孔隙系统，而吸附比例（r_a）可用 Li 等[150]提出的吸附—游离评价模型表示：

$$r_a = \frac{1}{1+\frac{\rho_f}{\rho_a}\left(\frac{V_o}{S_o H}-1\right)} = \frac{1}{1+\frac{\rho_f}{\rho_a}\left(\frac{d_m}{F_s H}-1\right)} \tag{5-4}$$

式中，ρ_f 表示页岩油游离相密度，g/cm^3；ρ_a 表示页岩油平均吸附相密度，g/cm^3，60℃时正十二烷游离相密度为 $0.7199g/cm^3$；V_o 表示页岩含油孔体积，cm^3/g；S_o 表示含油孔隙表面积 m^2/g；H 表示页岩孔隙表面平均吸附层厚度，nm；d_m 表示页岩含油孔隙等效孔径，nm；F_s 表示孔隙形状因子，球形、柱状和平行板状孔隙分别为 6、4 和 2。

式（5-4）可转换为：

$$\frac{1000V_o}{S_o} = \frac{\rho_a}{\rho_f} H\left(1/r_a - 1\right) + H \tag{5-5}$$

因此，页岩孔隙结构参数 $1000V_o/S_o$ 与页岩油吸附比例（$1/r_a-1$）呈线性关系，H 为截距，$\rho_a H/\rho_f$ 为斜率。公式（5-5）即可获取吸附态页岩油微观特征参数：H 和 ρ_a。

由于页岩孔隙系统复杂性，难以精确确定含油孔隙体积和表面积。假设页岩孔隙系统被正十二烷完全饱和，则页岩含油总孔隙表面积可用氮气吸附 BET 表面积表示。而页岩总孔体积可由氮气吸附和核磁共振获取。然而，由于吸附油密度高于游离油密度，将导致高吸附比例页岩核磁共振孔体积偏高，同时由于氮气吸附仅探测 300nm 以下孔隙[11]，使得低吸附比例页岩氮气吸附孔体积偏低。因此，研究中高吸附比例页岩采用氮气吸附孔体积，低吸附比例页岩采用核磁共振孔体积。

页岩样品 $1000V_o/S_o$ 与 $1/r_a-1$ 呈现很好的线性关系，相关系数（R^2）为 0.8453，表明吸附—游离评价模型能有效描述页岩油吸附—游离分布特征（图 5-21a）。同时说明页岩孔隙度系统中吸附油与游离油并存，且不同储集空间内吸附油密度及吸附层厚度相似。根据式（5-5）截距和斜率可获取平均吸附层厚度和吸附相 / 游离相密度比，其中平均吸附层厚度为 0.723nm，吸附相 / 游离相密度比为 2.08，而吸附油密度为 $1.4972g/cm^3$。分子动力学模拟显示，在页岩有机质狭缝（石墨烯）内页岩油在孔隙表面形成 2～3 层

吸附，单层吸附厚度约为0.48nm，其中第一吸附层密度较高，约为游离相密度的2.7倍，但第二层与第三层吸附密度显著降低与游离态密度接近[42]。本书计算吸附层厚度和吸附相密度为平均值，但整体与分子动力学模拟结果相近。根据模型标定结果应用式（5-4）计算了页岩样品吸附比例，计算吸附比例与实测吸附比例具有较好一致性（图5-21b），表明标定吸附—游离评价模型具有较高准确性，可有效描述页岩孔隙系统吸附油、游离油分布。

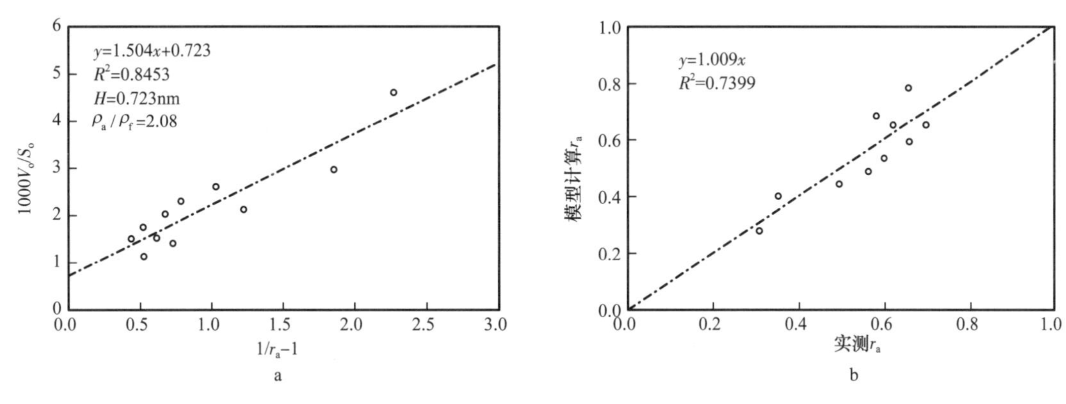

图5-21　60℃页岩油吸附—游离评价模型标定与验证

为了进一步分析页岩不同尺度孔隙吸附油和游离油含量，根据核磁共振平均孔径（d）与 d_m 相关性，将式（5-4）等效孔径转换为 T_2，建立了 T_2 谱吸附—游离评价模型：

$$r_a=\frac{1}{1+\frac{\rho_f}{\rho_a}\left(\frac{d_m}{F_sH}-1\right)}=\frac{1}{1+\frac{\rho_f}{\rho_a}\left(\frac{k_d d}{F_sH}-1\right)}=\frac{1}{1+\frac{\rho_f}{\rho_a}\left(\frac{k_d C_k T_2^k}{F_sH}-1\right)} \quad (5-6)$$

式中，d 表示核磁共振平均孔径，nm；C_k 和 k 为 T_2 谱孔径非线性转换模型系数。由式（5-6）可获取不同尺度孔隙页岩油吸附比例和页岩整体吸附比例。

页岩核磁共振平均孔径与等效孔径相关性如图5-22a所示，平均孔径与等效孔径转换系数（k_d）为0.2669。基于孔径转换系数和非线性标定模型，用式（5-6）计算了热重—核磁共振分析页岩样品整体吸附比例和不同大小孔隙吸附油量（图5-22b和图5-23）。T_2 谱计算页岩油吸附比例与实测吸附比例具有很好的一致性，相关系数高达0.9236，具有更高的准确性。此外，应用不同类型页岩油挥发阶段 T_2 谱测试，反演获得了页岩吸附油分布（图5-23）。热重—核磁共振实测页岩吸附油分布与标定吸附—游离评价模型 T_2 谱计算吸附油分布具有很好的一致性，计算与实测吸附油分布范围和幅度均吻合较好。因此，热重—核磁共振实验分析能精确揭示页岩吸附油、束缚油、可动油分布，同时应用核磁共振 T_2 谱和吸附—游离评价模型可有效评价页岩油吸附—游离量。

（四）90℃页岩吸附油、束缚油、可动油定量评价

90℃饱和油页岩损失油量随加热时间增加而增加，与60℃相似页岩样品损失油量

与加热时间的平方根由 3 个线性段构成，随着加热时间增加，斜率逐渐降低，但不同阶段斜率差异减小，据此可分别获取页岩可动油量、束缚油量和吸附油量（图 5–24、图 5–25）。页岩样品 90℃吸附油量降低，分布在 2.46～14.25mg/g，平均为 6.89mg/g，吸附比例降低，介于 17.47%～56.89%，平均为 41.88%（图 5–26）。束缚油和可动油含量及比例均增加，其中束缚油含量分布在 1.98～8.55mg/g，平均为 5.07mg/g，束缚比例平均为 31.65%，介于 15.33%～45.77%。可动油含量介于 0～21.29mg/g，平均为 6.58mg/g，可动比例介于 0～64.28%，平均为 26.47%。

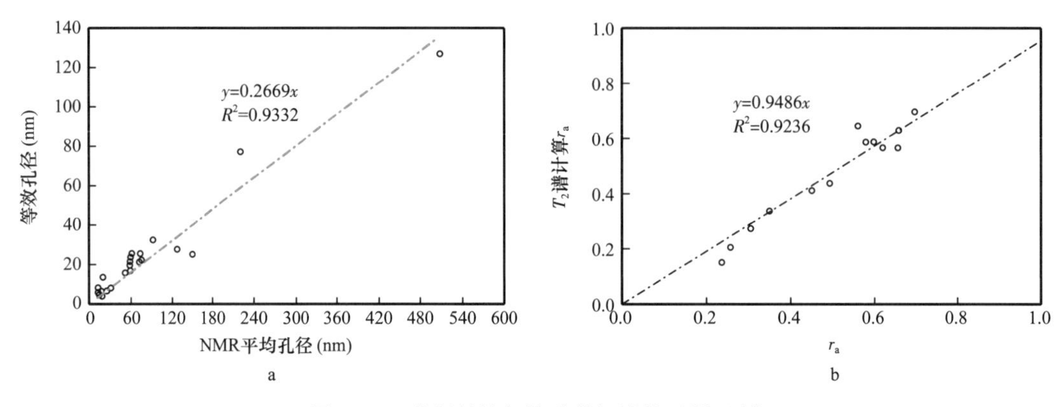

图 5–22　孔径转换与核磁共振计算吸附比例

90℃页岩油吸附—游离评价模型标定显示，页岩样品 $1000V_o/S_o$ 与页岩油吸附比例（$1/r_a-1$）呈现很好的线性关系，相关系数（R^2）为 0.8024，表明吸附—游离评价模型能有效描述 90℃页岩吸附—游离油分布特征（图 5–27a）。根据式（5–5）截距和斜率获取页岩油 90℃平均吸附层厚度和吸附相 / 游离相密度比，其中平均吸附层厚度为 0.7112nm，吸附相 / 游离相密度比为 1.54。90℃页岩油（正十二烷）游离相密度为 0.6975g/cm^3，吸附油密度为 1.0742g/cm^3。应用式（5–6）和 T_2 谱计算页岩油吸附比例与实测吸附比例具有很好的一致性，相关系数高达 0.9565，具有很高的准确性，能有效揭示 90℃页岩吸附油、游离油分布特征（图 5–27b）。

（五）110℃页岩吸附油、束缚油、可动油定量评价

110℃饱和油页岩损失油量随加热时间增加而增加，且页岩油挥发速率增加。损失油量与加热时间的平方根由 3 个线性段构成，随着加热时间增加，斜率逐渐降低，但不同线性段斜率差异进一步减小，可分别获取页岩可动油量、束缚油量和吸附油量（图 5–28、图 5–29）。页岩样品 110℃时吸附油量继续降低，分布在 2.22～12.30mg/g，平均为 6.08mg/g，吸附比例也继续降低，介于 14.76%～54.09%，平均为 37.39%（图 5–30）。束缚油含量及其比例变化较小，整体呈减小趋势，其中束缚油含量分布在 2.21～10.50mg/g，平均为 4.93mg/g，而束缚比例介于 13.85%～52.39%，平均为 31.61%。可动油含量增加，平均为 7.53mg/g，介于 0～23.31mg/g，可动比例显著增加，分布在 0～67.59%，平均为 31.00%。

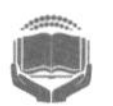

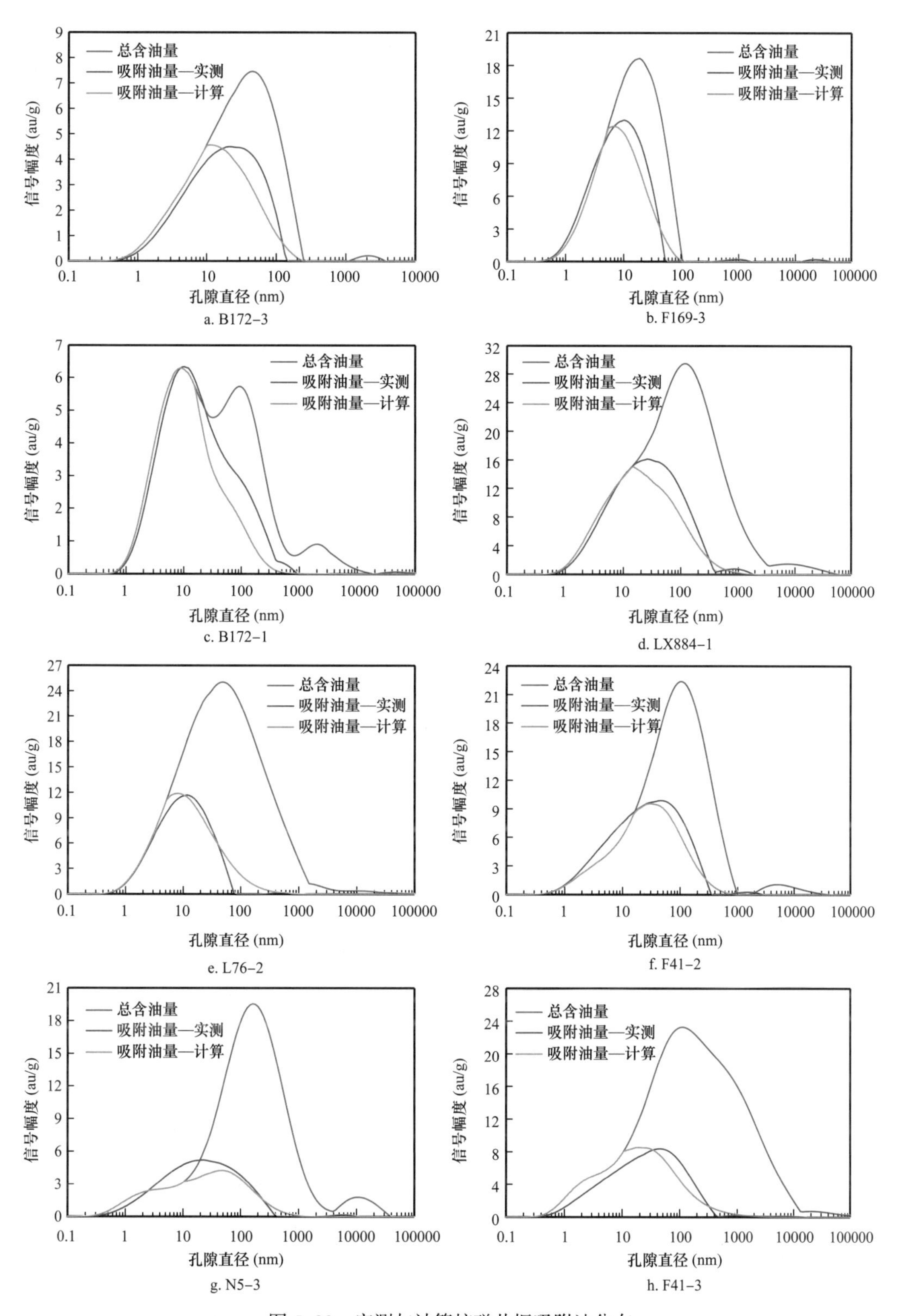

图 5-23　实测与计算核磁共振吸附油分布

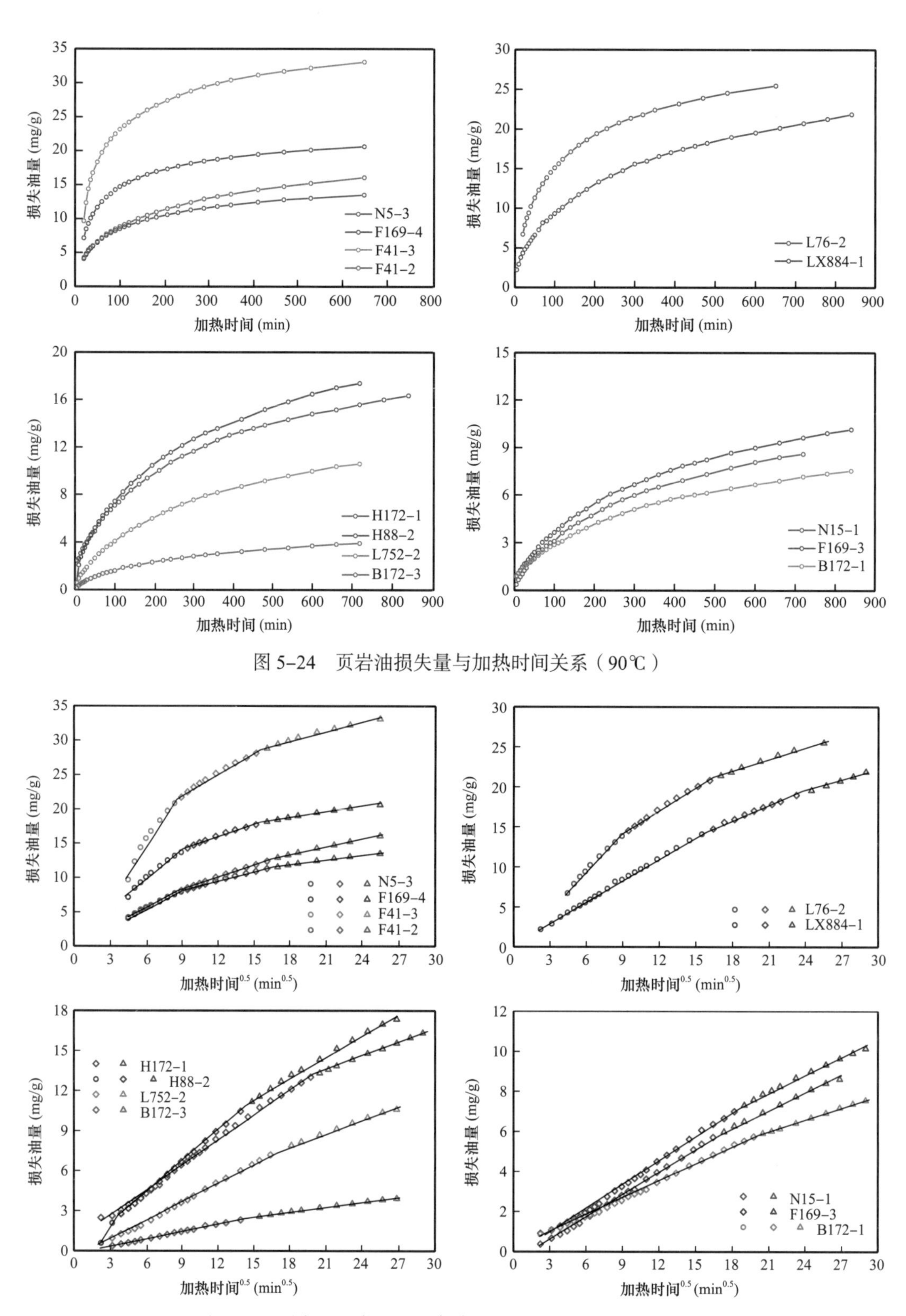

图 5-24 页岩油损失量与加热时间关系（90℃）

图 5-25 页岩油吸附油量、束缚油量、可动油量分析（90℃）

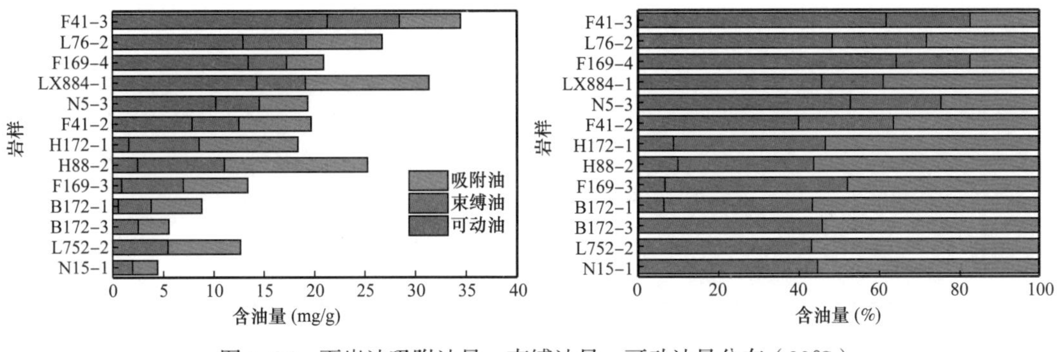

图 5-26　页岩油吸附油量、束缚油量、可动油量分布（90℃）

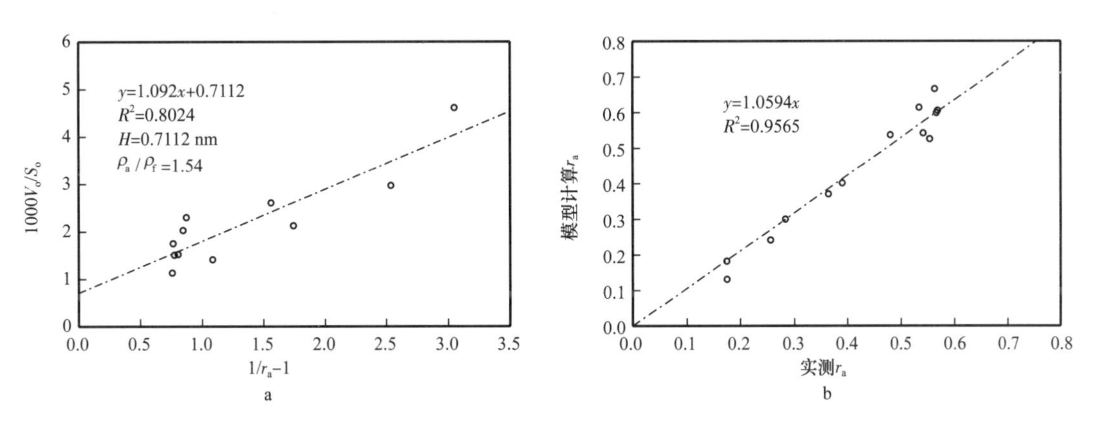

图 5-27　页岩油吸附—游离模型标定与验证（90℃）

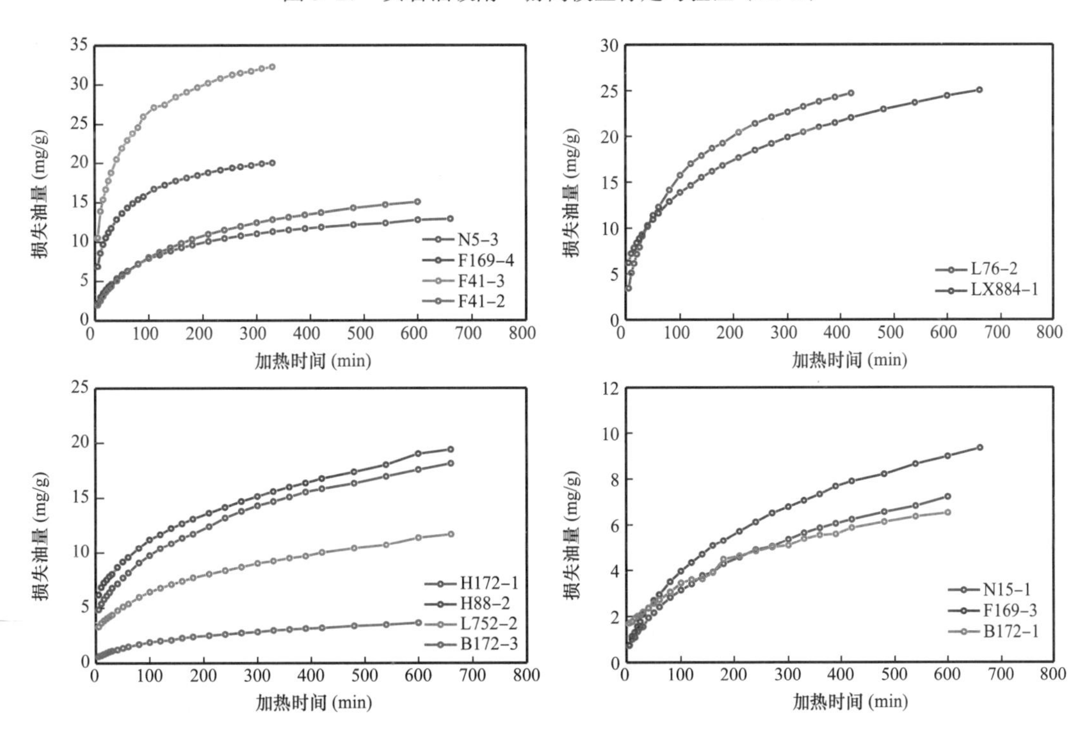

图 5-28　页岩油损失量与加热时间关系（110℃）

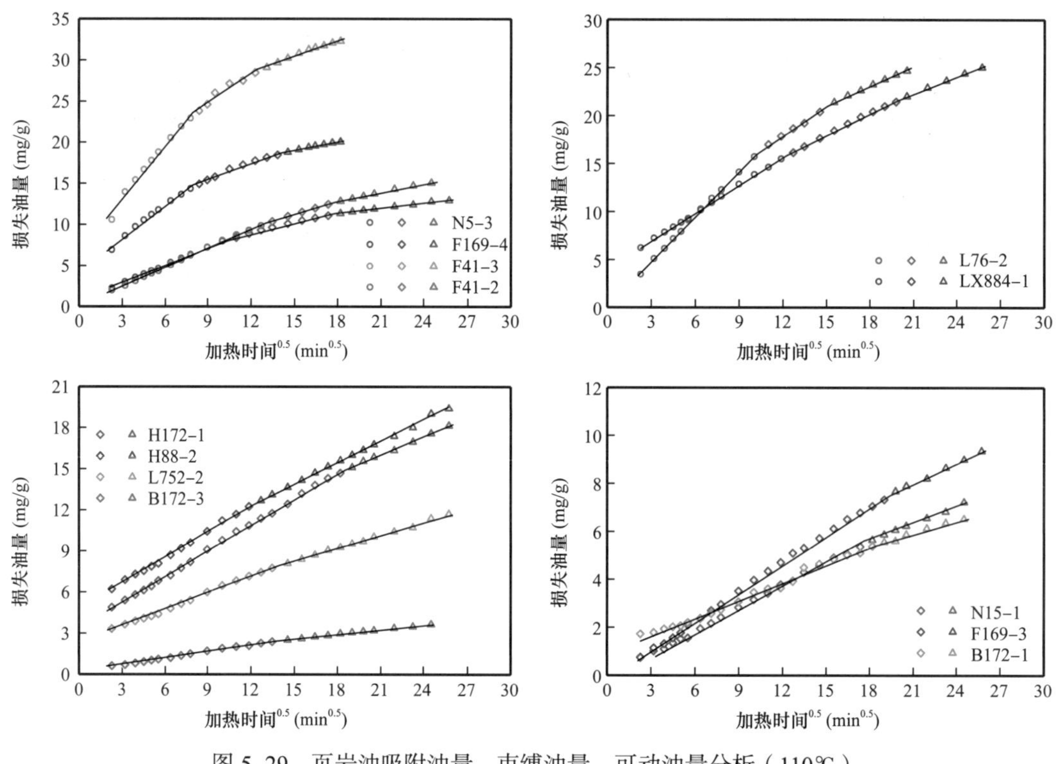

图 5-29　页岩油吸附油量、束缚油量、可动油量分析（110℃）

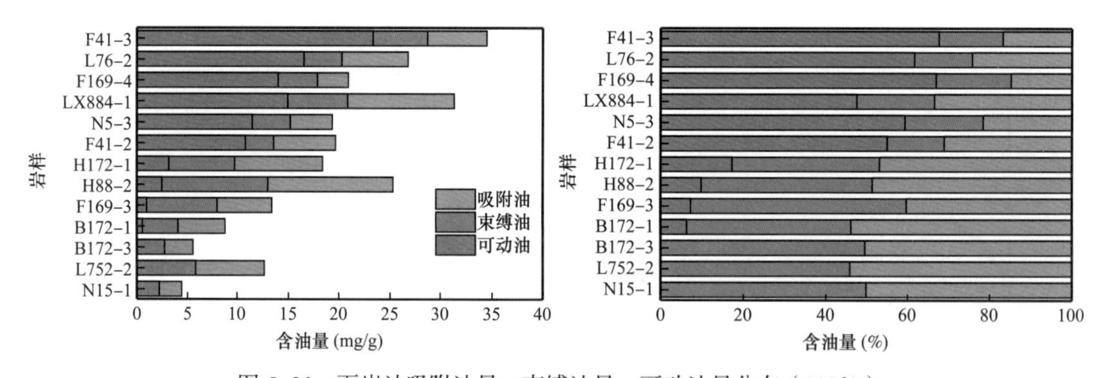

图 5-30　页岩油吸附油量、束缚油量、可动油量分布（110℃）

110℃页岩油吸附—游离评价模型标定显示，页岩样品 $1000V_o/S_o$ 与页岩油吸附比例（$1/r_a-1$）呈现较好的线性关系，相关系数（R^2）为 0.7717，因此吸附—游离评价模型能有效描述 110℃页岩油吸附—游离分布特征（图 5-31a）。根据式（5-5）截距和斜率获取页岩油 110℃平均吸附层厚度和吸附相 / 游离相密度比，其中平均吸附层厚度为 0.7081nm，吸附相 / 游离相密度比为 1.25。页岩油（正十二烷）110℃游离相密度为 0.6824g/cm^3，吸附油密度为 0.8511g/cm^3。式（5-6）和 T_2 谱计算 110℃页岩油吸附比例与实测吸附比例具有很好的一致性，相关系数高达 0.9251（图 5-31b），具有很好的准确性，反映了热重—核磁共振分析和页岩油吸附—游离评价模型适用于分析不同温度页岩

吸附—游离油赋存特征。60℃、90℃和110℃页岩油平均吸附层厚度与吸附相密度分布显示，温度增加平均吸附层厚度和吸附相密度均降低，但是平均吸附层厚度变化较小，而吸附相密度则显著降低，使得吸附相 / 游离相密度比显著降低，即吸附相密度降低是温度增加页岩吸附油量降低的核心控制因素。

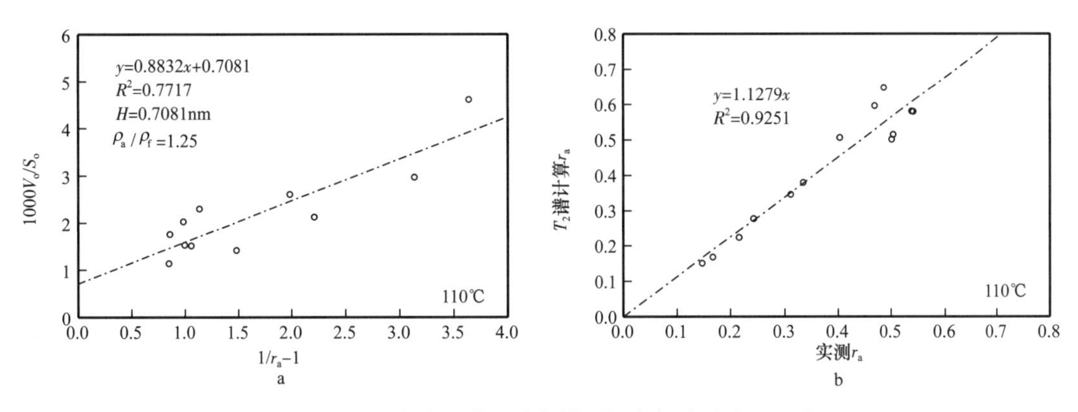

图 5-31　页岩油吸附—游离模型标定与验证（110℃）

三、离心—核磁共振页岩吸附—游离油定量表征

离心—核磁共振是评价常规储层束缚流体与可动流体的有效方法，离心力作用下部分孔隙流体排出为可动流体，残余流体为束缚流体（图 5-32a）。页岩储层孔隙油被分为吸附油和游离油（图 5-32b），离心力作用下部分游离油排出形成可动油，残余游离油为束缚油（毛细管束缚油）（图 5-32c）。饱和油页岩离心过程中，离心力增加吸附油附着于页岩孔隙表面或有机质内部不可动，而游离油为潜在的可动油，离心力逐渐增加，克服毛细管力，束缚油逐渐转化为可动油，因此离心力无限大时页岩可动油量即为游离油量，残余油量为吸附油量（图 5-32c）。

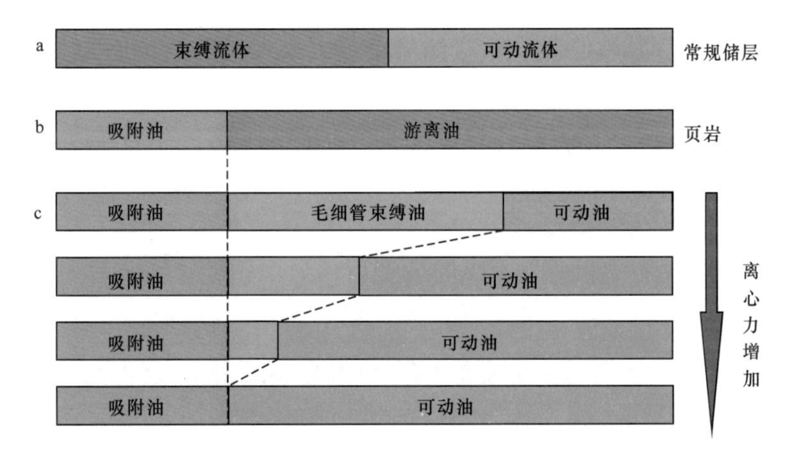

图 5-32　离心—核磁共振确定页岩油吸附—游离量原理示意图

（一）页岩油可动量分析

饱和油页岩依次进行 20℃ 6 个离心力测试分析，不同离心力页岩 T_2 谱分布如图 5-33 所示，离心力增加 T_2 谱信号幅度逐渐降低，其中 p2 峰和 p3 峰幅度显著降低，p1 峰幅度几乎不变，与热重—核磁共振测试可动油挥发阶段 T_2 谱分布变化相似，有效反映了页岩不同离心力可动油动态变化过程。

不同离心力页岩 T_2 谱信号幅度反映了页岩孔隙残余油量，饱和油页岩 T_2 谱累计信号幅度与离心后 T_2 谱累计信号幅度差值由正十二烷标线方程标定即可获得页岩油可动油量（图 5-34）。页岩油可动量随着离心力增加而增加，离心力较低时离心力增加，页岩油可动量显著增加，离心力较高时，离心力增加，页岩油可动量变化较小（图 5-34、图 5-35）。不同孔隙结构页岩离心力增加，可动油量变化趋势不同，孔隙结构越好，可动油量越大，离心力增加，可动油量变化越大（图 5-34），孔隙结构较差时，离心力增加，可动油量先迅速增加，而后逐渐趋于稳定（如 H88-2）。

（二）页岩油吸附—游离量分布

通常情况下离心分析仅能表征一定离心力下页岩油可动量，而无法确定离心力是否足以去除页岩所有可动油（游离油）[151]，也无法进行离心力即离心转速无限大时页岩测试分析。因此，本书建立了一种新的方法描述页岩不同离心力可动油量变化过程，以获取页岩最大可动油量，即页岩油游离量。页岩离心分析过程中，离心转速增加，离心力增加，作用于孔隙流体驱动力增加，并逐渐克服小孔隙毛细管压力。因此，离心力增加页岩游离油由大孔隙到小孔隙逐渐排出形成可动油，束缚油含量逐渐降低。理论上，页岩孔隙系统所有游离油在离心力无限大时（超过最小孔隙中最大的毛细管压力）均可排出转化为可动油。在一定离心力下页岩油可动量 Q_m 与离心力 Δp 可用下式描述[75]：

$$Q_m = \frac{Q_f \Delta p}{\Delta p + \Delta p_L} \tag{5-7}$$

式中，Q_m 为一定离心力单位质量页岩油可动量，mg/g；Q_f 为离心力无限大时页岩油可动量，即游离油量（与兰氏体积相似），mg/g；Δp 为离心力，根据离心机转速由式（3-2）计算，MPa；Δp_L 为中值离心力，为可动油量达到 Q_f 一半时对应的离心力（与兰氏压力相似），MPa。

式（5-7）可转换为线性方程：

$$\frac{1}{Q_m} = \frac{\Delta p_L}{Q_f}\frac{1}{\Delta p} + \frac{1}{Q_f} \tag{5-8}$$

根据不同离心力页岩油可动量建立 $1/Q_m$ 与 $1/\Delta p$ 线性相关性即可获取页岩游离油量 Q_f 和中值离心力 Δp_L。

饱和油页岩样品离心力与可动油量均可用式（5-8）表示，$1/Q_m$ 与 $1/\Delta p$ 呈极好的线性相关性，相关系数（R^2）分布在 0.9799～0.9981，平均值高达 0.9919（图 5-36），不同离心力与实测可动油量均匀分布在式（5-7）拟合的曲线两侧（图 5-37），表明式（5-7）可有效、

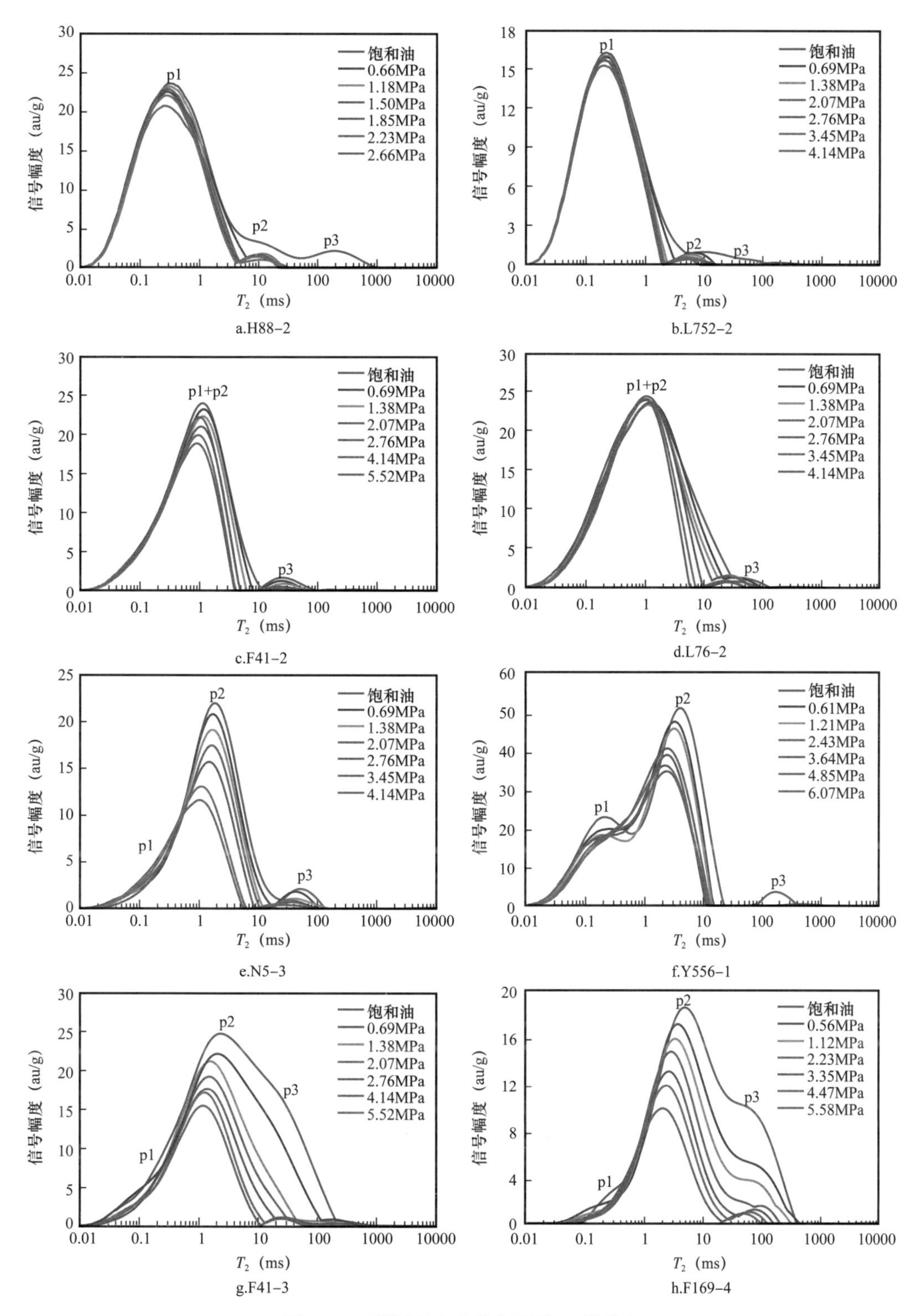

图 5-33　不同离心力状态页岩 T_2 谱分布

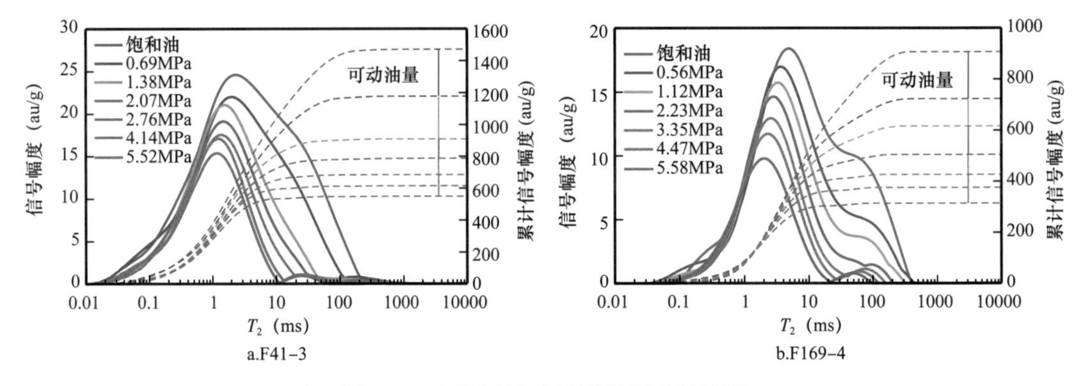

图 5-34　不同离心力页岩油可动量计算

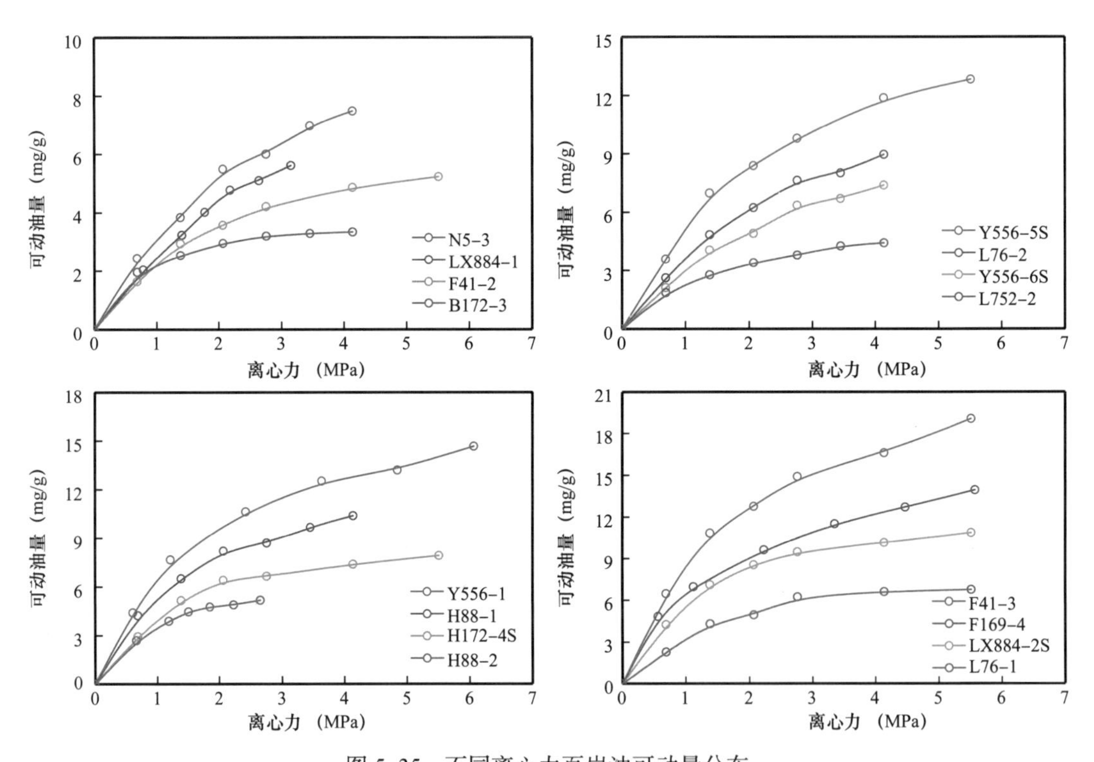

图 5-35　不同离心力页岩油可动量分布

精确地描述页岩油离心过程，定量评价页岩油吸附—游离量。由式（5-8）定量计算了页岩样品游离油量与中值离心力。20℃时 16 块页岩样品游离油量分布在 3.95～25.64mg/g，平均为 13.99mg/g，中值离心力较高，介于 0.70～4.91MPa，平均为 2.42MPa。由页岩总含油量即可计算获得吸附油量，16 块页岩样品吸附油量分布在 5.80～29.80mg/g，平均为 16.76mg/g，吸附比例较高，平均为 0.5438，分布在 0.2778～0.7032。

20℃页岩样品 $1000V_o/S_o$ 与页岩油吸附比例（$1/r_a$-1）也满足吸附—游离评价模型（公式 5-5），二者呈现较好的线性关系，相关系数为 0.6608，表明页岩离心力与可动油量公式（5-7）标定可精确定量评价页岩油吸附—游离量（图 5-38a）。根据式（5-5）

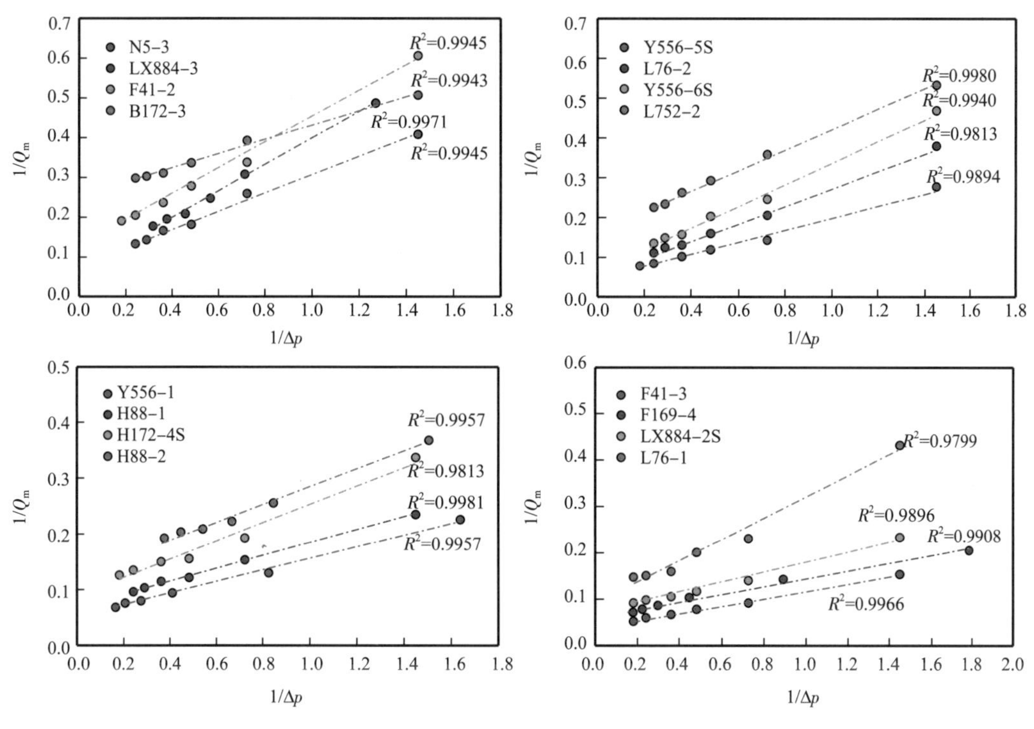

图 5-36 页岩离心游离油量确定

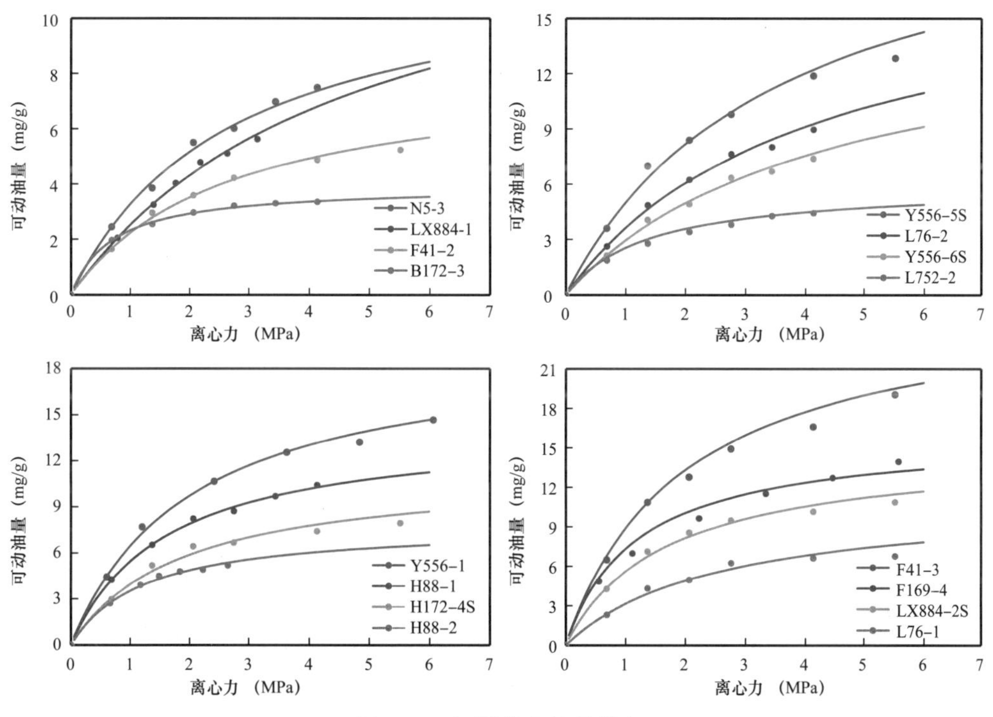

图 5-37 页岩游离油量拟合

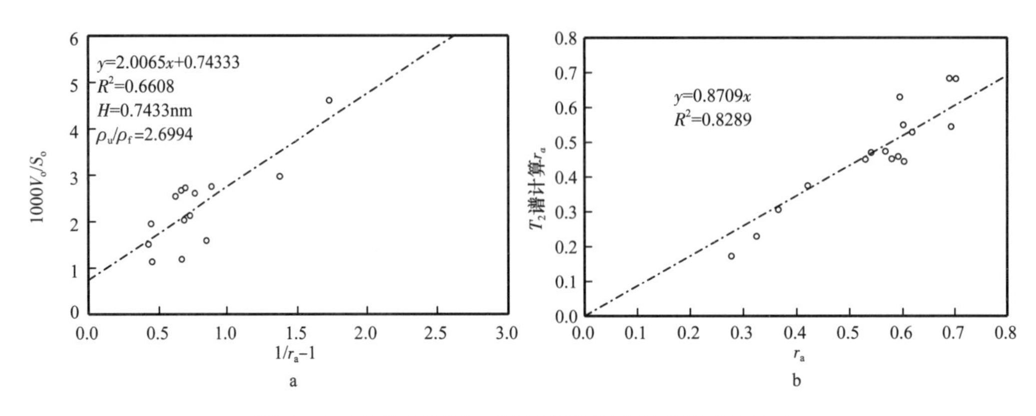

图 5-38　页岩油吸附—游离模型标定与验证（20℃）

截距和斜率可获取 20℃页岩油平均吸附层厚度和吸附相 / 游离相密度比，平均吸附层厚度为 0.7433nm，吸附相 / 游离相密度比为 2.6994。20℃正十二烷游离相密度为 0.7494g/cm³，吸附相密度为 2.0231g/cm³。与 60℃、90℃和 110℃相比，20℃页岩吸附油平均吸附层厚度和吸附相密度均增加，且平均吸附相密度显著增加。式（5-6）和 T_2 谱计算 20℃吸附比例与实测吸附比例具有很好的一致性，相关系数为 0.8289（图 5-38b），表明页岩油吸附—游离评价模型能够有效精确描述离心过程中页岩吸附—游离油分布。

T_1—T_2 谱分布可指示离心过程中不同状态页岩油变化过程，不同离心力页岩 T_1—T_2 谱分布如图 5-39 所示。不同离心力页岩 T_1—T_2 谱分布变化与热重分析相似，随着离心力增加，可动油信号逐渐消失，吸附油信号几乎不变或相对增强，T_1—T_2 谱分布逐渐左移，离心力最高时均分布在 T_2 小于 20ms。可动油 T_1—T_2 谱呈线性分布，在 T_1/T_2—10 的直线上，而吸附油 T_1—T_2 中心则位于 T_1/T_2—4 的直线上，T_1 呈带状分布。不同离心力页岩 T_1—T_2 谱分布变化反映了随着离心力增加，页岩孔隙系统游离油逐渐转化为可动油并排出的过程，而吸附油则保持不变，由反映游离油和吸附油的 T_1—T_2 谱分布逐渐变化为主要反映了吸附油的 T_1—T_2 谱分布，有效指示了饱和油页岩离心过程中吸附油和游离油动态变化过程。

式（5-7）可定量评价页岩油离心过程，获取页岩油游离量和中值离心力。页岩游离油量越大，潜在可动油量越大，越有利于页岩油开采。而中值离心力越小，相同压差条件下页岩油可动量越大，越易开采。因此，构建了一个新的页岩油可采性评价参数：游离油量 / 中值离心力（$Q_f/\Delta p_L$）。$Q_f/\Delta p_L$ 越大，页岩油可采性越好，即低中值离心力、高游离油量页岩储层最优，可动油量最高，可动性最好，最有利于页岩油开采。页岩样品 $Q_f/\Delta p_L$ 介于 3.03～13.49，平均为 6.58。含油饱和度指数（TOC=s_1/OSI）法被广泛用于指示页岩油有利层段，其值越高页岩油可采性越好。页岩样品 OSI 分布在 13.70～319.27mg（烃）/g（TOC），平均为 65.97mg（烃）/g（TOC），显示东营凹陷泥页岩发育两个页岩油有利层段，埋深分别位于约 2700m 和 3500m 以下（图 5-40）。$Q_f/\Delta p_L$ 纵向分布于 S_1/TOC 相似，发育两个高值区，分别位于约 2700m 和 3500m 以下，表明 $Q_f/\Delta p_L$ 法可有效指示页岩油有利层段分布，定量评价页岩油可采潜力（图 5-40）。

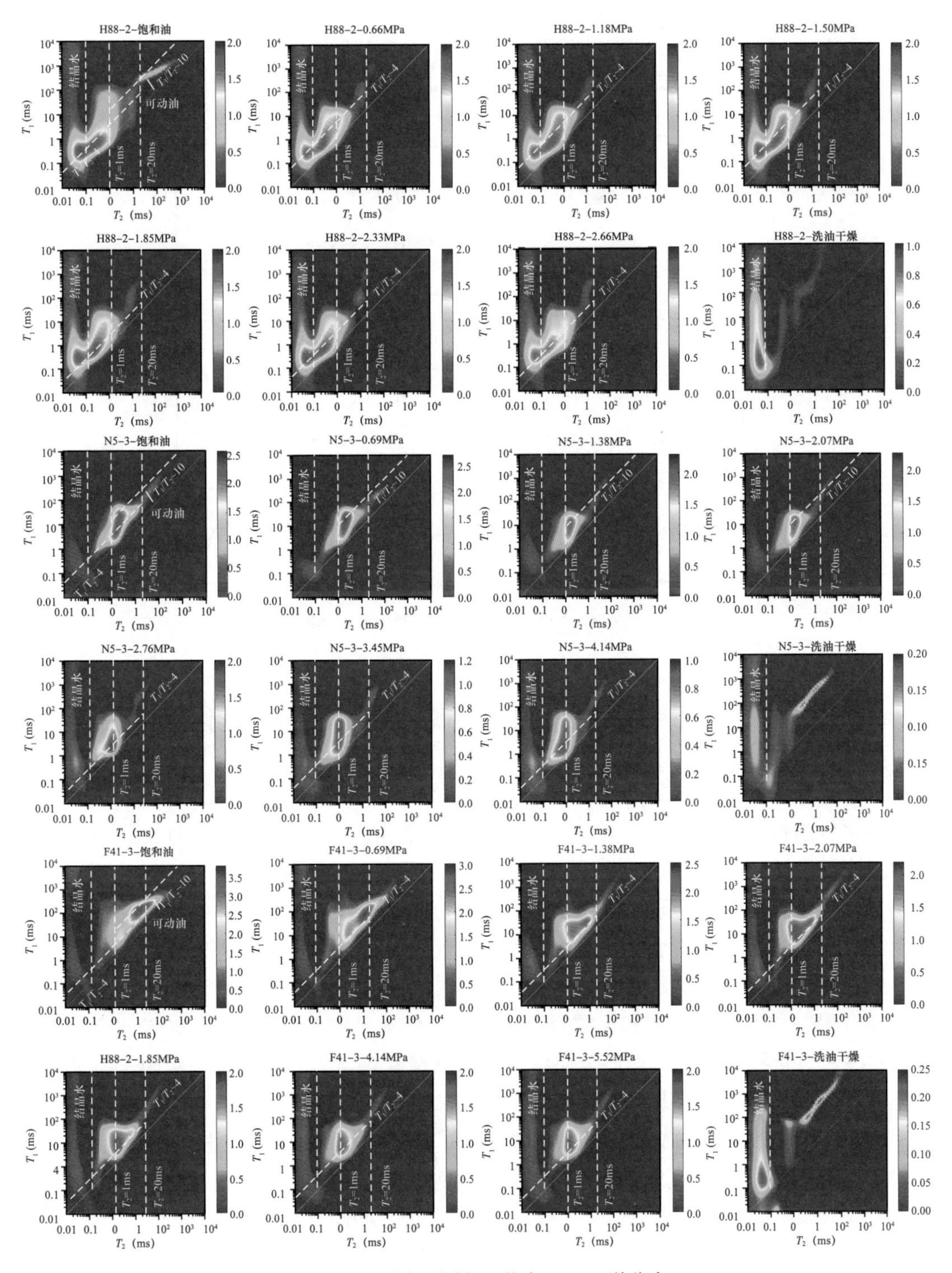

图 5-39　页岩不同离心状态 T_1—T_2 谱分布

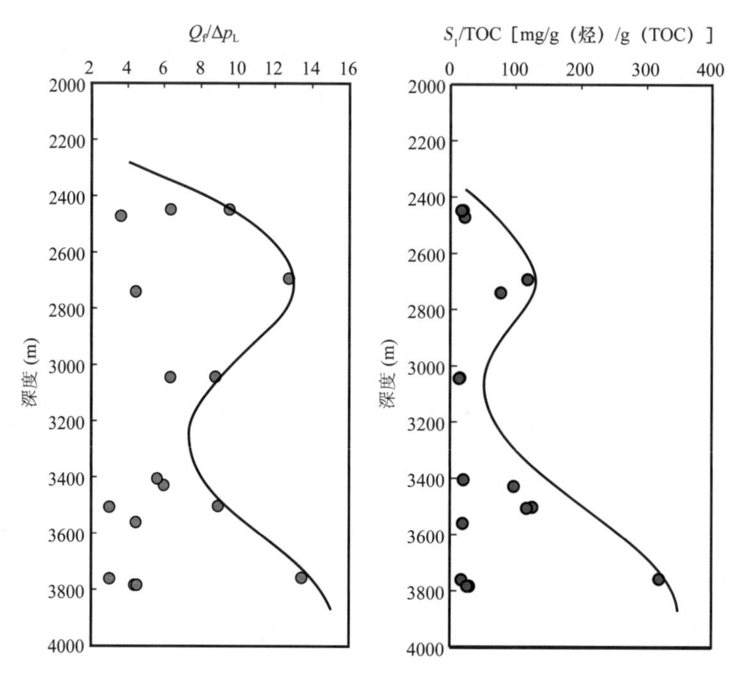

图 5-40 $Q_f/\Delta p_L$ 法与 OSI 法确定页岩油有利层段对比

第二节 页岩吸附—游离油转换规律分析

页岩孔隙系统中不同赋存状态油可流动性差异较大，与游离油相比吸附油流动性较差，因此目前技术条件下页岩油开发主要是针对游离油。然而，不同条件下页岩吸附油与游离油含量及赋存特征不同[42，149，152]。因此，探索页岩油吸附—游离相转换规律并建立定量评价模型对揭示页岩油微观赋存规律具有重要意义。分子动力学模拟显示页岩孔隙油的赋存状态与孔隙大小、形态、温度密切相关，但几乎不受孔隙流体压力影响，其中温度对页岩油赋存状态影响最为显著，温度增加吸附油含量显著降低[42，149，152]。基于页岩油吸附—游离评价模型和不同温度（20℃、60℃、90℃和 110℃）页岩油赋存特征可有效探索分析孔隙大小、形态及温度对页岩油赋存影响，建立页岩油吸附—游离转换模型，定量评价不同孔隙大小、形态及温度页岩吸附—游离油含量。

不同温度（20℃、60℃、90℃和 110℃）页岩油吸附比例差异较大，随着温度增加，页岩油吸附比例呈线性降低，温度越高吸附比例越低，游离比例越高，且不同页岩样品吸附比例随温度增加降低速率不同（图 5-41）。此外，吸附比例随温度增加降低速率（吸附比例温度斜率 k）与页岩孔隙结构、S_1/TOC 密切相关，页岩 T_2 谱几何平均值（$T_{2,\ gm}$）越高，页岩吸附油比例变化越小，表明页岩孔隙越大，吸附油含量随温度增加变化越小；S_1/TOC 越高，吸附比例变化越小，即页岩油可动性越好，温度增加吸附含量变化越小（图 5-42）。结果表明，页岩储集空间越大、页岩油可动性越好，其吸附油含量及吸附比例越低，温度增加吸附比例变化越小；页岩孔隙越小、吸附油及吸附比例越高，温度增加吸附油含量变化越显著，即页岩越致密、吸附油含量越高，升高温度，不同状态页岩油转化越显著，越有利于改善页岩油的赋存状态及流动性。

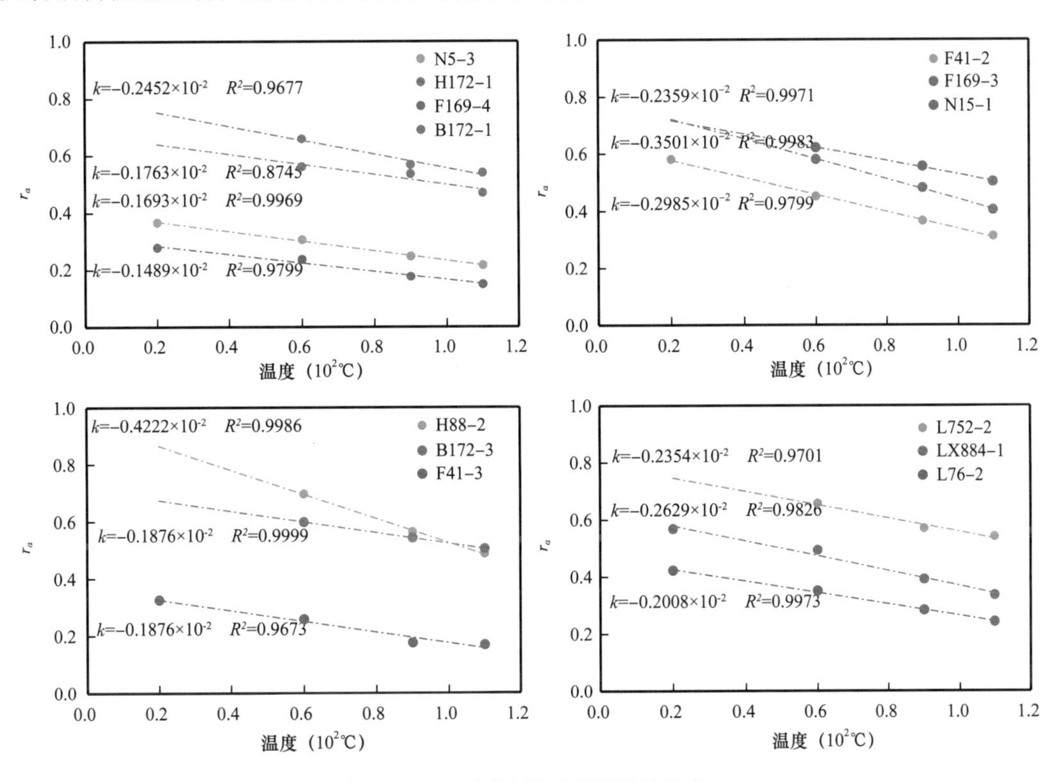

图 5-41　不同温度页岩吸附油分布

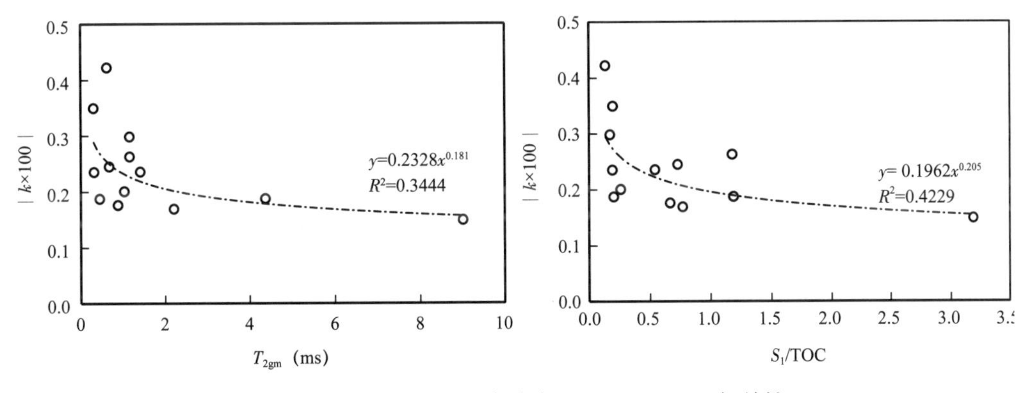

图 5-42　吸附比例温度斜率与 $T_{2,\ gm}$、S_1/TOC 相关性

不同温度页岩油赋存特征不同，不同温度间页岩油吸附比例呈线性关系，温度降低，吸附比例增加，游离比例也呈线性关系，温度降低，游离比例降低（图 5-43）。不同状态页岩油含量与其微观赋存特征密切相关，温度增加，平均吸附层厚度和吸附相密度均降低，使得页岩吸附油含量降低，游离油含量增加。温度由 20℃升高至 110℃，平

均吸附层厚度由 0.7433nm 逐渐降低至 0.7081nm，平均吸附层厚度随温度增加呈线性降低（表 5-2，图 5-44）。页岩油游离相与平均吸附相密度随温度增加也呈线性降低，其中游离相密度由 0.7494g/cm³ 降低至 0.6824g/cm³，变化相对较小。然而，平均吸附相密度则从 2.0231g/cm³ 迅速减小至 0.8511g/cm³，变化较大，呈显著降低趋势，使得平均吸附相密度与游离相密度比值（ρ_a/ρ_f）明显降低，由 2.6994 减小至 1.2473，温度增加，也呈现线性降低。

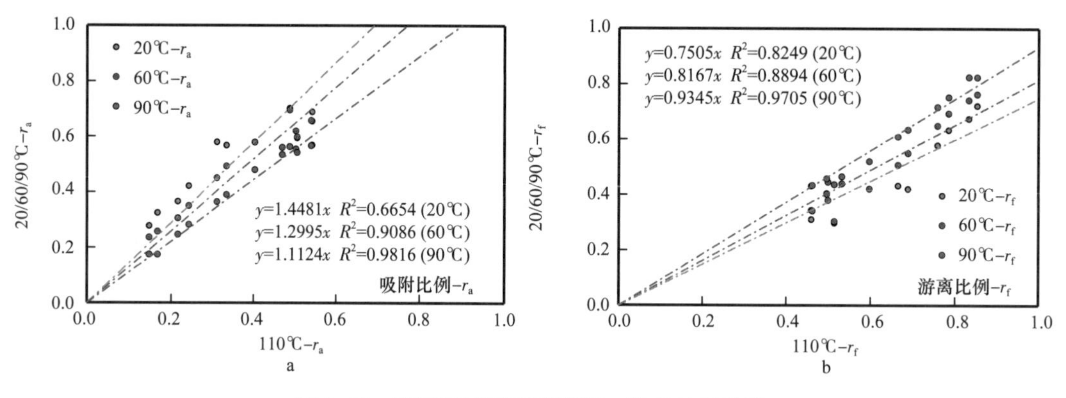

图 5-43 不同温度页岩油吸附—游离量相关性

表 5-2 不同温度页岩油吸附—游离相特性

温度（℃）	截距	斜率	ρ_a/ρ_f	H（nm）	ρ_f（g/cm³）	ρ_a（g/cm³）
20	0.7433	2.0065	2.6994	0.7433	0.7494	2.0231
60	0.7230	1.5040	2.0802	0.7230	0.7199	1.4975
90	0.7112	1.0920	1.5354	0.7112	0.6975	1.0710
110	0.7081	0.8832	1.2473	0.7081	0.6824	0.8511

截距和斜率分别表示页岩油吸附—游离评价模型式（5-5）截距和斜率。

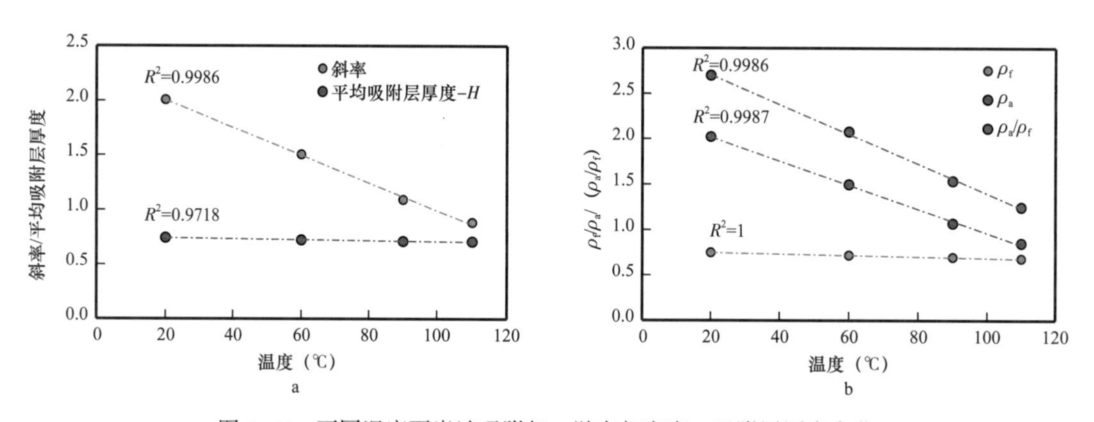

图 5-44 不同温度页岩油吸附相、游离相密度、吸附层厚度变化

根据页岩油平均吸附层厚度 H、吸附相密度与温度线性相关，分别建立了二者与温度定量关系，具有极好的相关性，R^2 分别为 0.9718 和 0.9986：

$$H=0.7495-4.02\times10^{-4}T \quad R^2=0.9718 \tag{5-9}$$

$$\rho_a/\rho_f=3.0346-0.0163T \quad R^2=0.9986 \tag{5-10}$$

式中，T 表示温度，℃。

将式（5–9）、式（5–10）与页岩油吸附—游离评价模型结合，即可建立不同温度页岩吸附—游离油 T_2 谱定量评价模型：

$$r_a=\frac{1}{1+\left(3.0346-0.0163T\right)\left(\frac{k_d\cdot d}{F_s\left(0.7495-4.02\times10^{-4}\times T\right)}-1\right)} \tag{5-11}$$

或

$$r_a=\frac{1}{1+\left(3.0346-0.0163T\right)\left(\frac{k_d\cdot C_k T_2^k}{F_s\left(0.7495-4.02\times10^{-4}\times T\right)}-1\right)} \tag{5-12}$$

根据式（5–11）或式（5–12）可定量评价不同孔隙大小、形态及温度页岩油吸附比例、游离比例，揭示页岩油吸附—游离相互转换规律。

不同孔隙大小、形态及温度页岩油吸附比例、游离比例分布如图 5–45 所示。页岩油吸附比例随孔径增加迅速减低，吸附油主要赋存于微小孔，其中 10nm 以下孔隙几乎均为吸附油，而游离比例随着孔径增加迅速增加，大孔和中孔主要赋存游离油。不同形态孔隙页岩油吸附比例、游离比例不同，当孔径小于 100nm 时，孔隙形态对页岩油赋存影响较大，由板状、柱状到球形孔隙，页岩油吸附比例逐渐增加，游离比例则逐渐降低，而当孔径大于 100nm 孔隙形态对页岩吸附—游离油赋存影响减弱，不同形态孔隙吸附比例、游离比例相近（图 5–45a）。

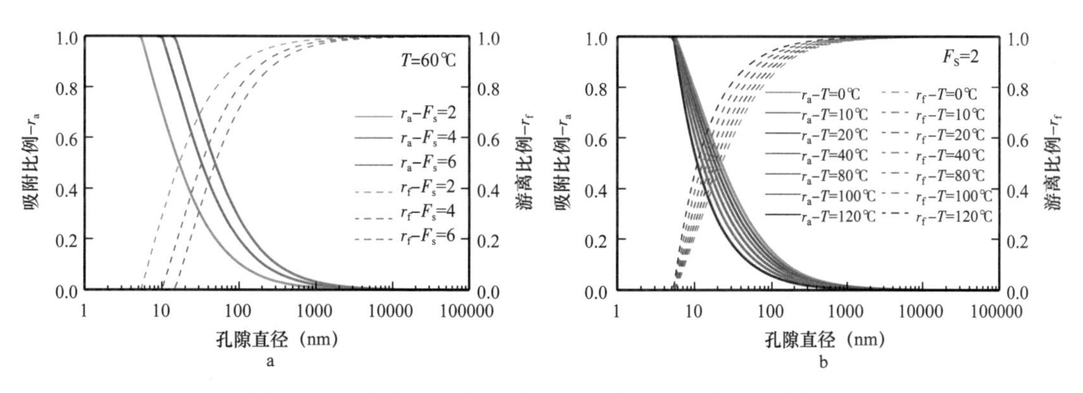

图 5–45　不同形态孔隙和温度页岩油吸附—游离比例分布

温度是影响页岩油赋存特征的关键因素，温度增加页岩油吸附比例降低，游离比例增加，其中孔径10～100nm孔隙温度增加页岩油吸附比例、游离比例变化最为显著，此外温度越高增加相同温度，页岩油吸附比例、游离比例变化越显著（图5-45b）。应用式（5-12）可定量计算页岩不同温度吸附油分布，温度增加页岩油吸附油含量降低，但吸附油分布孔径范围相似，几乎均分布在纳米级孔隙＜1000nm，大孔几乎无吸附油分布（图5-46）。不同孔隙形态页岩游离油赋存孔径下限不同，板状孔隙游离油分布孔隙下限最小，柱状孔隙次之，球形孔隙最大（图5-45、图5-46）。

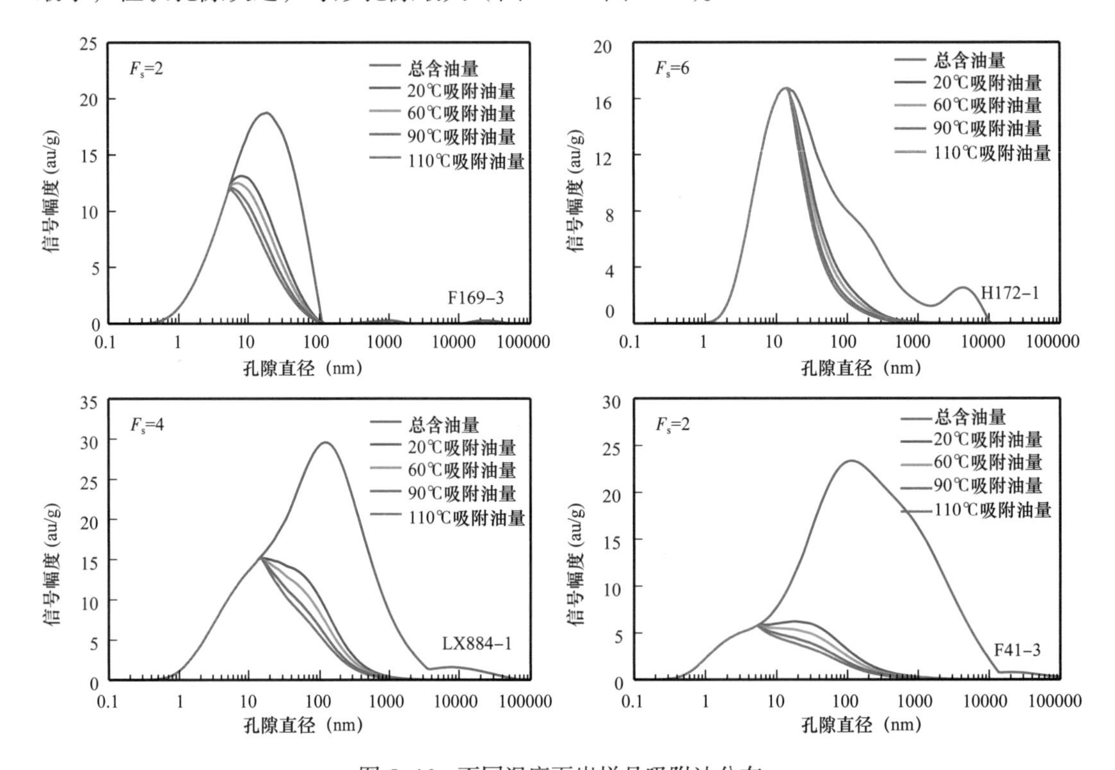

图5-46 不同温度页岩样品吸附油分布

第三节 页岩油赋存模式及影响因素分析

一、页岩油赋存模式

（一）不同状态页岩油赋存孔径

页岩吸附油、束缚油、可动油赋存孔径不同，探究不同状态页岩油赋存孔径范围是揭示页岩油赋存规律并建立及其与孔隙结构有机联系的基础。饱和油页岩 T_2 谱分布反映了吸附油、束缚油及可动油，热重—核磁共振分析束缚油挥发阶段 T_2 谱则反映了束缚油和吸附油分布，而吸附油挥发阶段 T_2 谱仅刻画吸附油分布特征。因此，对比不同挥发

阶段 T_2 谱分布可有效揭示吸附油、束缚油及可动油赋存孔径范围（图 5-47、图 5-48）。不同挥发阶段 T_2 谱反演及标定显示，可动油主要赋存于大孔和中孔，微小孔含量较低，孔隙越大可动油比例越高，孔径增加可动油比例迅速增加。束缚油主要赋存于中孔，其次为微小孔，大孔含量最低，孔径增加，束缚油比例先增加后降低，中孔束缚油比例最高。吸附油主要赋存于微小孔，其次为中孔，大孔几乎不含吸附油，孔径增加，吸附油比例迅速降低。

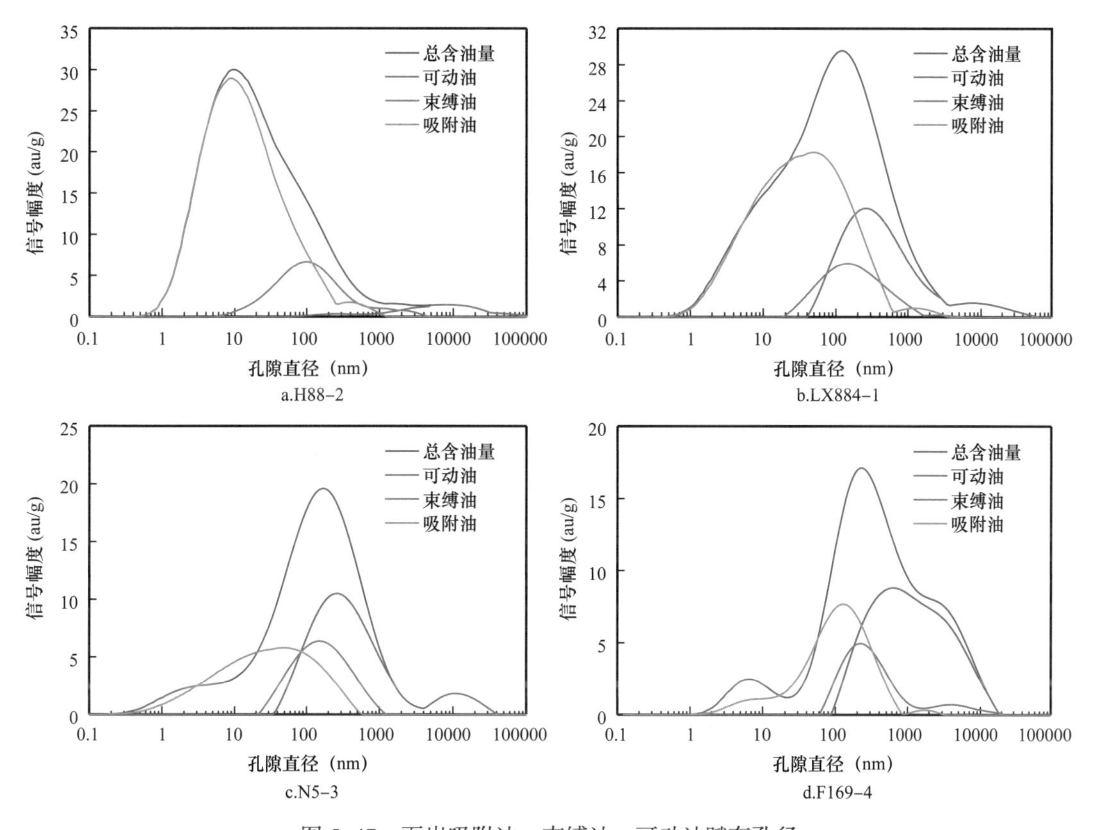

图 5-47 页岩吸附油、束缚油、可动油赋存孔径

以 N5-3 样品为例，页岩吸附油分布在孔径小于 600nm 孔隙内，10nm 以下孔隙均为吸附油，由 10nm 至 600nm 孔径增加，吸附比例迅速降低，吸附油主要赋存于微小孔，其中微小孔吸附油占吸附油总量 82.30%，中孔吸附油仅占吸附油总量 17.65%。束缚油分布在孔径 20～1100nm，以中孔为主，其中微小孔束缚油占总束缚油量的 36.80%，中孔束缚油占总束缚油量的 63.20%。可动油分布在孔径大于 37nm 的范围内，孔径增加，可动油比率迅速增加，大孔可动油比例最高，中孔次之，微小孔最小，但由于大孔含量较低，可动油主要赋存于中孔，中孔可动油量占总可动油量的 66.39%，其次为大孔为 19.41%，微小孔含量最低为 14.20%。

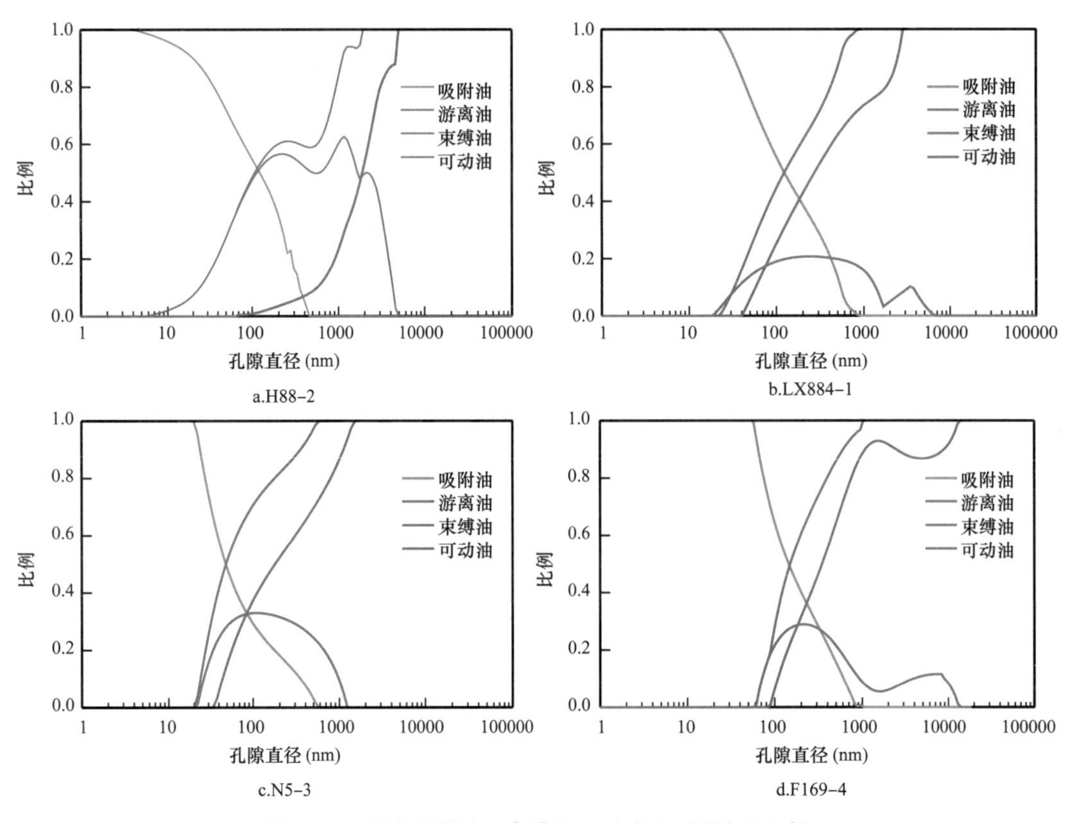

图 5-48　页岩吸附油、束缚油、可动油不同孔径比例

（二）不同赋存状态页岩油 T_1—T_2 弛豫特征

不同挥发阶段页岩 T_1—T_2 分布蕴含了不同状态流体弛豫信息，因此不同挥发阶段 T_1—T_2 分布差值可分别揭示可动油、束缚油和吸附油 T_1—T_2 弛豫特征。饱和油与束缚油挥发阶段 T_1—T_2 分布差值有效反映了可动油弛豫特征，页岩孔隙系统可动油主要分布在 T_2>1ms，T_1 与 T_2 呈线性分布，位于 T_1/T_2—10 的直线上（图 5-49）。束缚油与吸附油挥发阶段 T_1—T_2 谱差值主要表征了页岩束缚油弛豫特征，束缚油 T_2 分布范围相对较小，但 T_1 呈带状分布，T_1/T_2 较小，介于 0.5～300，反映了页岩束缚油较差的可流动性；T_1—T_2 中心分布在 T_2，约为 1ms，位于 T_1/T_2～10 的直线上，与可动油相似，反映了页岩孔隙系统游离油特性。吸附油挥发阶段与洗油干燥页岩 T_1—T_2 谱差值显示了吸附油弛豫特征，吸附油主要分布在 T_2<1ms，T_1 呈典型的带状分布，T_1/T_2 分布范围最大，为 0.5～1000，反映了类固态氢核弛豫特征，T_1—T_2 中心位于 T_1/T_2—4 的直线上。

页岩 T_1—T_2 分布可直接指示页岩油赋存状态，可动油 T_2 及分布范围较大，且 T_1 与 T_2 呈典型的线性分布，T_1/T_2 约为 10；束缚油可动性较差，T_1 分布范围较大，T_1—T_2 中心位于 T_2，约为 1ms，分布在 T_1/T_2—10 的直线上，因此 T_2 增加即孔径增加，游离油 T_1 分布范围逐渐减小，但其 T_1—T_2 中心均位于 T_1/T_2—10 的直线上；吸附油主要分布于 T_2<1ms，T_1 呈带状分布，T_1/T_2 分布范围较大，其 T_1—T_2 中心位于 T_1/T_2—4 的直线上（图 5-50d）。

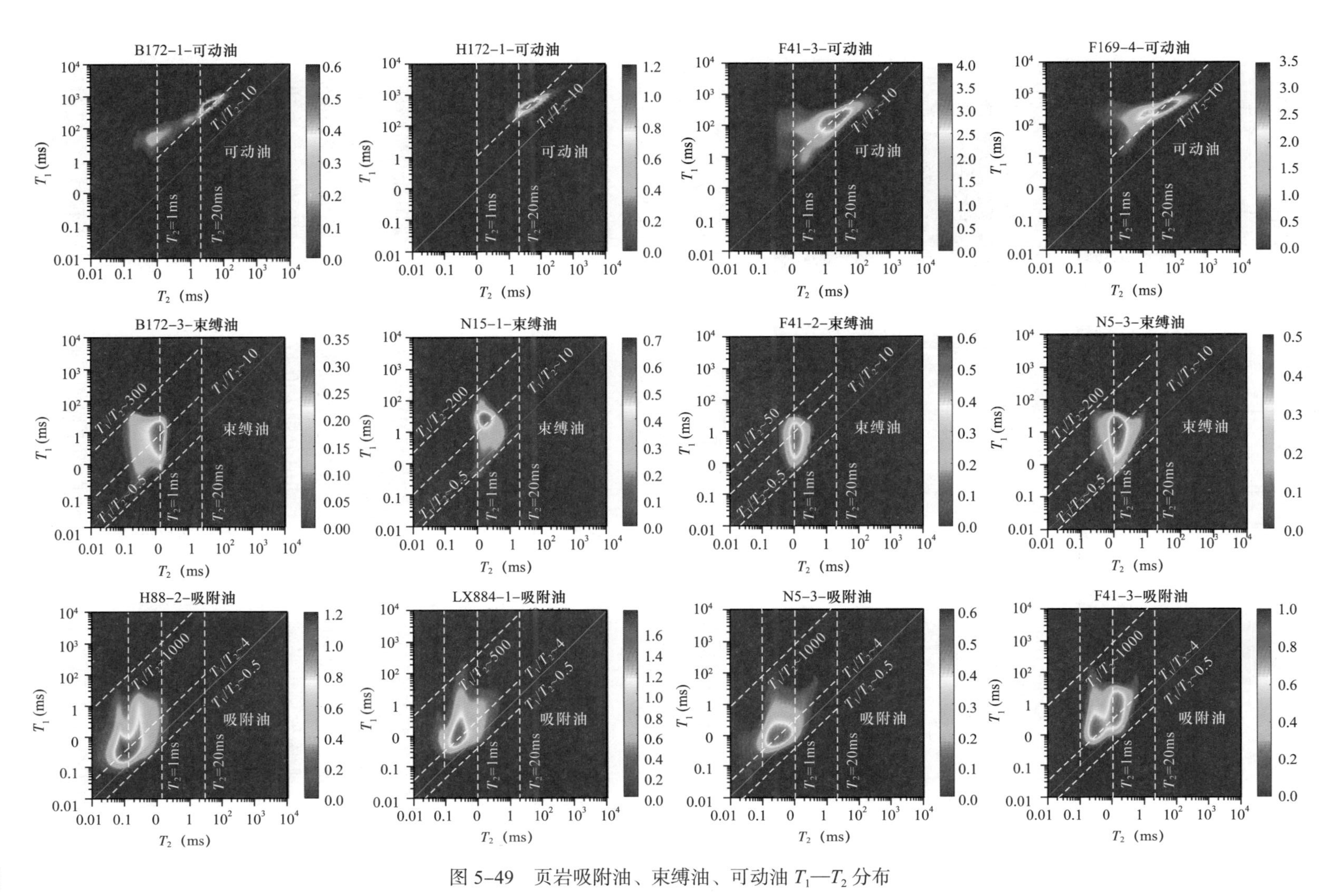

图 5-49　页岩吸附油、束缚油、可动油 T_1—T_2 分布

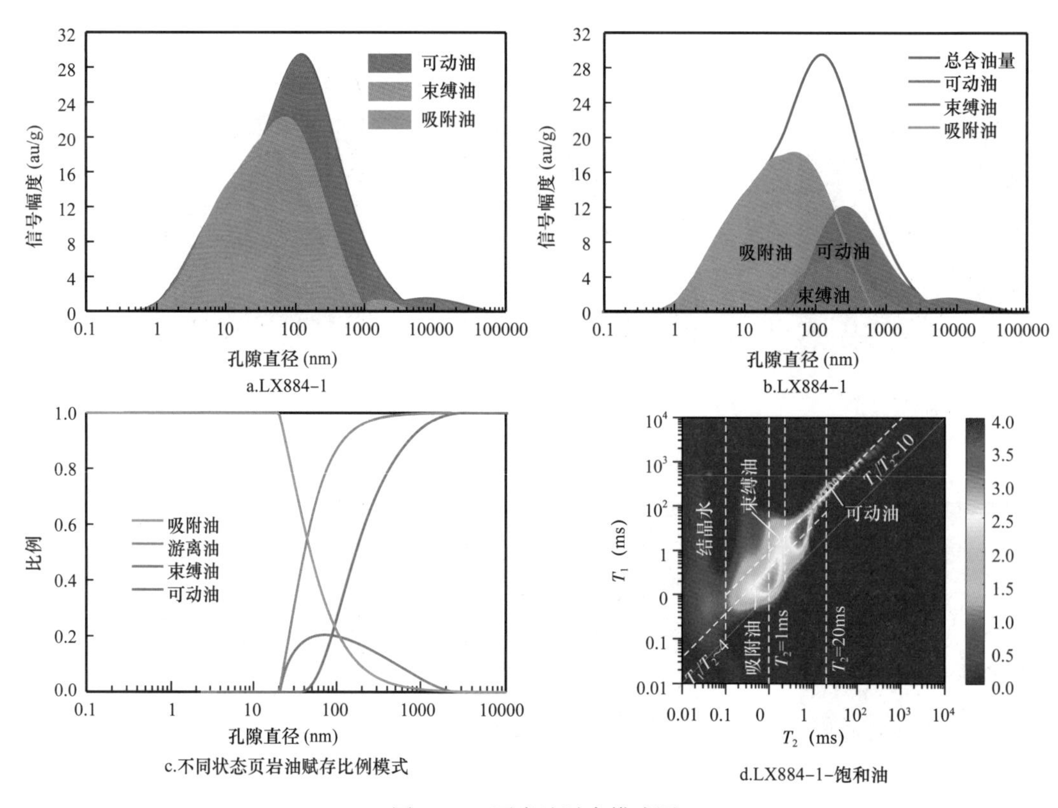

图 5-50　页岩油赋存模式图

二、页岩吸附油、游离油影响因素分析

基于页岩饱和油 T_2 谱分布及其孔径标定结果，应用式（5-12）定量计算了 38 块页岩样品 20℃、60℃、90℃和 110℃吸附油、游离油含量（表 5-3）。页岩样品总含油量分布在 6.53～71.73mg/g，平均为 25.55mg/g，20℃页岩吸附油含量最高，介于 1.44～26.37mg/g，平均为 12.63mg/g，吸附比例平均为 0.53，分布在 0.17～0.89，游离油含量最低，介于 2.48～58.08mg/g，平均为 12.92mg/g。60℃页岩吸附油含量降低，平均为 11.86mg/g（1.26～24.61mg/g），吸附比例减小，平均为 0.50，游离油量增加，平均为 13.69mg/g。90℃和 100℃页岩吸附油含量继续降低，平均分别为 11.07mg/g 和 10.58mg/g，吸附比例也呈减小趋势，平均值分别为 0.47 和 0.45，游离油含量增加，平均值分别为 14.51mg/g 和 14.97mg/g。

大量实验研究表明页岩有机质特征（丰度、类型和成熟度）是影响页岩油气吸附的关键因素[153]。页岩甲烷吸附量与有机质丰度（TOC）呈正相关性，同时也受有机质类型和成熟度的影响，页岩有机质成熟度增加，TOC 降低，甲烷吸附量减小[154]。与页岩气相似，TOC 增加，页岩油吸附量增加，成熟度增加，页岩油吸附量降低[47]。此外，页岩油气吸附量也受页岩孔隙结构及无机矿物组成的影响，孔隙表面积越大，吸附量越大[150]。

表 5-3 不同温度页岩吸附油、游离油含量

样品编号	Qt（mg/g）	20℃			60℃			90℃			110℃		
		Q_a（mg/g）	Q_f（mg/g）	r_a	Q_a（mg/g）	Q_f（mg/g）	r_a	Q_a（mg/g）	Q_f（mg/g）	r_a	Q_a（mg/g）	Q_f（mg/g）	r_a
B172-1	9.28	5.86	3.42	0.63	5.59	3.68	0.60	5.32	3.96	0.57	5.15	4.12	0.56
B172-2	14.95	12.40	2.55	0.83	12.13	2.82	0.81	11.84	3.11	0.79	11.65	3.30	0.78
B172-3	6.82	4.30	2.53	0.63	4.01	2.82	0.59	3.70	3.12	0.54	3.51	3.31	0.51
F169-5	22.93	20.45	2.48	0.89	20.17	2.76	0.88	19.84	3.09	0.87	19.61	3.31	0.86
F169-3	15.55	9.85	5.70	0.63	9.12	6.43	0.59	8.35	7.20	0.54	7.87	7.68	0.51
F169-4	21.23	3.67	17.56	0.17	3.20	18.03	0.15	2.77	18.46	0.13	2.54	18.69	0.12
F169-1	23.93	14.44	9.48	0.60	13.60	10.32	0.57	12.69	11.24	0.53	12.11	11.82	0.51
F169-2	13.12	10.28	2.84	0.78	10.01	3.11	0.76	9.72	3.40	0.74	9.53	3.59	0.73
F41-3	34.06	7.82	26.24	0.23	6.99	27.07	0.21	6.18	27.87	0.18	5.72	28.34	0.17
F41-1	13.20	8.80	4.39	0.67	8.47	4.73	0.64	8.09	5.10	0.61	7.85	5.35	0.59
F41-2	22.16	10.00	12.16	0.45	9.11	13.05	0.41	8.21	13.95	0.37	7.67	14.49	0.35
H172-1	21.36	14.37	6.99	0.67	13.78	7.58	0.64	13.14	8.22	0.62	12.73	8.63	0.60
H88–1	34.70	19.08	15.62	0.55	17.92	16.78	0.52	16.68	18.03	0.48	15.89	18.82	0.46
H88–2	34.14	23.29	10.85	0.68	22.29	11.85	0.65	21.22	12.92	0.62	20.55	13.59	0.60
L752–2	16.09	10.99	5.10	0.68	10.39	5.70	0.65	9.74	6.35	0.61	9.32	6.77	0.58
L752–3	6.91	1.44	5.47	0.21	1.26	5.65	0.18	1.09	5.82	0.16	0.99	5.92	0.14
L76–1	24.43	11.48	12.96	0.47	10.59	13.84	0.43	9.67	14.77	0.40	9.10	15.33	0.37
L76–2	30.17	11.31	18.87	0.37	10.18	19.99	0.34	9.05	21.12	0.30	8.37	21.80	0.28
LX884–1	35.32	16.71	18.61	0.47	15.45	19.87	0.44	14.18	21.14	0.40	13.41	21.91	0.38
Y556–1	59.43	26.37	33.06	0.44	24.61	34.82	0.41	22.83	36.60	0.38	21.74	37.69	0.37
Y556–2	47.67	18.38	29.29	0.39	16.90	30.77	0.35	15.42	32.25	0.32	14.52	33.14	0.30
Y556–3	17.05	11.78	5.27	0.69	11.49	5.56	0.67	11.16	5.90	0.65	10.94	6.12	0.64
N15–1	10.85	6.50	4.35	0.60	6.07	4.78	0.56	5.64	5.21	0.52	5.37	5.48	0.49
N5–3	16.58	5.07	11.51	0.31	4.53	12.05	0.27	4.00	12.57	0.24	3.70	12.87	0.22
F169–6S	19.63	12.15	7.49	0.62	11.29	8.35	0.57	10.36	9.27	0.53	9.78	9.85	0.50
F169–7S	19.16	10.85	8.31	0.57	10.01	9.14	0.52	9.13	10.03	0.48	8.57	10.59	0.45

续表

样品编号	Qt（mg/g）	20℃			60℃			90℃			110℃		
		Q_a（mg/g）	Q_f（mg/g）	r_a	Q_a（mg/g）	Q_f（mg/g）	r_a	Q_a（mg/g）	Q_f（mg/g）	r_a	Q_a（mg/g）	Q_f（mg/g）	r_a
F41–4S	6.53	3.76	2.78	0.57	3.58	2.96	0.55	3.38	3.16	0.52	3.25	3.29	0.50
H172–2S	24.20	15.06	9.14	0.62	14.54	9.66	0.60	13.99	10.21	0.58	13.65	10.55	0.56
H172–3S	38.42	21.81	16.61	0.57	20.77	17.65	0.54	19.69	18.73	0.51	19.03	19.39	0.50
H172–4S	33.04	17.99	15.05	0.54	17.14	15.91	0.52	16.25	16.80	0.49	15.69	17.35	0.47
L752–4S	12.04	7.90	4.14	0.66	7.51	4.53	0.62	7.09	4.95	0.59	6.82	5.22	0.57
LX884–2S	38.97	20.60	18.37	0.53	19.31	19.66	0.50	17.98	20.98	0.46	17.18	21.79	0.44
N15–2S	20.54	15.22	5.32	0.74	14.69	5.85	0.72	14.14	6.40	0.69	13.79	6.75	0.67
N5–4S	18.57	8.46	10.12	0.46	8.00	10.58	0.43	7.52	11.05	0.41	7.23	11.34	0.39
N5–5S	71.73	13.66	58.08	0.19	12.06	59.68	0.17	10.46	62.17	0.15	9.52	62.22	0.13
N5–6S	28.89	8.58	20.31	0.30	7.64	21.26	0.26	6.69	22.20	0.23	6.13	22.77	0.21
Y556–5S	48.43	21.79	26.64	0.45	20.05	28.38	0.41	18.29	30.14	0.38	17.23	31.20	0.36
Y556–6S	38.90	17.48	21.41	0.45	16.24	22.66	0.42	15.00	23.89	0.39	14.27	24.63	0.37

Q_t表示页岩含油总量。

基于的60℃的38块页岩样品吸附量、游离量及吸附比例分布探讨了页岩吸附油、游离油影响因素。有机质是页岩油生成的物质基础，具有显著的亲油性，页岩TOC越高，吸附油量越大（图5–51a）。含油饱和度指数（OSI）反映了页岩油可动性，OSI增加页岩吸附油量迅速降低（图5–51b）。BET表面积越大，页岩孔隙表面吸附位越多，页岩吸附油量越大（图5–51c）。页岩吸附油量随黏土矿物含量增加而增加，这是由于黏土矿物发育微小孔，提供了页岩吸附油赋存空间（图5–51d）。此外，页岩吸附油量、游离油量及总含油量均呈现较好的正相关性，游离油量及总含油量越高，吸附油量越高。

页岩油吸附比例与OSI、核磁共振平均孔径和游离油量均呈现显著的负相关性。OSI增加，吸附比例迅速降低（图5–52a），核磁共振平均孔径增加，吸附比例也呈现迅速降低趋势（图5–52b）。页岩游离油量越高，吸附比例越低（图5–52d）。页岩油吸附比例与黏土矿物含量呈正相关性，黏土矿物含量增加，页岩油吸附比例增加（图5–52c）。因此，页岩油吸附量及其比例主要受页岩有机质丰度、油饱和度指数、孔隙表面积及平均孔径、黏土矿物含量及总含油量（孔体积）影响。有机质丰度、孔隙表面积、黏土矿物含量及总含油量（孔体积）越大，页岩吸附油量（比例）越大，OSI数和平均孔径越大，页岩吸附油量（比例）越低。

页岩油游离量与页岩平均孔径、总含油量密切相关，平均孔径越大，页岩游离油

量越大，总含油量越大，游离油量越大，即页岩油富集区也是页岩游离油富集区（图5–53）。然而，页岩岩相是决定有机质丰度、无机矿物组成及孔隙结构的基础，因此不同岩相页岩吸附油量、游离油量也不相同（图5–53）。由贫有机质到富有机质泥页岩，有机质含量增加，吸附油量先降低后增加，富有机质泥页岩富吸附量最高，含有机质泥页岩最低；页岩游离油量逐渐增加，富有机质泥页岩游离油量高，含有机质泥页岩次之，贫有机质泥页岩最低（图5–54a至b）。

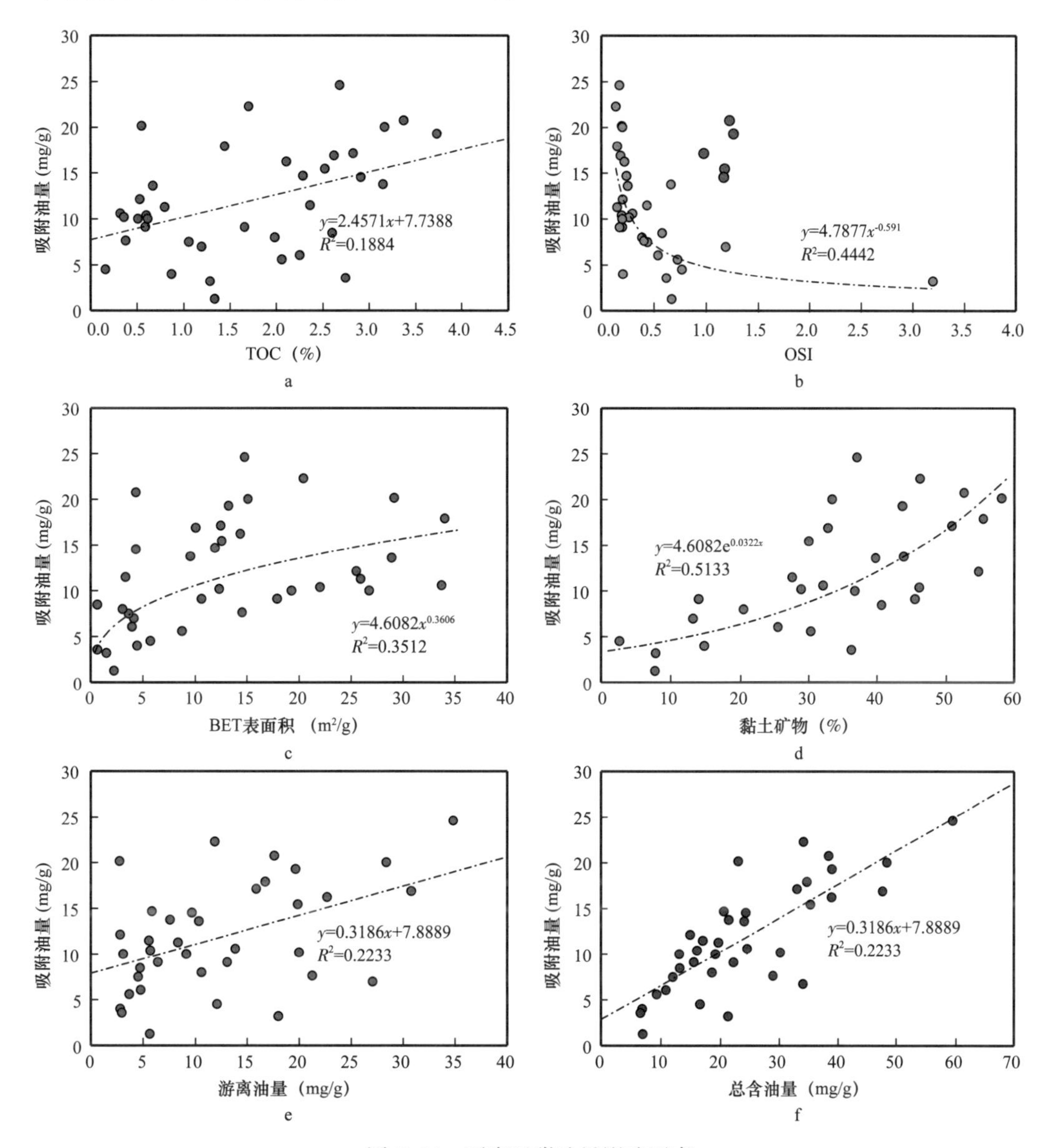

图5–51 页岩吸附油量影响因素

不同构造泥页岩吸附量、游离量不同，由块状到纹层状构造，吸附油含量先降低后增加，纹层状构造吸附油含量最高，块状次之；与吸附油相反，由块状到纹层状构造，游离油含量先增加后降低，层状构造游离油含量最高，但三者分布相似，差异较小（图 5-54c 和 d）。不同矿物组成泥页岩，富钙质、钙质和硅质泥页岩吸附油含量较高，富泥质、富硅质和含泥硅质泥页岩吸附油含量较低，而游离油量以钙质泥页岩含量最高，其次为富硅质泥页岩（图 5-54e 和 f）。综合分析页岩有机质含量、构造和无机矿物组成，结合东营凹陷泥页岩岩相分布，纹层状富有机质钙质页岩和块状含有机质富硅质泥岩游离油量含量最高，为最优页岩油储层，与泥页岩孔隙度、渗透率有利岩相分布相同，表明泥页岩高孔隙度和渗透率分布区也是高游离油量分布区。

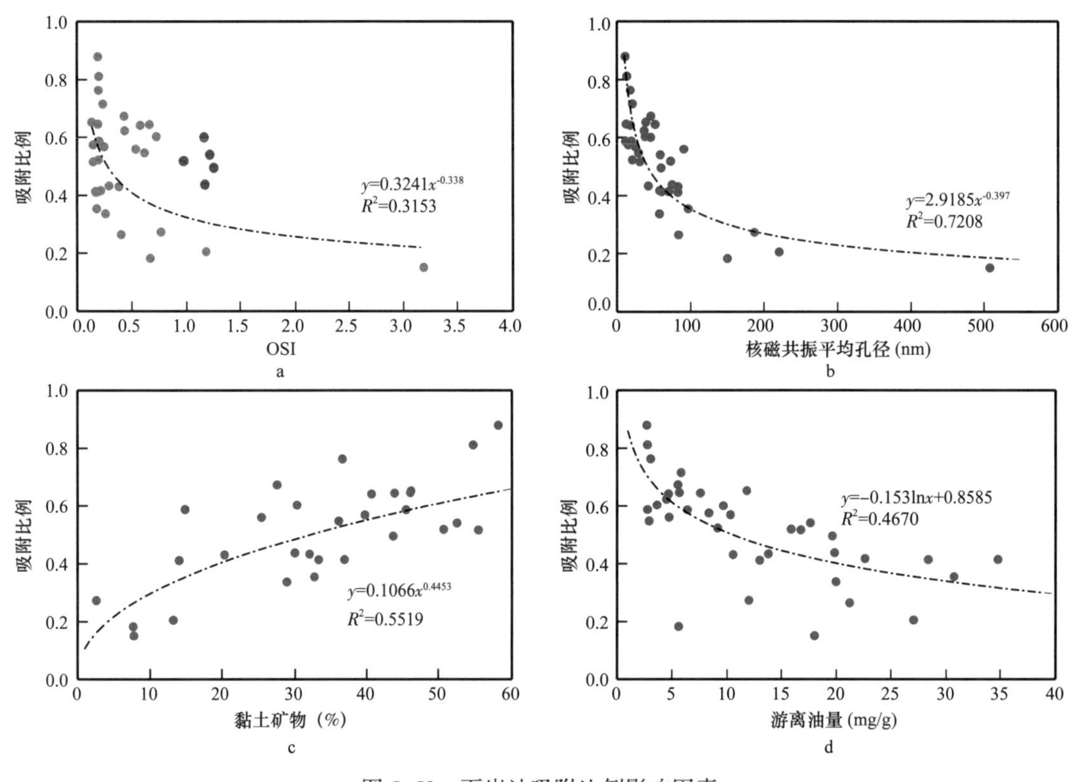

图 5-52　页岩油吸附比例影响因素

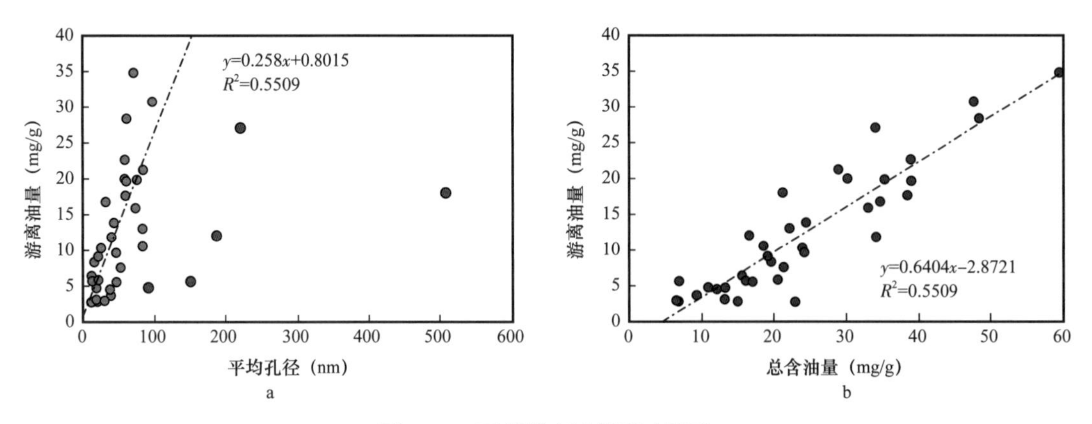

图 5-53　页岩游离油量影响因素

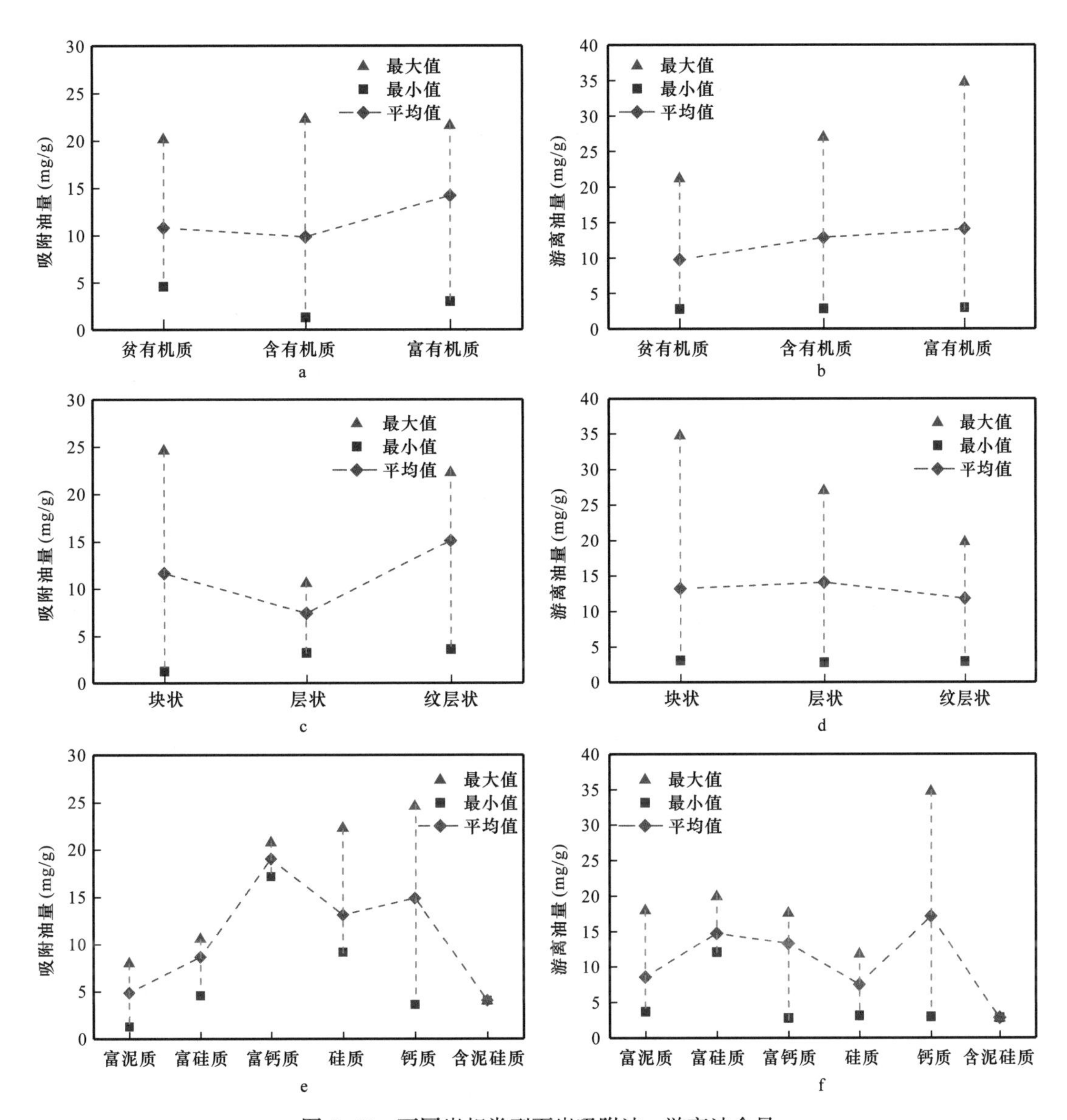

图 5-54　不同岩相类型页岩吸附油、游离油含量

第六章

页岩油可流动性评价

石油在页岩中的可流动性是页岩油勘探开发急需解决的首要科学问题，是页岩油地质研究的难点[3]。页岩油可流动性指页岩油可流动量及其比例，以及石油在页岩中的流动规律、速率等。核磁共振技术是定量表征储层流体可流动量及其比例的有效方法，通过对比离心前后 T_2 谱分布变化可定量评价储层流体可流动量及不同尺度孔隙流体可动性。页岩油流动规律是流体渗流、赋存状态、多孔介质变形与压力场、温度场耦合作用的结果，流动过程中页岩孔隙系统、流体赋存状态随孔隙流体压力及温度变化而变化，可诱导产生一系列引起流体流动变化的地质效应[56]。然而，目前针对页岩油流动规律鲜有研究，尚未有效解析各地质效应对页岩油渗流的控制作用。

核磁共振技术是能够建立页岩孔隙系统与其流体渗流特性有机联系的有效技术手段，可实时、动态监测页岩油渗流过程储集空间大小等变化。本章研究将采用核磁共振技术与离心及渗流实验相结合，定量评价页岩油可流动量及其比例，并探索揭示页岩油渗流规律研究方法，解析各地质效应对页岩油流动的控制作用，构建页岩油渗流评价模型，揭示页岩油渗流影响因素。

第一节　页岩油可流动量分析

一、页岩油游离油量与可动油量

页岩游离油量为理论最大可动油量，反映了页岩油潜在可流动性，表征页岩油可动潜力。T_2 谱与吸附—游离评价模型计算东营凹陷 38 块页岩样品不同温度游离油百分比及孔隙度如图 6-1 所示。温度增加页岩游离油百分比逐渐增加，20℃游离油百分比分布在 10.80%～82.73%，平均为 45.58%，主要分布在 30%～60%，其中 30%～40% 分布最多（图 6-1a）。60℃游离油百分比增加，平均为 48.65%（12.04%～84.92%），主要分布在 30%～60%，但以 40%～50% 分布最多。90℃游离油百分比主要分布在 30%～70%，以 40%～50% 分布最多，其次为 60%～70%，平均为 51.84%，介于 13.48%～86.94%。110℃页岩游离油百分比最高，主要分布在 40%～70%，以 40%～50% 分布最多，平均为 53.81%，分布在 13.48%～88.06%。

页岩游离油孔隙度为游离油百分比与核磁共振孔隙度乘积，反映了页岩游离油含量，20℃游离油孔隙度分布在 0.59%～11.10%，平均为 3.89%，主要分布在 1%～3%，

其次为4%～7%，以1%～2%分布最多（图6-1b）。60℃游离油孔隙度主要分布在1%～4%，其中1%～2%分布最多，平均为4.14%，介于0.64%～11.69%。90℃游离油孔隙度介于0.70%～12.29%，平均为4.39%，主要分布在1%～4%，其次为5%～8%，以1%～2%和3%～4%分布较多。110℃游离油孔隙度分布与90℃相似，主要分布在1%～4%，其次为5%～8%，但5%～8%样品数量增加，其中1%～2%和3%～4%分布最多，平均值为4.55%，分布在0.74%～12.66%。

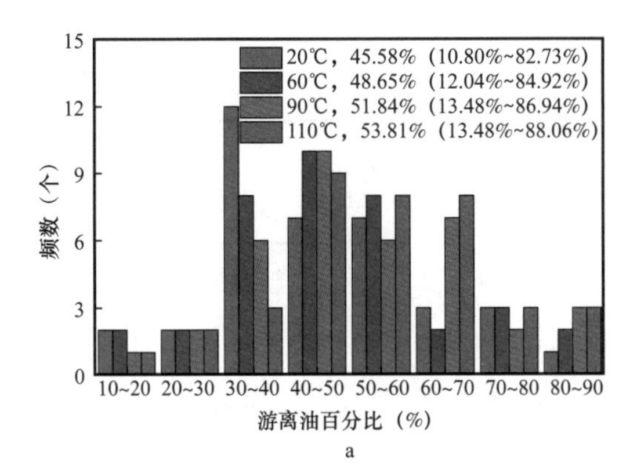

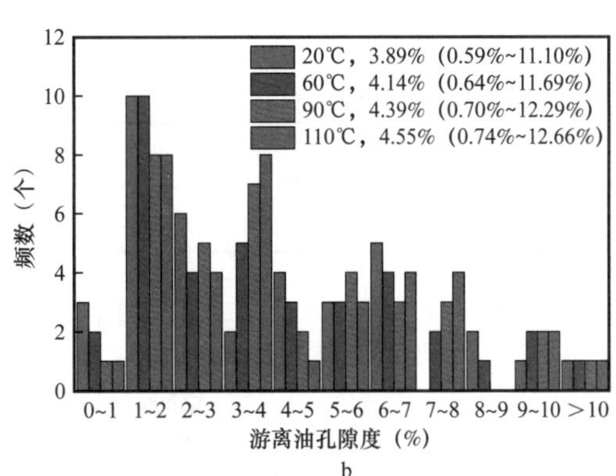

图6-1　页岩游离油百分比及孔隙度分布

离心—核磁共振测试可有效表征页岩油可动量，饱和油页岩离心后（离心力约为2.76MPa）T_2谱信号幅度降低，其中p1峰几乎不变，p2峰和p3峰信号幅度降低，且T_2谱向左移动，离心前后T_2谱信号幅度差值即可表征页岩油可动量，即页岩油可动能力（图6-2）。根据离心前后页岩T_2谱信号幅度差值可定量计算页岩可动油百分比，而可动油孔隙度为可动油百分比与核磁共振孔隙度乘积，反映了页岩可动油量（图6-3）。页岩样品可动油百分比相对较低，反映了页岩油相对较差的可流动性，分布在3.17%～46.36%，平均为13.48%，主要分布在5%～15%，其中5%～10%分布最多（图6-3a）。而页岩可动油孔隙度主要分布在0～1.5%，0.5%～1%分布最多，平均为1.15%，分布在0.16%～4.86%（图6-3b）。

游离油量为页岩油潜在最大可动量，可动油量随游离油量增加而增加（图6-4）。页岩可动油百分比随游离油百分比增加而增加，当游离油百分比小于70%时，游离油百分比增加可动油百分比变化较小，而游离油百分比大于70%时，游离油百分比增加可动油百分比迅速增加（图6-4a）。可动油孔隙度随游离油孔隙度增加而逐渐增加，反映了页岩游离油量越高，其可动油量越高（图6-4b）。

二、页岩油可动量影响因素分析及有利岩相类型

页岩油可动量与页岩有机矿物、无机矿物组成，孔隙结构密切相关，OSI反映了页岩油可流动性，其值越高，页岩可动油百分比越高（图6-5a），而页岩黏土矿物越高，微小孔含量越多，孔隙结构越复杂，非均质性越强，因此黏土矿物含量增加，可动油量

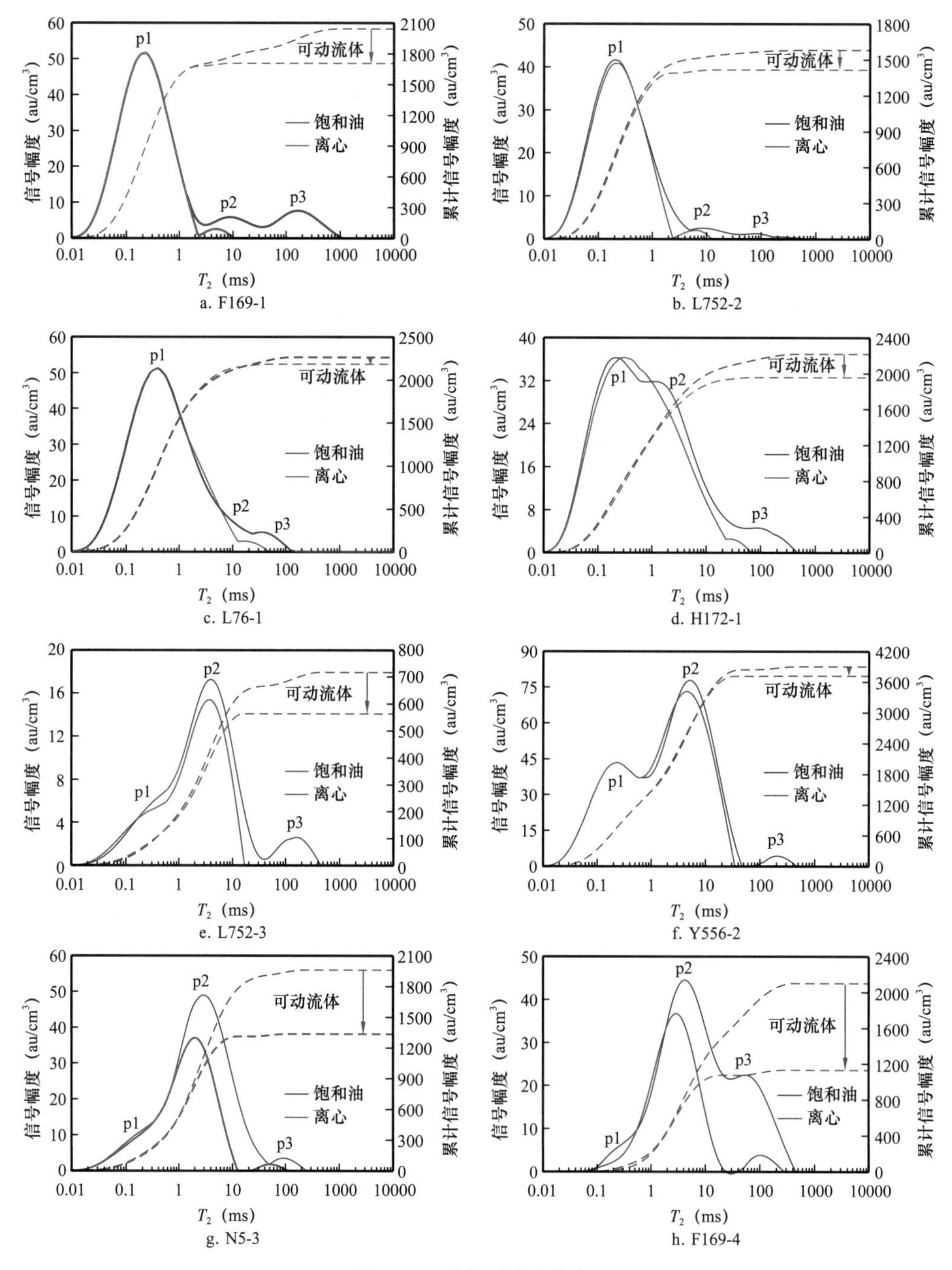

p1
p2
p3
可动流体
饱和油
离心
信号幅度（au/cm³）
累计信号幅度（au/cm³）
T2（ms）
a. F169-1
b. L752-2
c. L76-1
d. H172-1
e. L752-3
f. Y556-2
g. N5-3
h. F169-4

图 6-2　页岩可动油分布

迅速降低（图 6–5b）。硅质矿物含量增加，页岩可动油百分比先降低后增加，当硅质矿物含量大于 50% 时，硅质矿物含量增加，可动油百分比显著增加，即富硅质泥页岩可动油百分比较高，这是由于硅质矿物含量较高时，页岩大孔隙较为发育（图 6–5c）。页岩 BET 表面积反映了页岩吸附能力，BET 表面积越大页岩油可动量越小（图 6–5d）。核磁共振平均孔隙直径及高压压汞平均孔喉直径表征了页岩平均孔隙大小，二者越大页岩大孔隙（孔喉）含量越高，因此页岩可动油百分比随着平均孔隙 / 孔喉直径增加而增加（图 6–5e 和 f）。

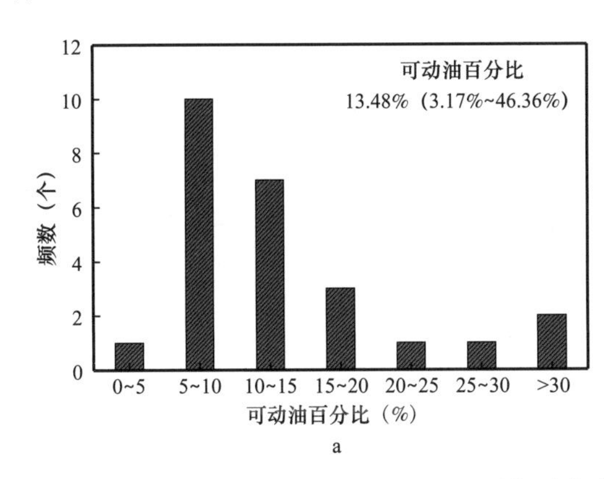

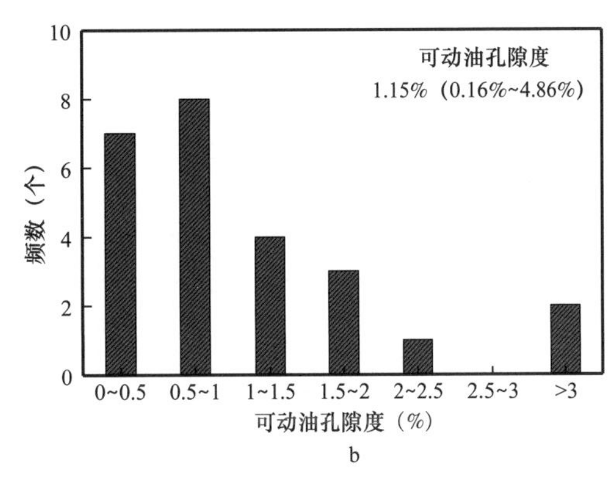

图 6–3　页岩可动油百分比及孔隙度分布

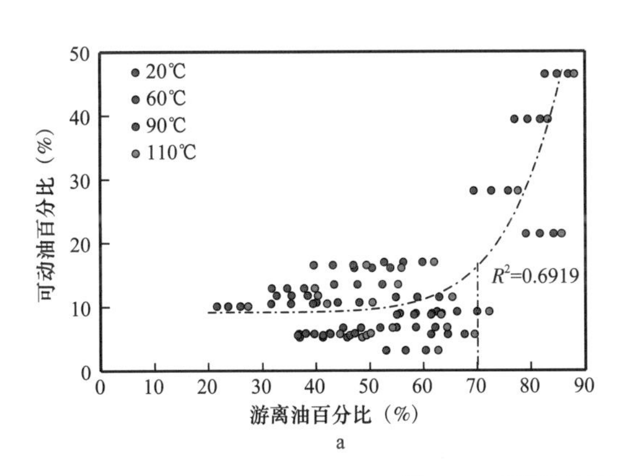

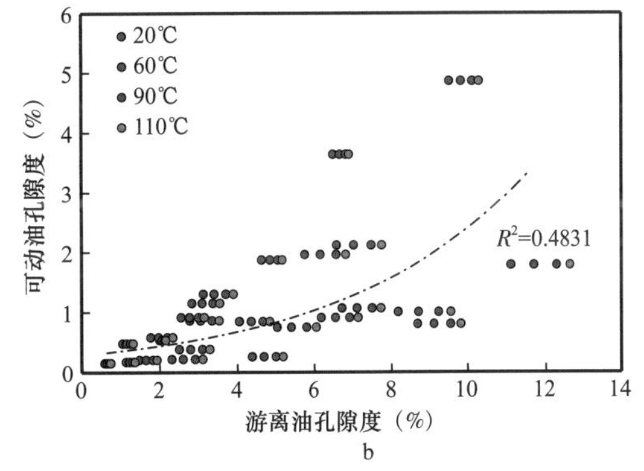

图 6–4　页岩可动油与游离油相关性

不同岩相泥页岩可动油百分比及孔隙度分布不同，泥页岩有机质丰度增加，由贫有机质到富有机质，可动油百分比先增加后减低，含有机质泥页岩可动油百分比最高（图 6–6a）。可动油孔隙度分布趋势相似，含有机质泥页岩可动油孔隙度最高，其次为富有机质泥页岩，贫有机质泥页岩最低（图 6–6b）。不同构造泥页岩可动油含量也不相同，由块状到纹层状构造，泥页岩可动油百分比及孔隙度均先降低后增加，块状构造可动油含量最高，其次为纹层状构造，层状构造最低（图 6–6c 和 d）。不同矿物组成泥页岩，富硅质泥页岩可动油百分比及孔隙度均最高，表明其可动油含量最高，而钙质页岩具有较高的可动油百分比和孔隙度，其可动油含量次之。因此，综合分析泥页岩有机质含量、岩石构造和无机矿物组成特征，结合泥页岩岩相分布，纹层状富有机质钙质页岩和块状含有机质富硅质泥岩可动油含量最高，为最有利页岩油储层，与游离油量及有利孔渗分布岩相相同，表明泥页岩高孔隙度、渗透率分布区和游离油富集区亦是可动油富集区。

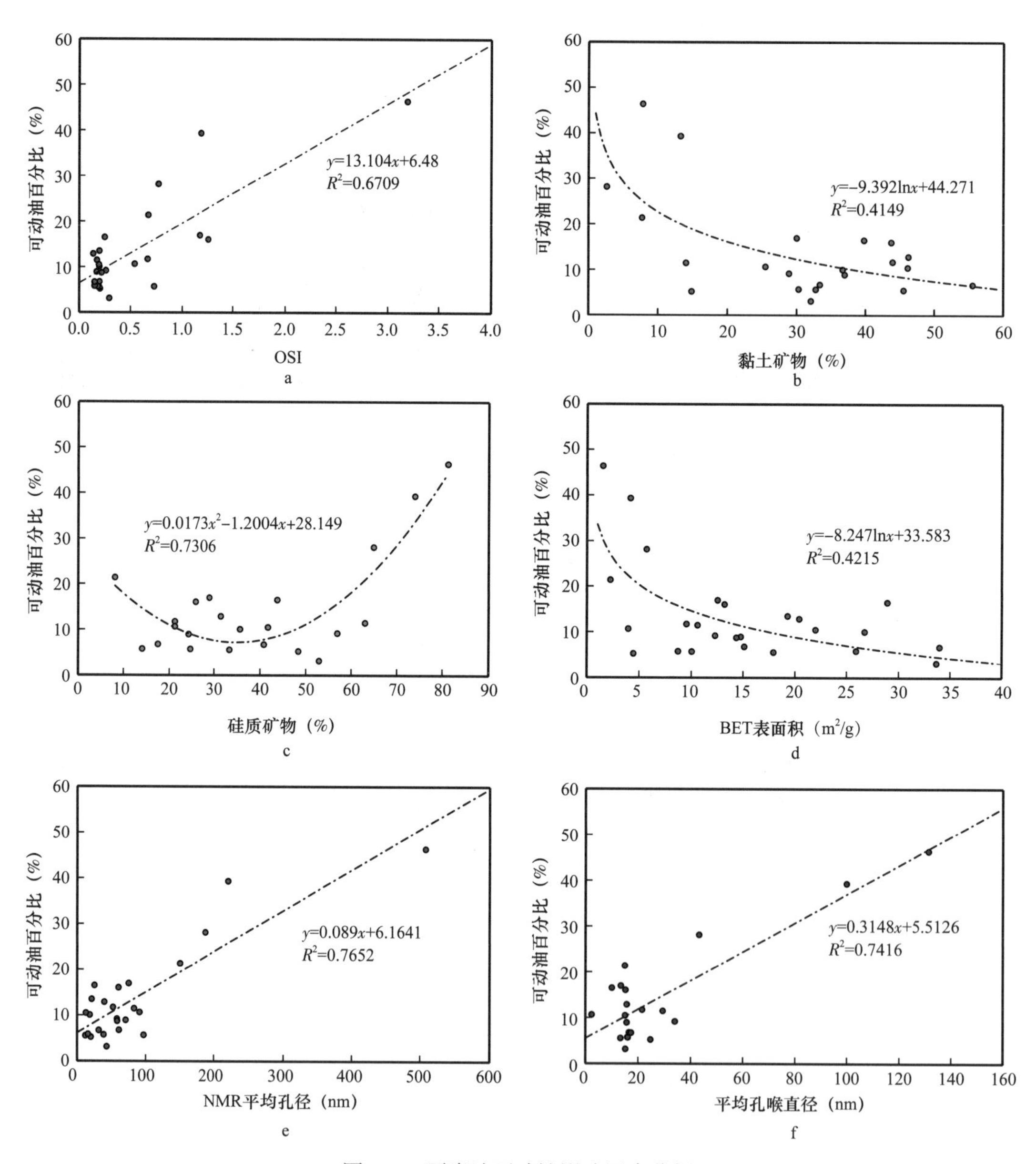

图 6-5　页岩油可动性影响因素分析

页岩岩相是制约页岩储集特性及页岩油富集和可流动性的直接因素，有利岩相可指示页岩油勘探开发有利靶区分布。不同岩相页岩储集特性，吸附油、游离油及可动油分

布不同。研究结果显示，纹层状富有机质钙质页岩和块状含有机质富硅质泥岩具有较高的孔隙度、渗透率，相对简单的孔隙结构复杂性和非均质性，同时游离油及可动油含量较高，而吸附油量较低，有利于页岩油储集和流动。因此，纹层状富有机质钙质页岩和块状含有机质富硅质泥岩为东营凹陷有利页岩岩相类型，最有利于页岩油储集、赋存及流动，二者发育层段即为页岩油勘探开发有利层段，可直接指示页岩油有利目标层位及勘探靶区分布。

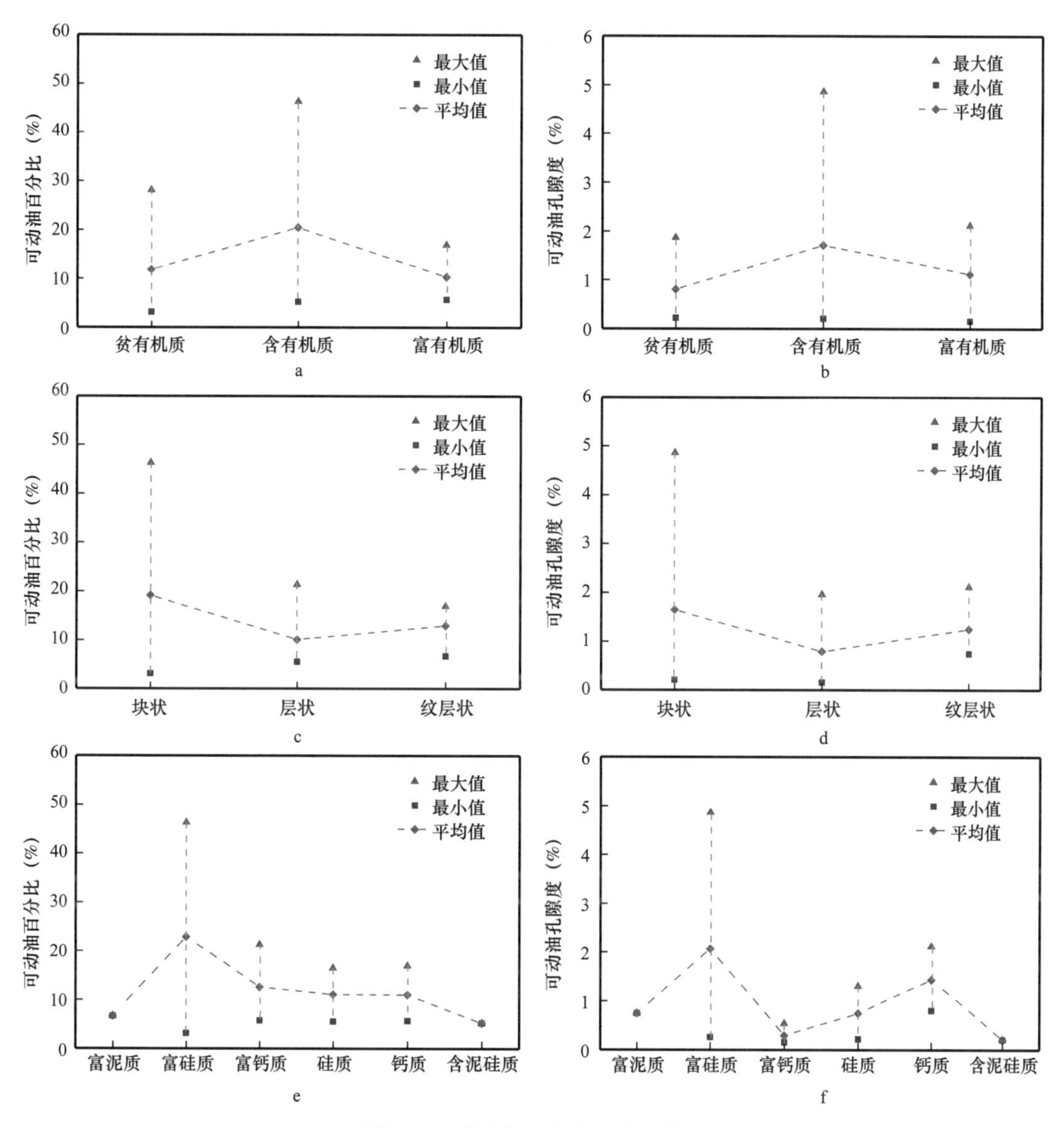

图 6-6 不同岩相页岩可动油分布

纹层状富有机质钙质页岩有机质含量高，具有页岩油形成的物质基础，有利于页岩油生成和富集。同时钙质矿物含量较高，使得页岩发育多种储集空间类型，碳酸盐晶间孔和黏土矿物粒内孔发育，其中碳酸盐晶间孔形态较为简单，孔隙相对较大，有利于页岩油的储集和渗流。此外，有机质含量高生烃过程可产生较多有机质酸，而钙质矿物发育有利于溶蚀钙质矿物，从而产生较多次生溶蚀孔[134]，增加页岩油储集和渗流能力。而纹层状构造使其层间缝发育，形成了页岩油渗流优势通道，有利于页岩油渗流，使得纹层状富有机质钙质页岩成为页岩油有利岩相。前人研究显示，纹层状富有机质钙质页岩孔隙和裂缝发育，游离油含量较高，而吸附油含量较低，有利于页岩油储集和流动，为页岩油有利岩相[155]。

然而，研究显示块状含有机质富硅质泥岩亦为页岩油有利岩相，其长石和石英含量较高，使得石英和长石粒间孔隙及颗粒边缘孔隙发育，大孔隙含量最高，小孔隙含量较少，孔隙结构复杂性较弱，形成了页岩油优势储集空间和渗流通道，使得游离油含量及可动油含量较高，吸附油含量较低，有利于页岩油储集和渗流。富硅质泥岩总有机碳含量相对较低，但残留烃 S_1 最高，页岩油最为富集，表明存在页岩油运移进入，富硅质泥岩为泥页岩层系最有利储集物性发育层段。因此，块状含有机质富硅质泥岩主要为泥页岩层系富硅质夹层，具有最优的储集物性。

页岩有利岩相分布显示，页岩储集特性直接决定页岩油富集和流动性。页岩储集特性越好，大孔隙及裂缝含量越高，小孔隙含量越低，越有利于游离油（或可动油）富集，吸附油含量越低，页岩油流动速率越大，流量越高，越有利于页岩油开采。

第二节　页岩油渗流规律分析

一、页岩油渗流规律及控制机理分析

页岩油流动受到孔隙流体压力、孔隙系统及温度等因素影响，表现为动态渗流过程，受有效应力、边界层等地质效应控制[56, 59]。为了揭示页岩油渗流规律并解析有效应力、边界层效应对页岩油渗流的控制作用，系统测试分析了不同围压、不同进口压力以及不同温度页岩油渗流过程。页岩油渗流围压恒定时，进口压力增加，孔隙流体压力增加，页岩油流量逐渐增加，进口压力越大流量增加越显著，呈现典型的非线性渗流特征（图 6-7）。此外，页岩围压不同，页岩油渗流特征不同，围压增加，页岩油渗流非线性减弱；相同进口压力时，围压增加，流量差异逐渐减小，不同围压页岩油渗流特征逐渐趋于相似。

根据渗流特征，可将页岩样品分为三类。第一类样品不同围压页岩油渗流特征相近，围压增加页岩油流量变化较小（N5-3、F41-3 和 F169-4）。第一类样品页岩游离油量最高（20℃），介于 69.43%～82.73%，平均高达 76.41%，可动油含量也最高，平均为 37.95%（28.15%～46.36%），页岩油可流动性较好，相同围压和进口压力下页岩油流量较高。

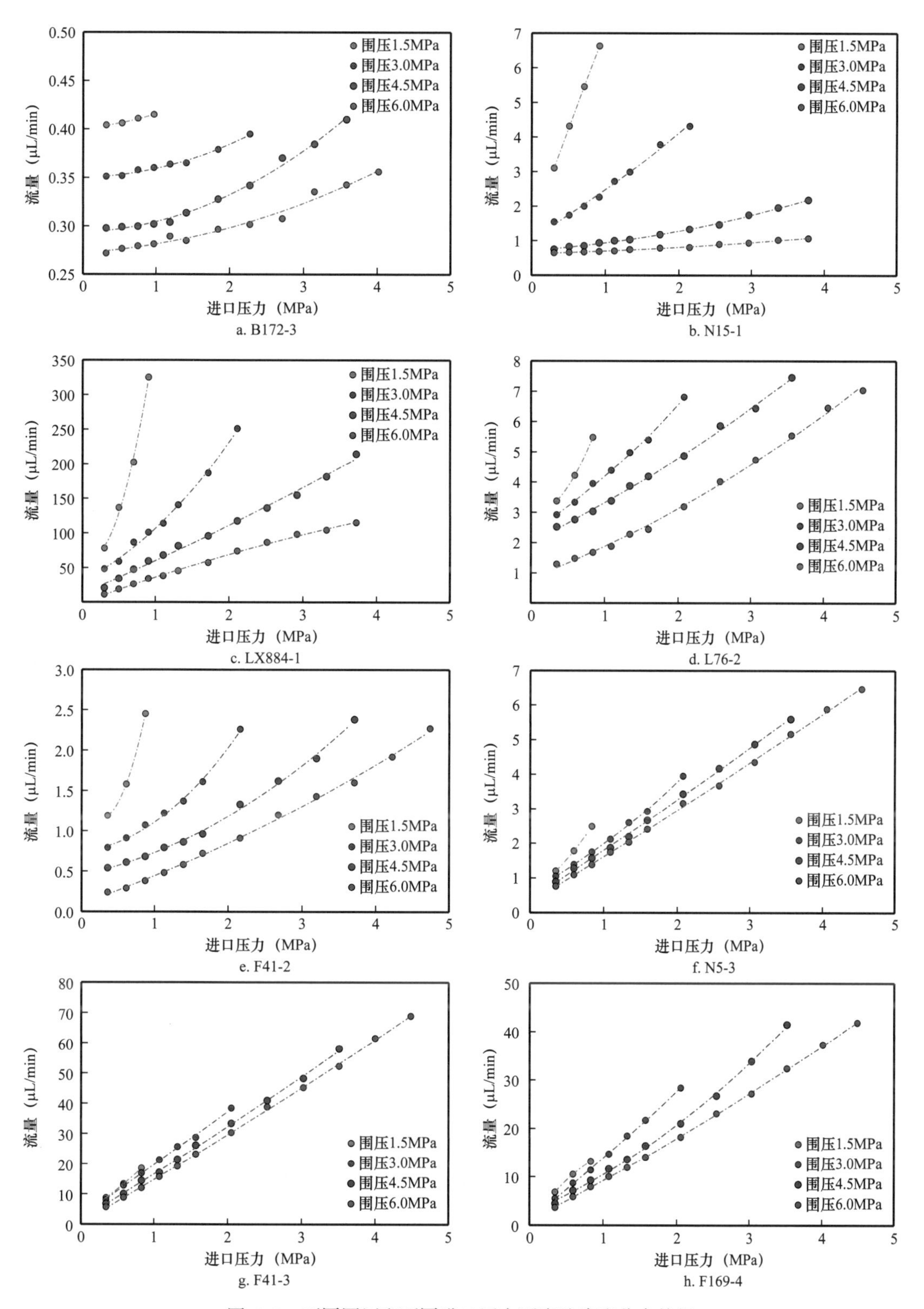

图 6–7　不同围压和不同进口压力页岩油渗流分布特征

第二类样品层间微裂缝发育，微裂缝构成了页岩油主要渗流通道，流体显著高于其他样品，但围压影响显著，围压增加，流量显著降低（LX884-1）。第二类样品游离油含量和可动油含量相对较高，分别为52.69%和16.94%。

第三类样品页岩油流量较低（20℃），不同围压渗流差异显著，围压增加，流量明显降低（L76-2、F41-2、B172-3和N15-1）。第三类页岩样品游离油量相对较低（20℃），分布在37.01%～62.53%，平均为48.63%，可动油含量最低，介于5.24%～11.47%，平均为9.15%，页岩油可流动性较差，使得页岩油渗流速率及流量相对较低。

页岩油渗流过程进口压力恒定，即孔隙流体压力恒定，围压增加，有效应力增加。因此，相同进口压力不同围压页岩油渗流特征可揭示有效应力效应对页岩油渗流的控制作用。进口压力恒定、有效应力增加，页岩骨架作用力增加，导致有效渗流通道减小，页岩油流量呈指数降低（图6-8）。此外，不同进口压力有效应力增加，页岩油流量变化规律不同，随进口压力增加，有效应力增加，页岩油流量降低速率增加。即进口压力越大，有效应力增加，页岩油流量降低越显著，该过程反映了孔隙流体压力，即边界层效应对页岩油渗流的控制作用。页岩孔隙系统纳米级孔隙发育使得边界层效应影响显著，边界层厚度随着孔喉减小而迅速增加，孔喉越小边界层效应越显著，而孔隙流体压力增加边界层厚度减小，边界层效应影响减弱。页岩油渗流过程孔隙流体压力较低时边界层厚度较大，有效应力增加渗流孔喉减小，边界层厚度变化较小，对页岩油流动影响较弱。当孔隙流体压力较高时，边界层厚度较小，有效应力增加，孔喉减小，使得边界层厚度迅速增加，导致页岩油流量显著降低。

流体性质（黏度、气油比等）和页岩孔隙结构是决定页岩油流动特征的两个重要因素，其中流体性质是决定流体渗流特征的内在因素。储层温度对流体性质具有重要影响，温度增加流体分子活性增强，黏度及孔隙表面边界层厚度降低，可有效降低流体渗流阻力[56]。为了探索温度对页岩油渗流影响，测试了6个页岩样品围压为6.0MPa、压力梯度为100MPa/m、不同温度（20℃、30℃、40℃、50℃和60℃）时的油流量，揭示温度变化对页岩油渗流的控制作用（图6-9）。

结果显示，温度增加，页岩油流量显著增加，流量随温度增加呈指数递增。温度增加，页岩油游离量及可动量均显著增加，页岩油可流动性变好，使得页岩油流量增加，因此提高储层温度可显著改善页岩油流动特性，提高页岩油产量。此外，不同页岩样品温度增加，流量变化特征不同，页岩初始流量越低，温度增加，页岩油流量增加越显著，变化率越大。本书第五章研究表明，页岩越致密、初始吸附油量越高，温度增加，吸附油量降低越显著，游离油增加越大，越有利于改善页岩油流动特性，增加页岩油流量。因此，提高储层温度可有效改善渗流速率极低的页岩油渗流特性，显著提高页岩产量。

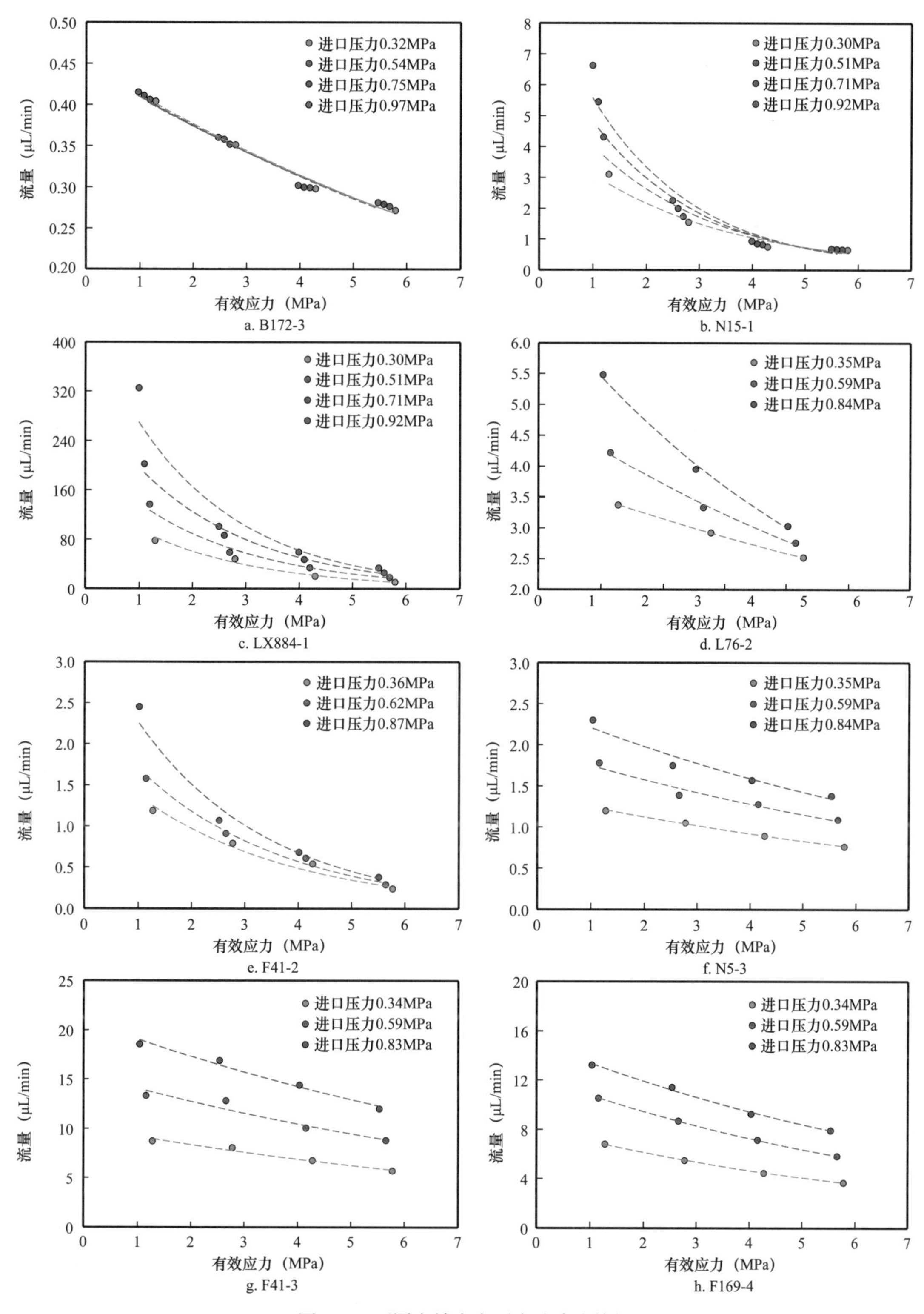

图 6–8　不同有效应力页岩油渗流特征

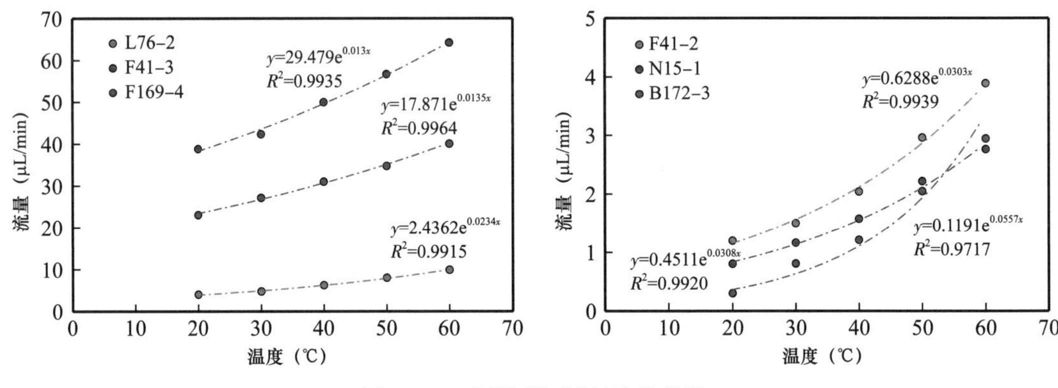

图 6-9　不同温度页岩油渗流特征

页岩油溶解气量增加，即甲烷含量增加，可有效降低页岩油的黏度，改善页岩油的可流动性，提高页岩油产量[72]。为了对比不同性质流体渗流特性，测试分析了相同围压和进口压力条件下页岩甲烷的渗流过程，以揭示页岩不同流体的渗流特征。页岩甲烷渗流特征与页岩油相似，恒定围压下，随着进口压力增加，甲烷流量逐渐增加，表现为明显的非线性渗流，为典型的非达西流。不同页岩样品甲烷渗流特征与页岩油相似，N15-1、F41-2 和 L76-2 样品甲烷流量相对较低，围压增加流量明显降低（图 6-10a 至 c）。LX884-1 样品甲烷流量最高，由于电子流量计量程限制，仅测试了较低进口压力下甲烷流量，围压增加，页岩层间微裂缝逐渐闭合，流量显著降低（图 6-10d）。N5-3 样品和 F41-3 样品甲烷流量较高，围压增加，流量变化较小（图 6-10e 和 f）。此外，相同压力条件下页岩甲烷流量远大于页岩油流量，表明流体性质对页岩流体渗流具有重要影响，页岩油中溶解甲烷可有效改善页岩油渗流特性，显著提高页岩油产量。

二、页岩油渗流评价模型研究

页岩油流动过程中进口压力降低，孔隙流体压力减小，围压恒定时将导致有效应力增加，渗流孔道减小，同时边界层厚度受孔隙流体压力影响，可能导致有效渗流孔道急剧减小，页岩油渗流受有效应力和边界层效应共同控制。有效应力增加，页岩渗透率呈指数降低[58]。此外，边界层厚度与页岩孔喉大小有关，孔喉越小，边界层厚度越大，边界层效应越显著[58]。然而，目前尚未建立综合考虑有效应力效应和边界层效应的页岩油渗流评价模型。

不同进口压力页岩油流量随有效应力增加呈指数递减方程（$y=be^{-ax}$）显示，指数递减方程系数（b）与进口压力有关，进口压力越大，b 越高，与进口压力呈线性关系，反映了进口压力影响，而指数系数（a）则近于相等，表明不同进口压力有效应力影响相似（图 6-11）。基于不同进口压力有效应力对页岩油渗流影响，建立了综合考虑进口压力（边界层效应）和有效应力效应影响的页岩油渗流评价模型：

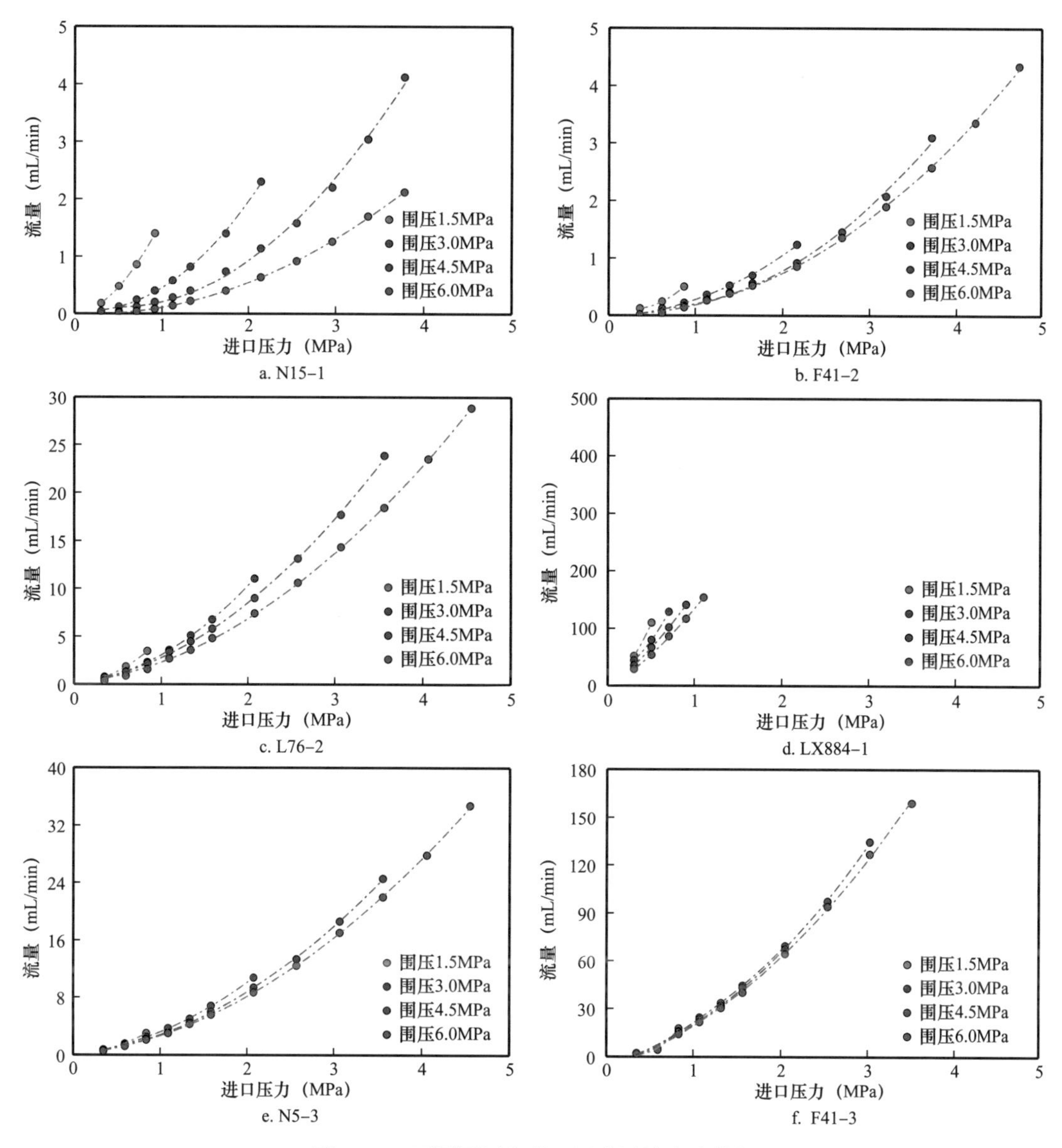

图 6-10　不同围压和进口压力甲烷渗流特征

$$Q=(kp_1+b)\,\mathrm{e}^{-a\sigma} \tag{6-1}$$

式中，Q 表示页岩油流量，μL/min；p_1 表示进口压力，MPa；σ 表示有效应力，MPa；k 和 b 为进口压力拟合系数；a 为有效应力拟合系数，其大小表征有效应力影响程度。

式（6-1）两边同时取对数可转换为：

$$\ln Q=\ln(kp_1+b)-a\sigma \tag{6-2}$$

或

$$\ln(kp_1+b)-\ln Q=a\sigma \tag{6-3}$$

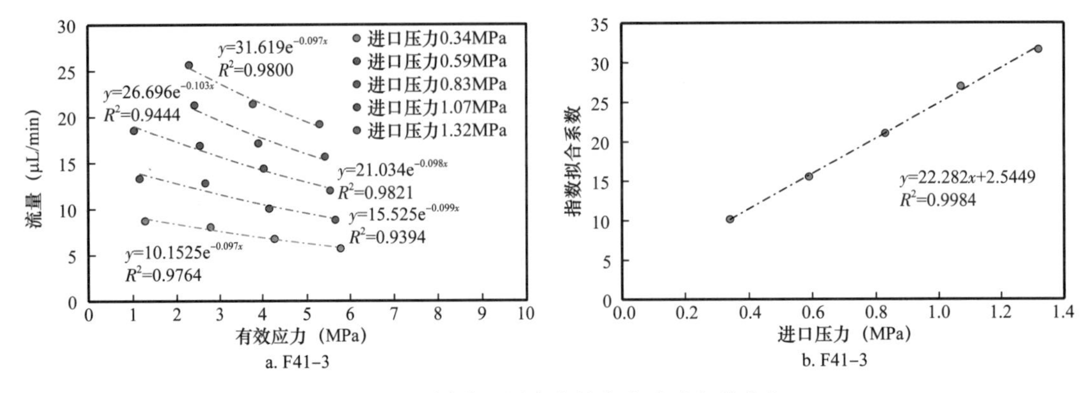

图 6-11　不同进口压力有效应力递减方程分布

根据页岩油实测流量和进口压力即可标定页岩油渗流评价模型。以 F169-4 样品为例说明页岩油渗流评价模型标定过程：（1）建立不同进口压力页岩油渗流有效应力影响指数方程，获取指数函数系数，建立进口压力与指数函数系数标定方程；（2）构建 ln（kp_1+b）$-\ln Q$ 和 $a\sigma$ 的相关性函数，获取有效应力影响系数 a，如图 6-12 所示。页岩油渗流评价模型标定结果如图 6-13 所示，流量实测值与计算值近于重合，二者具有极好的一致性，相关系数大于 0.99，表明页岩油渗流评价模型能够有效表征页岩油渗流过程，反映页岩油渗流特征。

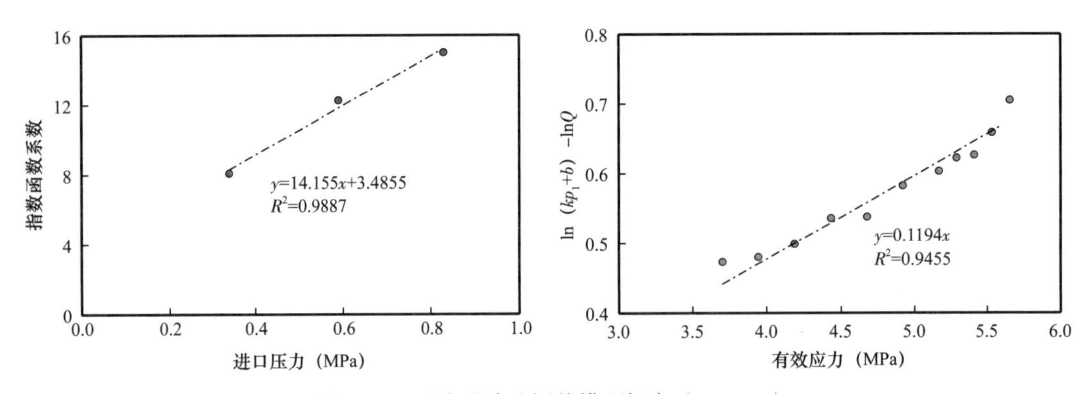

图 6-12　页岩油渗流评价模型标定（F169-4）

三、页岩油渗流过程 T_2 谱分布

采用核磁共振技术实时监测页岩油渗流过程的 T_2 谱变化。核磁共振测试采用 70mm 线圈，最小回波间隔 0.2ms，测试参数等待时间 3000ms，叠加次数 64 次，由于自由流体弛豫较慢，回波个数采用 18000 个。核磁共振测试时，首先测试岩心夹持器基底信号，并检测进口压力为零放入岩心后围压由 0 增加到 6.0MPa 的 T_2 谱。然后，依次检测围压 1.5MPa、3.0MPa、4.5MPa 和 6.0MPa 不同进口压力页岩油渗流稳定后的 T_2 谱，获取不同围压、不同进口压力页岩油渗流过程核磁共振 T_2 谱。由于页岩油渗流速率极低，因此测试过程中保持进口压力和围压，共测试 2 个页岩样品（N15-1 和 F41-3）82 个压力点 T_2 谱分布。

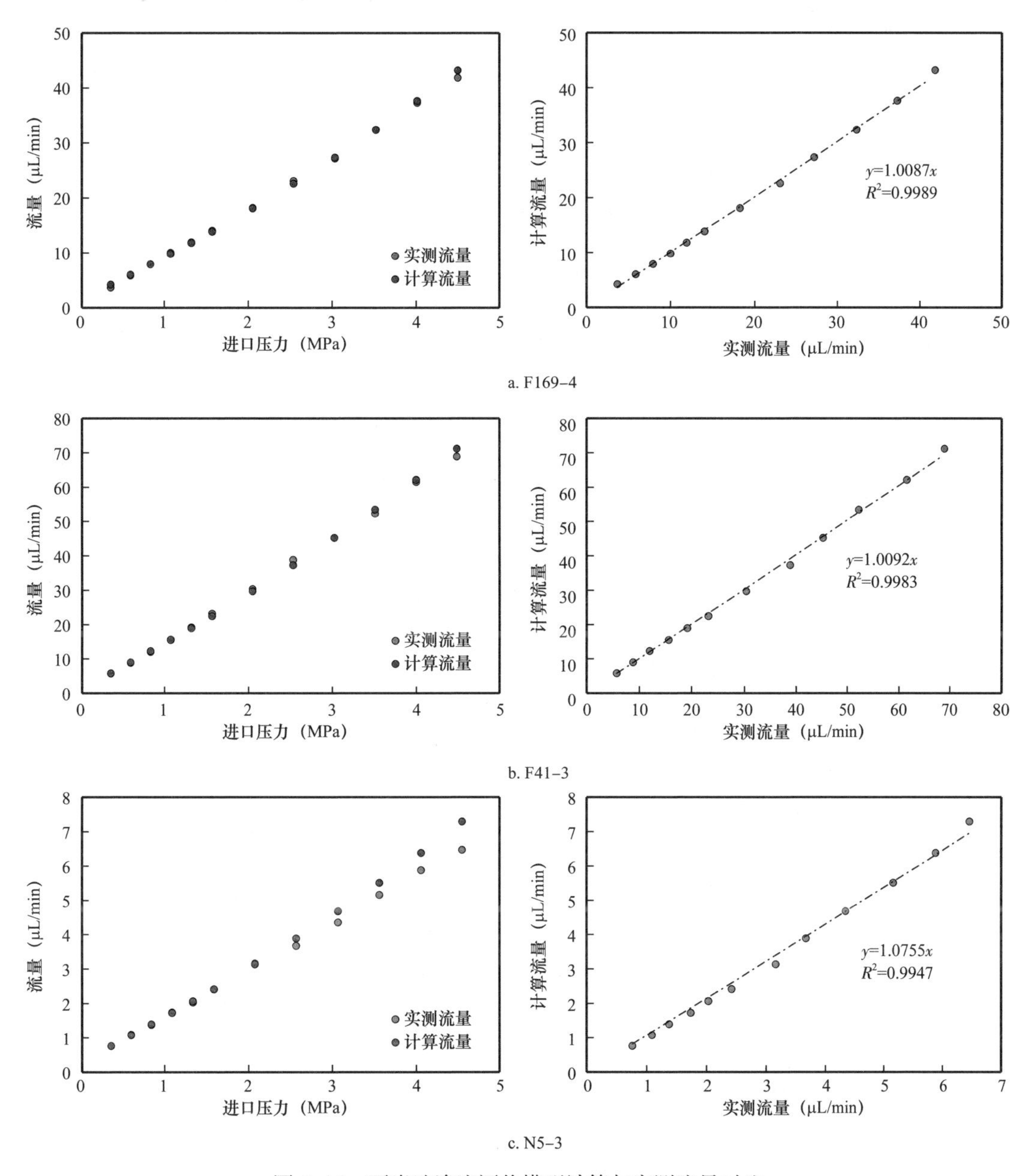

图 6-13　页岩油渗流评价模型计算与实测流量对比

进口压力为 0，不同围压页岩 T_2 谱显示，围压增加，页岩 T_2 谱近于重叠分布，表明围压增加页岩孔隙大小几乎不变，即有效应力效应对页岩孔隙大小几乎无影响（图 6-14）。围压恒定进口压力增加，T_2 谱 A 峰和 B 峰近于重合分布，几乎不变，而 C 峰则逐渐增加，最后趋于稳定（图 6-15）。A 峰和 B 峰主要反映了页岩孔隙流体及岩心夹持器基底信号，C 峰反映了岩心出口端自由流体信号，随着渗流实验进行，岩心出口端自由流体量逐渐增加，使得 C 峰信号幅度逐渐增加。由于核磁共振检测线圈仅有 60mm 有效检测范围，当自由流体充满有效检测区域时，C 峰信号幅度逐渐趋于稳定。核磁共振检测结果表明，围压及进口压力变化时，页岩孔隙大小几乎不变，页岩油渗流流量变化主要由于有效渗流孔喉变化导致，即页岩储层喉道是影响页岩油渗流的决定因素，孔隙大小对页岩油渗流影响相对较小。

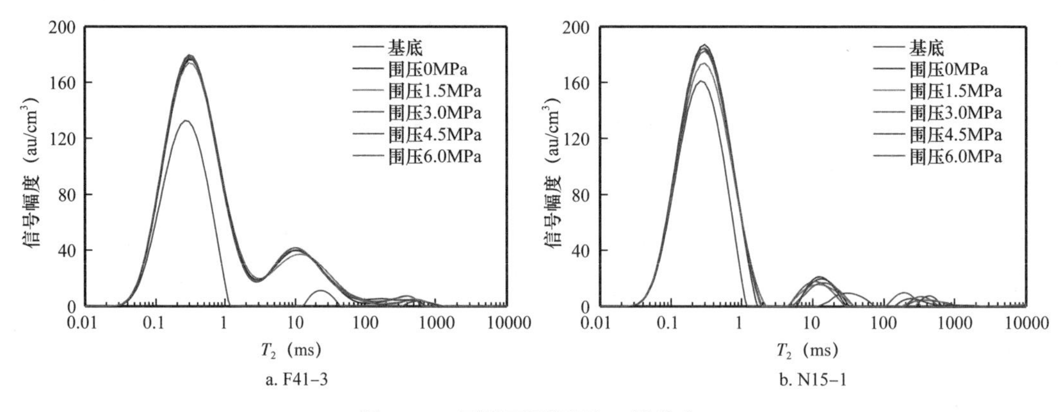

图 6-14　页岩不同围压 T_2 谱分布

四、页岩油渗流影响因素分析

页岩物质组成和孔隙结构与页岩油流动过程密切相关，物质组成是决定页岩特征的基础，同时与页岩吸附 / 游离油含量及分布相关。页岩孔裂隙系统是页岩油储集空间和渗流通道，其对页岩油渗流具有直接的控制作用。本书将基于页岩物质组成和孔隙结构表征结果分析二者对页岩油渗流边界层效应和有效应力效应的影响。

根据不同围压及进口压力页岩油渗流测试结果标定了 7 个样品页岩油渗流评价模型（表 6-1）。评价模型中（kp_1+b）反映了进口压力的影响，即孔隙流体压力的影响，其与页岩油实测流量相关性可反映边界层效应对页岩油渗流的控制作用。（kp_1+b）表示进口压力增加，页岩油流量呈线性增加，而当边界层效应影响时，进口压力增加页岩油流量呈非线性增加，进口压力越大页岩油流量增加速率越快。因此，当页岩油实测流量与 kp_1+b 计算值呈线性相关时，表明边界层效应对页岩油渗流影响较小，而呈非线性时表明边界层效应对页岩油渗流具有明显的控制作用（图 6-16）。

如图 6-16 所示，F41-3 样品和 F169-4 样品实测流量与 kp_1+b 计算值呈极好的线性相关性，表明该样品受边界层效应影响较弱。F41-2 样品和 L76-2 样品页岩油实测流量与 kp_1+b 计算值呈明显的非线性，且进口压力越大实测值越偏离直线。其原因是由于进口压力增加页岩孔隙流体压力增加，边界层减薄，有效渗流通道增加，使得页岩油流量显著增加。页岩孔隙结构特征表明，F41-3 样品和 F169-4 样品平均孔喉直径（分别为 99.93nm 和 131.48nm）明显大于 F41-2 样品和 L76-2 样品（分别为 29.54nm 和 34.10nm）（表 6-1）。孔喉大小是决定边界层效应影响的关键因素，孔喉越小，有效渗流孔喉越小，边界层效应越显著。

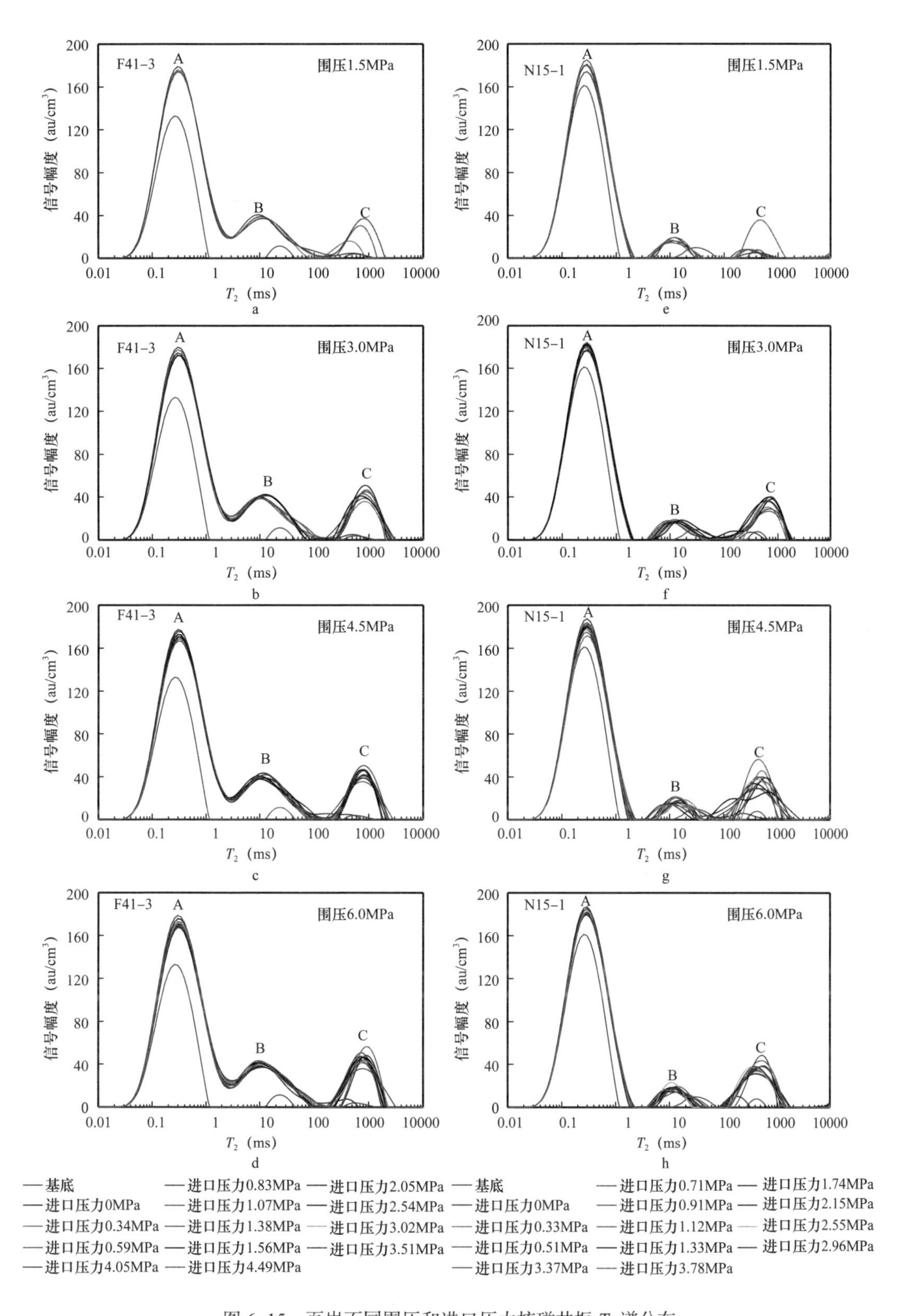

图 6-15　页岩不同围压和进口压力核磁共振 T_2 谱分布

表 6-1 页岩油渗流评价模型参数及影响因素

样品编号	页岩渗流评价模型			无机矿物组成（%）			孔隙结构
	k	*b*	*a*	黏土矿物	石英	硅质矿物	平均孔喉直径（nm）
F169–4	14.155	3.4855	0.1194	7.8	46.8	81.2	131.49
F41–2	1.6062	1.4307	0.3593	14.0	38.7	63.0	29.56
F41–3	22.282	2.5649	0.0984	13.2	33.3	74.0	99.93
L76–2	5.7827	1.6987	0.1457	28.9	40.0	57.0	34.10
LX884–1	390.71	26.452	0.4550	30.0	26.0	28.9	13.44
N5–3	2.2067	0.6165	0.1034	2.6	43.0	64.9	43.20
N15–1	7.8034	2.1304	0.4438	25.5	13.1	21.2	2.40

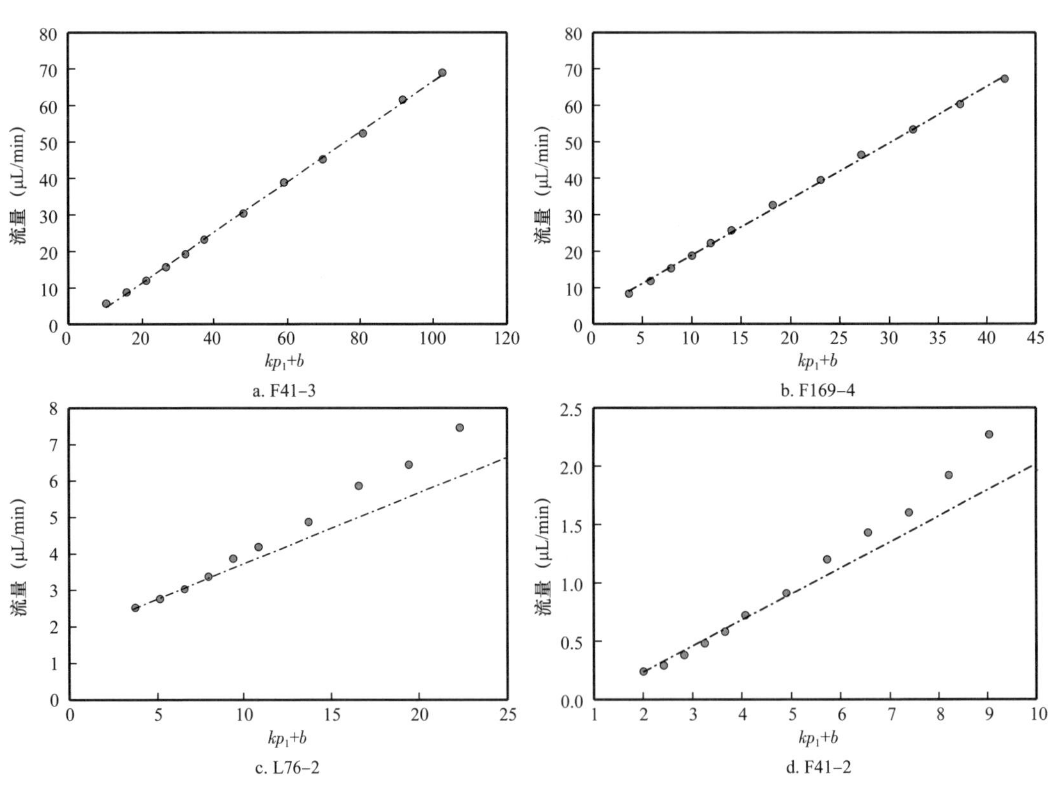

图 6-16 边界层效应对页岩油渗流控制分析

有效应力系数 a 可有效指示有效应力对页岩油渗流的控制作用，其值越大有效应力影响越大，对渗流的控制作用越显著。7 快页岩样品 a 分布在 0.0984～0.4550，平均为 0.2464。有效应力系数与页岩物质组成及平均孔喉直径耦合关系显示（图 6-17），有效应力系数随着黏土矿物含量增加而增加，黏土矿物含量增加，页岩塑性增强，抗压性减弱，围压增加岩石骨架变形较大，渗流孔喉变形明显，有效渗流孔喉减小。

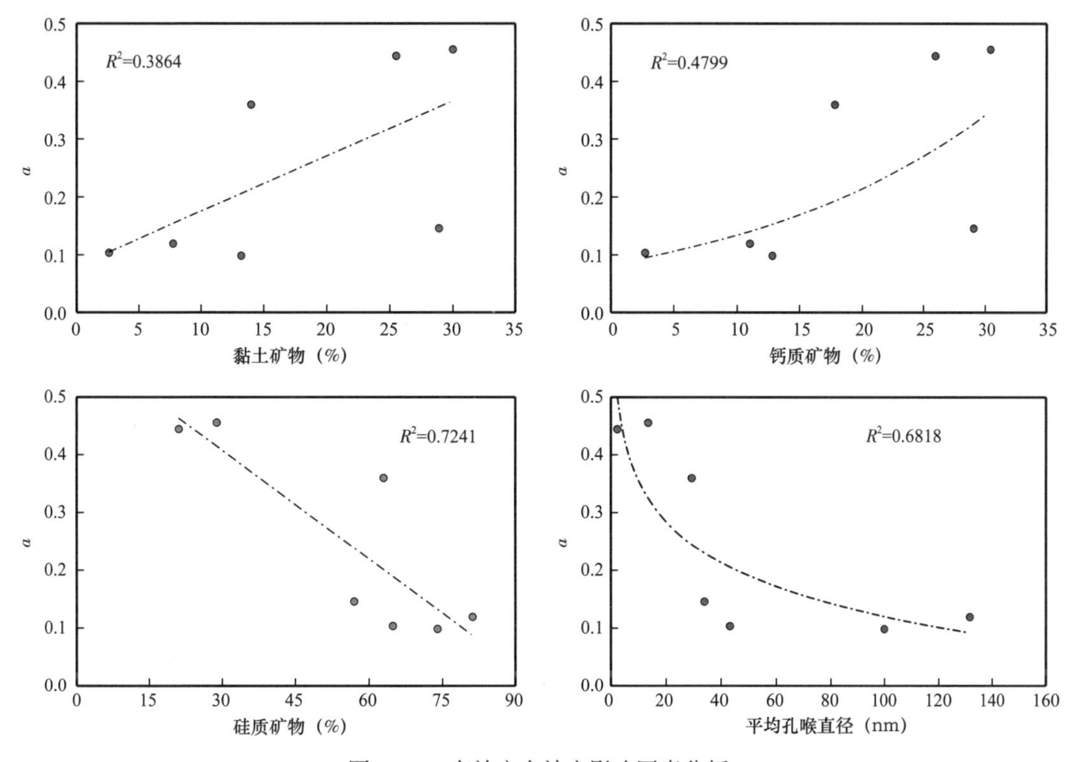

图 6-17　有效应力效应影响因素分析

有效应力系数随着钙质矿物含量增加而增加，钙质矿物含量增加，有效应力效应控制作用增强，而随着硅质矿物含量的增加而降低，表明硅质矿物含量增加，页岩抗压性增强，在围压作用下页岩孔喉变形较小，有效渗流孔道变化较小，有效应力影响较弱。有效应力系数随着平均孔喉直径降低迅速减小，表明页岩孔喉大小对有效应力效应具有直接控制作用，孔喉越小在有效应力作用下变形越大，对页岩油渗流的影响越大。因此，孔喉减小，有效应力效应显著增强。结合页岩岩相分析结果，块状富硅质泥岩硅质矿物含量最高，黏土矿物含量最低，孔隙及喉道最大，具有最优的孔喉结构，因此该类页岩最有利于页岩油渗流，为最优的页岩油储层。

核磁共振技术是统一表征页岩储集特性、页岩油赋存规律和可流动性的有效方法，本书系统分析了核磁共振技术在表征页岩的储集特性、页岩油赋存机理及可流动性中的应用，建立了系统的表征方法，形成了核磁共振一体化表征技术体系。

核磁共振技术是探究页岩储集物性的有效方法，可探测页岩纳米级至微米级全孔径分布信息，揭示页岩孔隙系统分布、孔隙结构特征及复杂性和非均质性。首先建立了基于核磁共振的页岩储集物性表征技术体系，有效、精确评价了页岩孔隙系统、孔径分布、孔隙结构复杂性及非均质性，指示了页岩储层级次。页岩核磁共振储集物性表征结果可直接应用于页岩油赋存规律及可流动性研究。页岩 T_2 谱孔隙系统划分结果可直接指示页岩油赋存特征，反映页岩油赋存状态。T_2 谱孔径分布结合热重、离心分析可有效揭示页岩吸附、束缚及可动油的赋存孔径范围，同时结合页岩油吸附—游离评价模型能够精确评价页岩不同尺度孔隙吸附油和游离油分布，定量评价页岩吸附油和游离油含量。此外，页岩 T_1—T_2 谱分布可直接指示页岩油赋存状态，吸附油、束缚油及可动油的 T_2 及 T_1/T_2 分布范围和特征不同。基于页岩储集物性表征方法，本书建立了页岩油赋存机理及可流动性核磁共振评价方法，形成了页岩油储集、赋存及可流动性一体化表征技术体系。

核磁共振技术在页岩油勘探开发中具有巨大的应用潜力，核磁共振测井结合实验室岩心分析可建立有效的页岩储集特性、页岩油赋存特征及流动性评价技术体系，在纵向连续、有效揭示页岩储集物性，直接指示有利储集层段，识别页岩孔隙流体类型，反映页岩吸附油、束缚油及可动油的分布特征，刻画页岩油勘探开发有利层段分布，指导页岩油勘探开发。

参考文献

[1] 邹才能，杨智，崔景伟，等.页岩油形成机制、地质特征及发展对策[J].石油勘探与开发，2013，40（1）：14–26.

[2] 邹才能，张国生，杨智，等.非常规油气概念、特征、潜力及技术——兼论非常规油气地质学[J].石油勘探与开发，2013，40（4）：385–399.

[3] 卢双舫，薛海涛，王民，等.页岩油评价中的若干关键问题及研究趋势[J].石油学报，2016，37（10）：1039–1322.

[4] Loucks R G，Reed R M，Ruppel S C，et al.Spectrum of pore types and networks in mudrocks and a descriptive classification for matrix–related mudrock pores [J] .AAPG bulletin，2012，96（6）：1071–1098.

[5] Curtis J.B.Fractured shale–gas systems [J] .AAPG Bulletin，2002，86（11）：1921–1938.

[6] Chen Qian，Zhang Jinchuan，Tang Xuan，et al.Relationship between pore type and pore size of marine shale：An example from the Sinian–Cambrian formation，upper Yangtze region，South China [J] . International Journal of Coal Geology，2016，158：13–28.

[7] Zhou Shangwen，Yan Gang，Xue Huaqing，et al.2D and 3D nanopore characterization of gas shale in Longmaxi formation based on FIB–SEM [J] .Marine & Petroleum Geology，2016，73：174–180.

[8] Yang Feng，Ning Zhengfu，Wang Qing，et al.Pore structure of Cambrian shales from the Sichuan Basin in China and implications to gas storage [J] .Marine & Petroleum Geology，2016，70：14–26.

[9] 李吉君，史颖琳，黄振凯，等.松辽盆地北部陆相泥页岩孔隙特征及其对页岩油赋存的影响[J].中国石油大学学报（自然科学版），2015，39（4）：27–34.

[10] Wang Pengfei，Jiang Zhenxue，Ji Wenming，et al.Heterogeneity of intergranular，intraparticle and organic pores in Longmaxi shale in Sichuan Basin，South China：Evidence from SEM digital images and fractal and multifractal geometries [J] .Marine and Petroleum Geology，2016，72：122–138.

[11] Clarkson C R，Freeman M，He L，et al.Characterization of tight gas reservoir pore structure using USANS/SANS and gas adsorption analysis [J] .Fuel，2012，95：371–385.

[12] Chalmers G R，Bustin R M，Power I.M.Characterizaion of gas shale pore systems by porosimetry，pycnometry，suface area，and FE–SEM，TEM microscopy image analyses [J] .AAPG Bulletin，2012，96（6）：1099–1119.

[13] Klaver J，Desbois G，Urai J L，et al.BIB–SEM study of the pore space morphology in early mature Posidonia Shale from the Hils area，Germany [J] .International Journal of Coal Geology，2012，103：12–25.

[14] Klaver J，Desbois G，Littke R，et al.BIB–SEM characterization of pore space morphology and distribution in postmature to overmature samples from the Haynesville and Bossier Shales [J] .Marine and Petroleum Geology，2015，59：451–466.

[15] Klaver J，Desbois G，Littke R，et al.BIB–SEM pore characterization of mature and post mature Posidonia Shale samples from the Hils area，Germany [J] .International Journal of Coal Geology，2016，158：78–89.

[16] Fu Haijiao，Wang Xiangzeng，Zhang Lixie，et al.Investigation of the factors that control the development of pore structure in lacustrine shale：A case study of Block X in the Ordos Basin，China[J]. Journal of Natural Gas Science & Engineering，2015，26：1422–1432.

[17] Wang Yu，Pu Jie，Wang Lihua，et al.Characterization of typical 3D pore networks of Jiulaodong formation shale using nano–transmission X–ray microscopy [J] .Fuel，2016，170：84–91.

[18] 胡钦红，张宇翔，孟祥豪，等.渤海湾盆地东营凹陷古近系沙河街组页岩油储集层微米—纳米级孔隙体系表征 [J] . 石油勘探与开发，2017，44（5）：681–690.

[19] Shi Miao，Yu Bingsong，Xue Zhipeng，et al.Pore characteristics of organic–rich shales with high thermal maturity：A case study of the Longmaxi gas shale reservoirs from well Yuye–1 in southeastern Chongqing，China [J] .Journal of Natural Gas Science & Engineering，2015，26（4）：948–959.

[20] Liu Xiangjun，Xiong Jian，Liang Lixi.Investigation of pore structure and fractal characteristics of organic–rich Yanchang formation in central China by nitrogen adsorption/desorption analysis [J] . Journal of Natural Gas Science and Engineering 2015，22：62–72.

[21] Zargari S，Canter K L，Prasad M.Porosity evolution in oil–prone source rocks [J] .Fuel，2015，153：110–117.

[22] Xu Hao，Tang Dazhen，Zhao Junlong，et al.A precise measurement method for shale porosity with low–field nuclear magnetic resonance：A case study of the Carboniferous–Permian strata in the Linxing area，eastern Ordos Basin，China [J] .Fuel，2015，143：47–54.

[23] Tan Maojin，Mao Keyu，Song Xiaodong，et al.NMR petrophysical interpretation method of gas shale based on core NMR experiment [J] .Journal of Petroleum Science and Engineering，2015，136：100–111.

[24] Li Jijun，Yin Jianxin，Zhang Yanian，et al.A comparison of experimental methods for describing shale pore features–A case study in the Bohai Bay Basin of eastern China [J] .International Journal of Coal Geology，2015，152：39–49.

[25] 邹才能，朱如凯，白斌，等.中国油气储层中纳米孔首次发现及其科学价值 [J] . 岩石学报，2011，27（6）：1857–1864.

[26] Cao Taotao，Song Zhiguang，Wang Sibo，et al.Characterizing the pore structure in the Silurian and Permian shales of the Sichuan Basin，China [J] .Marine and Petroleum Geology，2015，61：140–150.

[27] 杨峰，宁正福，孔德涛，等.高压压汞法和氮气吸附法分析页岩孔隙结构 [J] . 天然气地球科学，2013，24（3）：450–455.

[28] 张腾，张烈辉，唐洪明，等.页岩孔隙整合化表征方法——以四川盆地下志留统龙马溪组为例

［J］. 天然气工业，2015，35（12）：19-26.

［29］Wang Yang，Zhu Yanming，Wang Hongyan，et al.Nanoscale pore morphology and distribution of lacustrine shale reservoirs：Examples from the Upper Triassic Yanchang Formation, Ordos Basin［J］. Journal of Energy Chemistry，2015，24（4）：512-519.

［30］Rine J M，Smart E，Dorsey W，et al.Comparison of Porosity Distribution within Selected North American Shale Units by SEM Examination of Argon-ion-milled Samples［J］.Houston Geological Society Bulletin，2013，102：137-152.

［31］Münch B，Holzer L.Contradicting geometrical concepts in pore size analysis attained with electron microscopy and mercury intrusion［J］.Journal of the American Ceramic Society，2008，91（12）：4059-4067.

［32］周华，高峰，周萧，等. 云冈石窟不同类型砂岩的核磁共振 T_2 谱——压汞毛管压力换算 C 值研究［J］. 地球物理学进展，2013，28（5）：2759-2766.

［33］李爱芬，任晓霞，王桂娟，等. 核磁共振研究致密砂岩孔隙结构的方法及应用［J］. 中国石油大学学报（自然科学版），2015，39（6）：92-98.

［34］焦堃，姚素平，吴浩，等. 页岩气储层孔隙系统表征方法研究进展［J］. 高校地质学报，2014，20（1）：151-161.

［35］Li Ang，Ding Wenlong，Wang Ruyue，et al.Petrophysical characterization of shale reservoir based on nuclear magnetic resonance（NMR）experiment：A case study of Lower Cambrian Qiongzhusi Formation in eastern Yunnan Province，South China［J］.Journal of Natural Gas Science and Engineering，2017，37：29-38.

［36］Liang Lixi，Xiong Jian，Liu Xiangjun.Experimental study on crack propagation in shale formations considering hydration and wettability［J］.Journal of Natural Gas Science and Engineering，2017，23：492-499.

［37］Li Junqian，Zhang Pengfei，Lu Shuangfang，et al.Microstructural characterization of the clay-rich oil shales by nuclear magnetic resonance（NMR）［J］.Journal of Nanoscience and Nanotechnology，2017，17（09）：7026-7034.

［38］Rylander E，Singer RM，Jiang TM，et al.NMR T_2 Distributions in the Eagle Ford Shale Reflections on Pore Size［A］.Unconventional Resources Conference-USA［C］.Woodlands，Texas，USA，2013. SPE 164554

［39］Saidian M .Nuclear Magnetic Resonance in Unconventional Rocks：What Do the Data Tell Us？［C］Agu Fall Meeting.AGU Fall Meeting Abstracts，2014.

［40］李军，金武军，王亮，等. 页岩气岩心核磁共振 T_2 与孔径尺寸定量关系［J］. 测井技术，2016，40（4）：460-464.

［41］Tian Shansi，Lu Shuangfang，Xue Haitao，et al.The influence of pore throat radius on its internal oil and water wettability［J］.Acta Geologica Sinica，2015，89（S1），166-167.

［42］王森，冯其红，查明，等．页岩有机质孔缝内液态烷烃赋存状态分子动力学模拟［J］．石油勘探与开发，2015，42（6）：772-778.

［43］贾承造，邹才能，李建忠，等．中国致密油评价标准、主要类型、基本特征及资源前景［J］．石油学报，2012，33（3）：343-350.

［44］宁方兴．济阳坳陷页岩油富集主控因素［J］．石油学报，2015，36（8）：905-914.

［45］蒋启贵，黎茂稳，钱门辉，等．不同赋存状态页岩油定量表征技术与应用研究［J］．石油实验地质，2016，38（6）：842-849.

［46］钱门辉，蒋启贵，黎茂稳，等．湖相页岩不同赋存状态的可溶有机质定量表征［J］．石油实验地质，2017，39（2）：278-286.

［47］Li Junqian，Lu Shuangfang，Xie Liujuan，et al.Modeling of hydrocarbon adsorption on continental oil shale：a case study on n-alkane［J］.Fuel，2017，206：603-613.

［48］Li Zheng，Zou Yanrong，Xu Xinyou，et al.Adsorption of mudstone source rock for shale oil – Experiments，model and a case study［J］.Organic Geochemistry，2016，92：55-62.

［49］Cao Huairen，Zou Yanrong，Lei Yan，et al.Shale Oil Assessment for the Songliao Basin，Northeastern China，Using Oil Generation-Sorption Method［J］.Energy & Fuels，2017，31（5）：4826-4842.

［50］Fleury M，Romero-Sarmiento M.Characterization of shales using T_1—T_2 NMR maps［J］.Journal of Petroleum Science and Engineering，2016，137：56-62.

［51］Curtis M E，Sondergeld C H，Rai C S.Relationship between organic shale microstr-ucture and hydrocarbon generation［C］.SPE164540，2013.

［52］Wang Shen，Javadpour F，Feng Qihong.Molecular dynamics simulations of oil transport through inorganic nanopores in shale［J］.Fuel，2016，171：74-86.

［53］Gutierrez M，Katsuki D，Tutuncu A.Determination of the continuous stress-dependent permeability，compressibility and poroelasticity of shale［J］.Marine & Petroleum Geology，2014，68：614-628.

［54］张睿，宁正福，杨峰，等．微观孔隙结构对页岩应力敏感影响的实验研究［J］．天然气地球科学，2016，25（8）：1284-1289.

［55］Liu Minglin，Xiao Cong，Wang Yancheng，et al.Sensitivity analysis of geometry for multi-stage fractured horizontal wells with consideration of finite-conductivity fractures in shale gas reservoirs［J］.Journal of Natural Gas Science & Engineering，2015，22：182-195.

［56］林缅，江文滨，李勇，等．页岩油（气）微尺度流动中的若干问题［J］．矿物岩石地球化学通报，2015（1）：18-28.

［57］Cao Peng，Liu Jishan，Leong Y K.Combined impact of flow regimes and effective stress on the evolution of shale apparent permeability［J］.Journal of Unconventional Oil & Gas Resources，2016，14：32-43.

［58］张磊，陈丽云，李振东，等．低渗透油藏边界层厚度测定新方法［J］．石油地质与工程，2012，26（3）：99-101.

[59]凌浩川，杨正明，肖前华，等.致密油储层渗流新模型研究[J].科学技术与工程,2013,13(26):7624-7628.

[60]王为民，郭和坤，叶朝辉.利用核磁共振可动流体评价低渗透油田开发潜力[J].石油学报，2001，22(6)：40-44.

[61]杨正明，郭和坤，姜汉桥，等.火山岩气藏不同岩性核磁共振实验研究[J].石油学报，2009，30(3)：400-403，408.

[62]Li Song，Tang Dazhen，Xu Hao，et al.Advanced characterization of physical properties of coals with different coal structures by nuclear magnetic resonance and X-ray computed tomography[J].Computers & Geosciences，2012，48：220-227.

[63]Cai Yidong，Liu Dameng，Pan Zhejun，et al.Petrophysical characterization of Chinese coal cores with heat treatment by nuclear magnetic resonance[J].Fuel，2013，108：292-302.

[64]Xiao Dianshi，Lu Zhengyuan，Jiang Shu，et al.Comparison and integration of experimental methods to characterize the full-range pore features of tight gas sandstone—A case study in Songliao Basin of China[J].Journal of Natural Gas Science and Engineering，2016，34：1412-1421.

[65]Zhao Peiqiang，Wang Zhenlin，Sun Zhongchun，et al.Investigation on the pore structure and multifractal characteristics of tight oil reservoirs using NMR measurements：Permian Lucaogou Formation in Jimusaer Sag，Junggar Basin[J].Marine and Petroleum Geology，2017，86：1067-1081.

[66]Fleury M，Kohler E，Norrant F，et al.Characterization and Quantification of Water in Smectites with Low-Field NMR[J].The Journal of Physical Chemistry C，2013，117：4551-4560.

[67]Abragam A.Principles of Nuclear Magnetism[M].1961.

[68]Xu Dong，Sun Jianmeng，Li Jun，et al.Experimental research of gas shale electrical properties by NMR and the combination of imbibition and drainage[J].Journal of Geophysics and Engineering，2015，12(4)：610-619.

[69]高明哲，邹长春，彭诚，等.页岩储层岩心核磁共振测试实验参数选取方法研究[J].工程地球物理学报，2016，13(3)：263-270.

[70]Coates G R，Xiao Lizhi，Prammer M G，et al.NMR Logging Principles and pplications[M].Houston：Halliburton Energy Services，1999.

[71]张善文，张林晔，李政，等.济阳坳陷古近系页岩油形成条件[J].油气地质与采收率，2012，19(6)：1-5.

[72]张林晔，包友书，李钜源，等.湖相页岩油可动性——以渤海湾盆地济阳坳陷东营凹陷为例[J].石油勘探与开发，2014，41(6)：641-649.

[73]王永诗，李政，巩建强，等.济阳坳陷页岩油气评价方法——以沾化凹陷罗家地区为例[J].石油学报，2013，34(1)：83-91.

[74]陈世悦.矿物岩石学[M].东营：中国石油大学出版社，2008：98-99.

[75] Li Junqian，Wang Siyuan，Lu Shuangfang，et al.Microdistribution and mobility of water in gas shale：A theoretical and experimental study [J].Marine and Petroleum Geology，2019，102：496-507.

[76] 姜在兴，张文昭，梁超，等.页岩油储层基本特征及评价要素[J].石油学报，2014，35（1）：184-196

[77] 张顺，陈世悦，鄢继华，等.东营凹陷西部沙三下亚段——沙四上亚段泥页岩岩相及储层特征[J].天然气地球科学，2015，26（2）：320-332.

[78] 张鹏，张金川，黄宇琪.东濮凹陷北部沙三段泥页岩岩相特征[J].科学技术与工程，2015，15（21）：1-6.

[79] Wang Guochang，Carr T R.Organic-rich Marcellus Shale lithofacies modeling and distribution pattern analysis in the Appalachian basin [J].AAPG Bulletin，2013，97（12）：2173-2205.

[80] Hickey J J，Henk B.Lithofacies summary of the Mississippian Barnett Shale，Mitchell 2 T.P.Sims well，Wise County，Texas [J].AAPG Bulletin，2007，91（4）：437-443.

[81] 董春梅，马存飞，林承焰，等.一种泥页岩层系岩相划分方法[J].中国石油大学学报（自然科学版），2015，39（3）：1-7

[82] 卢双舫，黄文彪，陈方文，等.页岩油气资源分级评价标准探讨[J].石油勘探与开发，2012，39（2）：249-256.

[83] 余涛，卢双舫，李俊乾，等.东营凹陷页岩油游离资源有利区预测[J].断块油气田，2018，25（1）：16-21.

[84] Jarvie D M，Hill R J，Ruble T E，et al.Unconventional shale-gas systems：the Mississippian Barnett Shale of north-central Texas as one model for thermogenic shale-gas assessment [J].AAPG Bulletin，2007，91（6）：475-499.

[85] 于炳松.页岩气储层的特殊性及其评价思路和内容[J].地学前缘，2012，19（3）：252-258.

[86] 邹才能，杨智，陶士振，等.纳米油气与源储共生型油气聚集[J].石油勘探与开发，2012，39（1）：13-26.

[87] Ross D J K，Bustin R M.The importance of shale composition and pore structure upon gas storage potential of shale gas reservoirs [J].Marine and Petroleum Geology，2009，26：916-927.

[88] Hao Fang，Zou Huayao，Lu Yongchao.Mechanisms of shale gas storage：Implications for shale gas exploration in China [J].AAPG Bulletin，2013，97（8）：1325-1346.

[89] Odusina E，Sondergeld C，Rai C.An NMR study of shale wettability [C].CSUG/ SPE147371，2011.

[90] Li Pan，Sun Wei，Wu Bolin，et al.Occurrence characteristics and influential factors of movable fluids in pores with different structures of Chang 63 reservoir，Huaqing Oilfield，Ordos Basin，China [J].Marine and Petroleum Geology，2018，97：480-492.

[91] Zheng Sijian，Yao Yanbin，Liu Dameng，et al.Characterizations of full-scale pore size distribution，porosity and permeability of coals：A novel methodology by nuclear magnetic resonance and fractal analysis theory [J].International Journal of Coal Geology，2018，196：148-158.

[92] 霍多特 BB. 煤与瓦斯突出［M］. 北京：石油工业出版社，1966：318.

[93] Gan H，Nandi S P，Walker Jr P L.The nature of the porosity in American coals［J］.Fuel，1972，51：272–277.

[94] Wang Xiaoliang，He Rong，Chen Yongli.Evolution of porous fractal properties during coal devolatilization［J］.Fuel，2008，87：878–884.

[95] Li Junqian，Liu Dameng，Yao Yanbin，et al.Physical characterization of the pore–fracture system in coals，Northeastern China［J］.Energy Exploration & Exploitation，2013，31（2）：267–285.

[96] 田华，张水昌，柳少波，等. 压汞法和气体吸附法研究富有机质页岩孔隙特征［J］. 石油学报，2012，33（3）：419–427.

[97] 朱炎铭，王阳，陈尚斌，等. 页岩储层孔隙结构多尺度定性—定量综合表征：以上扬子海相龙马溪组为例［J］. 地学前缘，2016，23（1）：154–163.

[98] 姚彦斌. 煤层气储层精细定量表征与综合评价模型［D］. 北京：中国地质大学（北京），2008.

[99] Loucks R G，Reed R M，Ruppel S C，et al.Morphology，Genesis，and Distribution of Nanometer-Scale Pores in Siliceous Mudstones of the Mississippian Barnett Shale［J］.Journal of Sedimentary Research，2009，79（11–12）：848–861.

[100] 郭春华，周文，林璠，等. 页岩气储层毛管压力曲线分形特征［J］. 成都理工大学学报（自然科学版），2014（6）：773–777.

[101] 贺承祖，华明琪. 储层孔隙结构的分形几何描述［J］. 石油与天然气地质，1998，19（1）：15–23.

[102] Yao Yanbin，Liu Dameng，Tang Dazhen，et al.Reserving and recovering characteristics of coalbed methane in coal reservoirs in North China［J］.Petroleum Exploration and Development，2007，34：664–672.

[103] Yao Yanbin，Liu Dameng，Tang Dazhen，et al.Fractal characterization of adsorption–pores of coals from North China：An investigation on CH_4 adsorption capacity of coals［J］.International Journal of Coal Geology，2008，73（1）：27–42.

[104] Yao Yanbin，Liu Dameng，Che Yao，et al.Non–destructive characterization of coal samples from China using microfocus X–ray computed tomography［J］.International Journal of Coal Geology，2009，80（2）：113–123.

[105] 刘毅，陆正元，戚明辉，等. 渤海湾盆地沾化凹陷沙河街组页岩油微观储集特征［J］. 石油实验地质，2017，39（2）：180–185+194.

[106] 王娟，吴伟，黄雪峰，等. 东营凹陷古近系沙四段页岩微观孔隙结构特征［J］. 电子显微学报，2017，36（4）：368–375.

[107] 王宝军，施斌，刘志彬，等. 基于 GIS 的黏性土微观结构的分形研究［J］. 岩土工程学报，2004，26（2）：244–247.

[108] 陶高梁，张季如. 表征孔隙及颗粒体积与尺度分布的两类岩土体分形模型［J］. 科学通报，2009，

54（6）：838–846.

［109］Houben M E，Urai J L，Desbois G.Pore morphology and distribution in the Shalyfacies of Opalinus Clay（Mont Terri，Switzerland）：insights from representative 2D BIB–SEM investigations on mm to nm scale［J］.Applied Clay Science，2013，71（1）：82–97.

［110］Gao Hui，Li Huazhou.Determination of movable fluid percentage and movable fluid porosity in ultra-low permeability sandstone using nuclear magnetic resonance（NMR）technique［J］.Journal of Petroleum Science and Engineering，2015，133：258–267.

［111］Yao Yanbin，Liu Dameng，Che Yao，et al.Petrophysical characterization of coals by low–field nuclear magnetic resonance（NMR）［J］.Fuel，2010，89（7）：1371–1380.

［112］刘向君，熊健，梁利喜，等.川南地区龙马溪组页岩润湿性分析及影响讨论［J］.天然气地球科学，2014，25（10）：1644–1652.

［113］Hu Qinhong，Ewing R P，Rowe H D.Low nanopore connectivity limits gas production in Barnett formation［J］.Journal of Geophysical Research：Solid Earth，2015，120：8073–8087.

［114］Hu Qinhong，Liu Xianguo，Gao Zhiye，et al.Pore structure and tracer migration behavior of typical American and Chinese shales［J］.Petroleum Science，2015，12：651–663.

［115］Hu Qinhong，Ewing R P，Dultz S.Pore connectivity in natural rock［J］.Journal of Contaminant Hydrology，2012，133：76–83.

［116］高之业，姜振学，胡钦红.利用自发渗吸法和高压压汞法定量评价页岩基质孔隙连通性［J］.吉林大学学报（地球科学版），2017，45（S1）：1–2.

［117］卢双舫，李俊乾，张鹏飞，等.页岩油储集层微观孔喉分类与分级评价［J］.石油勘探与开发，2018，45（3）：436–444.

［118］王伟明，卢双舫，田伟超，等.利用微观孔隙结构参数对辽河大民屯凹陷页岩储层分级评价［J］.中国石油大学学报（自然科学版），2016，40（4）：12–19.

［119］Liu Kouqi，Ostadhassan M.Quantification of the microstructures of Bakken shale reservoirs using multi–fractal and lacunarity analysis［J］.Journal of Natural Gas Science and Engineering，2017，39：62–71.

［120］Sing K S W.Reporting physisorption data for gas/solid systems with special reference to the determination of surface area and porosity（Recommendations 1984）［J］.Pure and Applied Chemistry，1985，57（4）：603–619.

［121］Rootare H M，Prenzlow C F.Surface areas from mercury porosimeter measurements［J］.The Journal of Physical Chemistry，1967，71（8）：2733–2736.

［122］郭思祺，肖佃师，卢双舫，等.徐家围子断陷沙河子组致密储层孔径分布定量表征［J］.中南大学学报（自然科学版），2016，47（11）：3742–3751.

［123］Kuila U，Prasad M.Specific surface area and pore–size distribution in clays and shales［J］.Geophysical Prospecting，2013，61（2）：341–362.

［124］Kenyon W E，Howard J J，Sezginer A，et al.Pore-size distribution and NMR in micropo-rous Cherty sandstones［A］.SPWLA 30th Annual Logging Symposium［C］.Denver，Colorado，11-14 June，1989.

［125］Howard J J，Kenyon W E，Straley C.Proton magnetic resonance and pore size variations in reservoir sandstone［C］.SPE20600，1993.

［126］Katz A J，Thompson A H.Quantitative prediction of permeability in porous rock［J］.Phys Rev B Condens Matter，1986，34（11）：8179-8181.

［127］Katz A J，Thompson A H.Prediction of rock electrical conductivity from mercury injection measurements［J］.Journal of Geophysical Research，1987，92（B1）：599-607.

［128］Hager J.Steam drying of porous media［D］.Sweden：Lund University，1998.

［129］Webb P A.An introduction to the physical characterization of materials by mercury intrusion porosimetry with emphasis on reduction and presentation of experimental data［R］.Norcross：Micromeritics Instrument Corp.，2001.

［130］Epstein N.On tortuosity and the tortuosity factor in flow and diffusion through porous media［J］.Chemical and Engineering Science，1989，44（3）：777-779.

［131］Ge Xinmin，Fan Yiren，Zahid M A.Pore structure characterization and classification using multifractal theory—An application in Santanghu basin of western China［J］.Journal of Petroleum Science & Engineering，2015，127：297-304.

［132］Halsey T C，Hensen M H，Kadanoff L P，et al.Fractal measures and their singularities：the characterization of strange sets［J］.Physical Review A，1986，33（2）：1141-1151.

［133］Chhabra A，Jensen R V.Direct determination of the f（α）singularity spectrum［J］.Physical review letters，1989，63（8）：605-616.

［134］Li Jijun，Ma Yan，Huang Kaizhan，et al.Quantitative characterization of organic acid generation，decarboxylation，and dissolution in a shale reservoir and the corresponding applications-A case study of the Bohai Bay Basin［J］.Fuel，2018，214：538-545.

［135］马卫，王东良，李志生，等.湖相烃源岩生烃增压模拟实验［J］.石油学报，2013，34（S1）：65-69.

［136］Birdwell J E，Washburn K.E.Multivariate Analysis Relating Oil Shale Geochemical Properties to NMR Relaxometry［J］.Energy & Fuels，2015，29：2234-2243.

［137］Ge Xinmin，Fan Yiren，Chen Hua，et al.Probing the influential factors of NMR T_1-T_2 spectra in the characterization of the kerogen by numerical simulation［J］.Journal of Magnetic Resonance，2015，260：54-66.

［138］Williamson N H，Röding M，Galvosas P，et al.Obtaining T_1-T_2 distribution functions from 1-dimensional.T_1 and T_2 measurements：The pseudo 2-D relaxation model［J］.Journal of Magnetic Resonance，2016，269：186-195.

[139] Jiang Han, Daigle Hugh, Tian Xiao, et al.A comparison of clustering algorithms applied to fluid characterization using NMR T_1—T_2 maps of shale [J] .Computers & Geosciences, 2019, 126: 52-61.

[140] D' Agostino C, Mitchell J, Mantle M D, et al.Interpretation of NMR Relaxation as a Tool for Characterising the Adsorption Strength of Liquids inside Porous Materials : Chemistry-A European Journal, 2014, 20: 13009-13015.

[141] 谢然红，肖立志，陆大卫 . 识别储层流体的（T_2，T_1）二维核磁共振方法 [J] . 测井技术，2009，33（1）: 26-31.

[142] Prammer M G, Drack E D, Bouton J C, et al.Measurements of clay-bound water and total orosity by magnetic resonance logging [J] .Log Analyst, 1996, 37: 61-69.

[143] Matteson A, Tomanic J P, Herron M M, et al.NMR Relaxation of Clay/Brine Mixtures [J] .SPE Reservoir Evaluation & Engineering, 2000, 3: 408-413.

[144] Habina I, Radzik N, Topór T, et al.Insight into oil and gas-shales compounds signatures in low field 1H NMR and its application in porosity evaluation [J] .Microporous and Mesoporous Materials, 2017, 252: 37-49.

[145] Levine J R.The impact of oil formed during coalification on generation and storage of natural gas in coalbed reservoir systems [A] .The 3rd Coalbed Methane Symposium Proceedings [C] . Tuscaloosa, 13-16 May 1991: 307-315.

[146] Tyrrell H J V, Harris K R.Diffusion in liquids : a theoretical and experimental study [M] . Butterworth, London, 1984.

[147] Frosch G P, Tillich J E, Haselmeier R, et al.Probing the pore space of geothermal reservoir sandstones by nuclear magnetic resonance [J] .Geothermics, 2000, 29: 671-687.

[148] Yao Yanbin, Liu Dameng, Liu Jungang, et al.Assessing the Water Migration and Permeability of Large Intact Bituminous and Anthracite Coals Using NMR Relaxation Spectrometry [J] .Transport in Porous Media, 2015, 107（2）: 524-542.

[149] Tian Shansi, Erastova V, Lu Shuangfang, et al.Understanding Model Crude Oil Component Interactions on Kaolinite Silicate and Aluminol Surfaces : Toward Improved Understanding of Shale Oil Recovery [J] .Energy & Fuels, 2017, 32（2）: 7b02763.

[150] Li Junqian, Lu Shuangfang, Cai Jianchao, et al.Adsorbed and Free Oil in Lacustrine Nanoporous Shale : A Theoretical Model and a Case Study [J] .Energy & Fuels, 2018, 32（12）: 12247-12258.

[151] Testamanti M N, Rezaee R.Determination of NMR T_2 cut-off for clay bound water in shales : a case study of Carynginia Formation, Perth Basin, Western Australia [J] .Journal of Petroleum Science and Engineering, 2017, 149: 497-503.

[152] Wang Shen, Feng Qihong, Javadpour F, et al.Oil adsorption in shale nanopores and its effect on

recoverable oil-in-place［J］.International Journal of Coal Geology，2015，147-148：9-24.

［153］李相方，蒲云超，孙长宇，等.煤层气与页岩气吸附/解吸的理论再认识［J］.石油学报，2014，35（6）：1113-1129.

［154］苗雅楠，李相方，王香增，等.页岩有机质热演化生烃成孔及其甲烷吸附机理研究进展［J］.中国科学：物理学 力学 天文学，2017（11）：41-51.

［155］宁方兴，王学军，郝雪峰，等.济阳坳陷不同岩相页岩油赋存机理［J］.石油学报,2017,38（2）：185-195.